普通高等教育“十二五”应用型本科规划教材·公共基础与素质教育系列

简明线性代数

中国高等教育学会　组织编写

主　编　邓小成　林剑鸣　肖　冰

副主编　张勤勤　何　勇　邵任翔

参　编　李宇春　闫志来　罗　兰

主　审　袁文俊　尚亚东

中国人民大学出版社

·北京·

图书在版编目（CIP）数据

简明线性代数/邓小成，林剑鸣，肖冰主编；中国高等教育学会组织编写．—北京：中国人民大学出版社，2014.6

ISBN 978-7-300-19306-9

Ⅰ.①简… Ⅱ.①邓… ②林… ③肖… ④中… Ⅲ.①线性代数-高等学校-教材 Ⅳ.①O151.2

中国版本图书馆 CIP 数据核字（2014）第 133544 号

普通高等教育“十二五”应用型本科规划教材·公共基础与素质教育系列

简明线性代数

中国高等教育学会 组织编写

主 编 邓小成 林剑鸣 肖 冰

副主编 张勤勤 何 勇 邵任翔

参 编 李宇春 闫志来 罗 兰

主 审 袁文俊 尚亚东

Jianming Xianxing Daishu

出版发行	中国人民大学出版社		
社　　址	北京中关村大街 31 号	**邮政编码**	100080
电　　话	010－62511242（总编室）		010－62511770（质管部）
	010－82501766（邮购部）		010－62514148（门市部）
	010－62515195（发行公司）		010－62515275（盗版举报）
网　　址	http://www.crup.com.cn		
	http://www.ttrnet.com(人大教研网)		
经　　销	新华书店		
印　　刷	北京溢漾印刷有限公司		
规　　格	185 mm×260 mm　16 开本	**版　　次**	2014 年 7 月第 1 版
印　　张	9.5	**印　　次**	2020 年 2 月第 7 次印刷
字　　数	214 000	**定　　价**	24.00 元

前言

线性代数是高等学校理、工、经、管各科大学生必修的一门基础理论课程。其基本内容是求解线性方程组，理解线性方程组解的结构。为此需要介绍行列式和矩阵的基本理论，特别还需要了解向量空间理论的相关知识，为今后学习离散数学和其他学科打下基础。线性代数在数学、力学、物理学的科学研究和技术应用等领域有着广泛的应用。同时，该课程对于培养学生的逻辑推理和抽象思维能力、空间直观和想象能力具有重要的作用。通过本课程的学习，使学生在掌握数学基础的同时，提高抽象思维能力，并牢固掌握在科学研究及工程实践中对离散量的基本分析方法，从而不断提高创新意识，全面加强学生运用数学方法分析问题和解决问题的实践能力。学习线性代数课程，不仅可以培养人们的抽象思维和数学建模能力，而且能培养人们对研究对象进行有序化、代数化、可解化的处理能力。正如数学大师笛卡儿（R. Descartes）在其名著《思维的法则》中所指出的，一切问题可以化为数学问题，一切数学问题可以化为代数问题，一切代数问题可以化为方程组求解问题。线性代数所体现的几何观念与代数方法之间的联系，从具体概念抽象出来的公理化方法、严谨的逻辑推证、巧妙的归纳综合等，对于强化学生的数学语言表达能力是非常有用的。在计算机广泛应用的今天，计算机图形学、计算机辅助设计、密码学、虚拟现实等技术无不以线性代数为其理论和算法的基础内容。

本书具有以下特色：

1. 多从具体问题出发来组织和展开本课程的教学内容和体系，做到深入浅出。通过一些引例引入概念，并采用（再）发现的方式引出大部分定理，一方面加深学生对定理的了解，减少学习本课程的疑点及难点；另一方面初步培养学生“发现知识”的能力，为进一步培养学生的创新能力打下一定的基础。

2. 多介绍程序化的基本内容和方法。例如，行列式的定义，采用递归定义，由低阶到高阶；又如线性方程组的行最简形解法以及求列向量组的最大无关组的行最简形解法，都是程序化的方法。

3. 适当运用矩阵的分块法，使一些结论的证明变得简捷。例如，矩阵的等价标准形的唯一性、实对称矩阵的可相似对角化以及正定矩阵的霍尔维茨定理等的证明。

此外，书中还有不少内容是编撰者多年来的研究成果，这些内容也为本书增色不少。

本书的主干内容学习需要 36 学时。增加点难度并添加附录中的内容，特别是应用示例和考研部分，可计划 48 或 54 学时。若不讲授第三章第四节欧氏空间、第四章第三节二次型及其标准形、第四章第四节正定性等内容，可计划 32 学时。

本书由邓小成、林剑鸣、肖冰主编，具体编写的分工如下：第一章与附录 1 由广州中医药大学林剑鸣和闫志来执笔；第二章与附录 2 由新疆师范大学肖冰和何勇执笔；第三章与附录 3 由广州大学张勤勤和罗兰执笔；第四章与附录 4 由广州大学邵任翔和李宇春执笔。全书内容由广州大学邓小成统稿，并由广州大学袁文俊和尚亚东主审。

本书的出版得到广州大学、广州中医药大学和新疆师范大学教材出版基金的资助与中国人民大学出版社的关心和帮助，在此一并表示感谢。由于编撰者的水平有限，错漏与不妥之处在所难免，敬请专家、读者批评指正。

编　者
2014 年 4 月

目　录

第一章　矩阵与行列式

矩阵与行列式是线性代数研究的主要对象和计算工具，它在数学的其他分支以及自然科学、现代经济学、管理学和工程技术等领域有着广泛的应用. 本章介绍的矩阵与行列式是研究线性方程组的求解、向量的线性相关性以及线性变换等内容的有力而不可替代的工具.

第一节　矩阵及其运算

一、n 维向量及其线性运算

在空间解析几何中，当引入向量的坐标后，立体空间中的向量 $\boldsymbol{a}$ 表示为

$$\boldsymbol{a}=(a_1,a_2,a_3).$$

我们知道，向量 $\boldsymbol{a}$ 与向量 $\boldsymbol{b}=(b_1,b_2,b_3)$ 的和 $\boldsymbol{a}+\boldsymbol{b}$ 满足加法运算公式：

$$\boldsymbol{a}+\boldsymbol{b}=(a_1+b_1,a_2+b_2,a_3+b_3),$$

实数 k 与向量 $\boldsymbol{a}$ 的乘积 $k\boldsymbol{a}$ 满足数乘运算公式：

$$k\boldsymbol{a}=(ka_1,ka_2,ka_3).$$

从而我们可以从代数形式引入 n 维向量的概念以及两向量的加法运算、实数与向量的数乘运算. 记

$$\mathbf{R}^n=\{(a_1,a_2,\cdots,a_n)\,|\,a_i\in\mathbf{R},i=1,2,\cdots,n\},$$

称 $\mathbf{R}^n$ 为 n 维向量空间，$\mathbf{R}^n$ 中任一元素称为一个 **n 维向量**. 通常用黑体小写字母表示向量，或用有向线段表示向量，例如，$\overrightarrow{AB}$表示以 A 为起点，B 为终点的向量. 设 n 维向量

$$\boldsymbol{a}=(a_1,a_2,\cdots,a_n),$$

称 $a_i(i=1,2,\cdots,n)$为向量 $\boldsymbol{a}$ 的第 i 个**分量**. 向量 $\boldsymbol{a}$ 可写成列形式

$$\boldsymbol{a}=\begin{pmatrix}a_1\\a_2\\\vdots\\a_n\end{pmatrix}.$$

分量全为零的向量称为**零向量**，用 $\mathbf{0}$ 记之.

设向量 $\boldsymbol{a}=(a_1,a_2,\cdots,a_n)$，$\boldsymbol{b}=(b_1,b_2,\cdots,b_n)$，如果

$$a_i=b_i(i=1,2,\cdots,n),$$

那么称向量 $\boldsymbol{a}$ 与向量 $\boldsymbol{b}$ **相等**,记作 $\boldsymbol{a}=\boldsymbol{b}$.

设向量 $\boldsymbol{a}=(a_1,a_2,\cdots,a_n)$,$\boldsymbol{b}=(b_1,b_2,\cdots,b_n)$,$k$ 为实数,定义

(1) 加法运算

$$\boldsymbol{a}+\boldsymbol{b}=(a_1+b_1,a_2+b_2,\cdots,a_n+b_n),$$

称向量 $\boldsymbol{a}+\boldsymbol{b}$ 为向量 $\boldsymbol{a}$ 与向量 $\boldsymbol{b}$ 的和.

(2) 数乘运算

$$k\boldsymbol{a}=(ka_1,ka_2,\cdots,ka_n),$$

称向量 $k\boldsymbol{a}$ 为实数 k 与向量 $\boldsymbol{a}$ 的乘积.

称$(-1)\boldsymbol{a}$ 为向量 $\boldsymbol{a}$ 的**负向量**,记作 $-\boldsymbol{a}$. 规定 $\boldsymbol{b}-\boldsymbol{a}=\boldsymbol{b}+(-\boldsymbol{a})$.

向量的加法运算与数乘运算统称为**向量的线性运算**.

二、线性变换及其系数矩阵

变元 $x_1,x_2,\cdots,x_n$ 与变元 $y_1,y_2,\cdots,y_m$ 之间的关系式

$$\begin{cases} y_1=a_{11}x_1+a_{12}x_2+\cdots+a_{1n}x_n, \\ y_2=a_{21}x_1+a_{22}x_2+\cdots+a_{2n}x_n, \\ \quad\cdots\cdots \\ y_m=a_{m1}x_1+a_{m2}x_2+\cdots+a_{mn}x_n \end{cases} \tag{1.1}$$

称为从变元 $x_1,x_2,\cdots,x_n$ 到变元 $y_1,y_2,\cdots,y_m$ 的**线性变换**.

由线性变换(1.1)的系数 $a_{ij}\,(i=1,2,\cdots,m;j=1,2,\cdots,n)$排成的 m 行 n 列的矩形数表

$$\begin{matrix} a_{11} & a_{12} & \cdots & a_{1n} \\ a_{21} & a_{22} & \cdots & a_{2n} \\ \vdots & \vdots & & \vdots \\ a_{m1} & a_{m2} & \cdots & a_{mn} \end{matrix}$$

称为线性变换(1.1)的**系数矩阵**.

注 本书中的数除特别说明外,都指实数.

给定一个线性变换,它的系数矩阵也就确定. 反之,如果给定一个矩形数表作为线性变换的系数矩阵,则线性变换也就确定. 在这个意义上,线性变换和矩形数表之间存在着一一对应的关系.

由线性变换(1.1)可确定 $\mathbf{R}^n\to\mathbf{R}^m$ 的一个映射 $\boldsymbol{y}=T(\boldsymbol{x})$,其中

$$\boldsymbol{x}=\begin{pmatrix} x_1 \\ x_2 \\ \vdots \\ x_n \end{pmatrix},\boldsymbol{y}=\begin{pmatrix} y_1 \\ y_2 \\ \vdots \\ y_m \end{pmatrix},T(\boldsymbol{x})=\begin{pmatrix} a_{11}x_1+a_{12}x_2+\cdots+a_{1n}x_n \\ a_{21}x_1+a_{22}x_2+\cdots+a_{2n}x_n \\ \vdots \\ a_{m1}x_1+a_{m2}x_2+\cdots+a_{mn}x_n \end{pmatrix}.$$

可以验证,映射 $\boldsymbol{y}=T(\boldsymbol{x})$满足如下**线性性质**:

$$T(k_1\boldsymbol{x}_1+k_2\boldsymbol{x}_2)=k_1T(\boldsymbol{x}_1)+k_2T(\boldsymbol{x}_2),\forall\,\boldsymbol{x}_1,\boldsymbol{x}_2\in\mathbf{R}^n;\forall\,k_1,k_2\in\mathbf{R}.$$

我们称映射 $\boldsymbol{y}=T(\boldsymbol{x})$为 $\mathbf{R}^n\to\mathbf{R}^m$ 的一个**线性映射或线性变换**.

通过考虑线性变换的线性运算和复合运算,可以引入线性变换的系数矩阵的线性运

算和乘法运算. 为使叙述过程更加显而易见,下面以 $\mathbf{R}^2 \to \mathbf{R}^2$ 的线性变换为例加以说明.

设有线性变换 $\boldsymbol{y}=T(\boldsymbol{x})$,其中

$$\boldsymbol{x}=\begin{pmatrix}x_1\\x_2\end{pmatrix},\boldsymbol{y}=\begin{pmatrix}y_1\\y_2\end{pmatrix},T(\boldsymbol{x})=\begin{pmatrix}a_{11}x_1+a_{12}x_2\\a_{21}x_1+a_{22}x_2\end{pmatrix},$$

它的系数矩阵(作为一个整体式子,加上括号)为

$$\boldsymbol{A}=\begin{pmatrix}a_{11} & a_{12}\\a_{21} & a_{22}\end{pmatrix}.$$

对任意数 k,按向量的数乘运算,我们有

$$kT(\boldsymbol{x})=k\begin{pmatrix}a_{11}x_1+a_{12}x_2\\a_{21}x_1+a_{22}x_2\end{pmatrix}=\begin{pmatrix}ka_{11}x_1+ka_{12}x_2\\ka_{21}x_1+ka_{22}x_2\end{pmatrix},$$

所以 $\boldsymbol{y}=kT(\boldsymbol{x})$也是一个线性变换,它的系数矩阵为

$$\begin{pmatrix}ka_{11} & ka_{12}\\ka_{21} & ka_{22}\end{pmatrix}.$$

如果记线性变换 $\boldsymbol{y}=kT(\boldsymbol{x})$的系数矩阵为 $k\boldsymbol{A}$,那么就得到

$$k\begin{pmatrix}a_{11} & a_{12}\\a_{21} & a_{22}\end{pmatrix}=\begin{pmatrix}ka_{11} & ka_{12}\\ka_{21} & ka_{22}\end{pmatrix}. \tag{1.2}$$

现在设另有一个线性变换 $\boldsymbol{y}=T'(\boldsymbol{x})$,其中

$$T'(\boldsymbol{x})=\begin{pmatrix}b_{11}x_1+b_{12}x_2\\b_{21}x_1+b_{22}x_2\end{pmatrix},$$

它的系数矩阵为

$$\boldsymbol{B}=\begin{pmatrix}b_{11} & b_{12}\\b_{21} & b_{22}\end{pmatrix}.$$

首先,考虑线性变换 $\boldsymbol{y}=T(\boldsymbol{x})$与 $\boldsymbol{y}=T'(\boldsymbol{x})$的和 $\boldsymbol{y}=T(\boldsymbol{x})+T'(\boldsymbol{x})$. 按向量的加法运算,我们有

$$\begin{aligned}T(\boldsymbol{x})+T'(\boldsymbol{x})&=\begin{pmatrix}a_{11}x_1+a_{12}x_2\\a_{21}x_1+a_{22}x_2\end{pmatrix}+\begin{pmatrix}b_{11}x_1+b_{12}x_2\\b_{21}x_1+b_{22}x_2\end{pmatrix}\\&=\begin{pmatrix}(a_{11}+b_{11})x_1+(a_{12}+b_{12})x_2\\(a_{21}+b_{21})x_1+(a_{22}+b_{22})x_2\end{pmatrix},\end{aligned}$$

所以 $\boldsymbol{y}=T(\boldsymbol{x})+T'(\boldsymbol{x})$也是一个线性变换,它的系数矩阵为

$$\begin{pmatrix}a_{11}+b_{11} & a_{12}+b_{12}\\a_{21}+b_{21} & a_{22}+b_{22}\end{pmatrix}.$$

如果记线性变换 $\boldsymbol{y}=T(\boldsymbol{x})+T'(\boldsymbol{x})$的系数矩阵为 $\boldsymbol{A}+\boldsymbol{B}$,那么就得到

$$\begin{pmatrix}a_{11} & a_{12}\\a_{21} & a_{22}\end{pmatrix}+\begin{pmatrix}b_{11} & b_{12}\\b_{21} & b_{22}\end{pmatrix}=\begin{pmatrix}a_{11}+b_{11} & a_{12}+b_{12}\\a_{21}+b_{21} & a_{22}+b_{22}\end{pmatrix}. \tag{1.3}$$

其次,考虑线性变换 $\boldsymbol{y}=T(\boldsymbol{u})$与 $\boldsymbol{u}=T'(\boldsymbol{x})$的复合 $\boldsymbol{y}=T(T'(\boldsymbol{x}))$. 由

$$T(\boldsymbol{u})=\begin{pmatrix}a_{11}u_1+a_{12}u_2\\a_{21}u_1+a_{22}u_2\end{pmatrix},\boldsymbol{u}=\begin{pmatrix}u_1\\u_2\end{pmatrix}=\begin{pmatrix}b_{11}x_1+b_{12}x_2\\b_{21}x_1+b_{22}x_2\end{pmatrix},$$

我们有

$$T(T'(\boldsymbol{x}))=T(\boldsymbol{u})=\begin{pmatrix}a_{11}u_1+a_{12}u_2\\a_{21}u_1+a_{22}u_2\end{pmatrix}$$

$$=\begin{pmatrix}a_{11}(b_{11}x_1+b_{12}x_2)+a_{12}(b_{21}x_1+b_{22}x_2)\\a_{21}(b_{11}x_1+b_{12}x_2)+a_{22}(b_{21}x_1+b_{22}x_2)\end{pmatrix}$$

$$=\begin{pmatrix}(a_{11}b_{11}+a_{12}b_{21})x_1+(a_{11}b_{12}+a_{12}b_{22})x_2\\(a_{21}b_{11}+a_{22}b_{21})x_1+(a_{21}b_{12}+a_{22}b_{22})x_2\end{pmatrix},$$

所以 $\boldsymbol{y}=T(T'(\boldsymbol{x}))$也是一个线性变换,它的系数矩阵为

$$\begin{pmatrix}a_{11}b_{11}+a_{12}b_{21} & a_{11}b_{12}+a_{12}b_{22}\\a_{21}b_{11}+a_{22}b_{21} & a_{21}b_{12}+a_{22}b_{22}\end{pmatrix}.$$

如果记线性变换 $\boldsymbol{y}=T(T'(\boldsymbol{x}))$的系数矩阵为 $\boldsymbol{AB}$,那么就得到

$$\begin{pmatrix}a_{11} & a_{12}\\a_{21} & a_{22}\end{pmatrix}\begin{pmatrix}b_{11} & b_{12}\\b_{21} & b_{22}\end{pmatrix}=\begin{pmatrix}a_{11}b_{11}+a_{12}b_{21} & a_{11}b_{12}+a_{12}b_{22}\\a_{21}b_{11}+a_{22}b_{21} & a_{21}b_{12}+a_{22}b_{22}\end{pmatrix}. \tag{1.4}$$

注 与(1.4)式类似,我们引入系数矩阵与列向量的乘法运算如下:

$$\boldsymbol{Ax}=\begin{pmatrix}a_{11} & a_{12}\\a_{21} & a_{22}\end{pmatrix}\begin{pmatrix}x_1\\x_2\end{pmatrix}=\begin{pmatrix}a_{11}x_1+a_{12}x_2\\a_{21}x_1+a_{22}x_2\end{pmatrix}.$$

那么线性变换 $\boldsymbol{y}=T(\boldsymbol{x})$就表示为 $\boldsymbol{y}=\boldsymbol{Ax}$,而线性变换 $\boldsymbol{y}=T'(\boldsymbol{x})$就表示为 $\boldsymbol{y}=\boldsymbol{Bx}$. 我们用 $k\boldsymbol{A}$,$\boldsymbol{A}+\boldsymbol{B}$ 和 $\boldsymbol{AB}$ 分别表示线性变换

$$\boldsymbol{y}=kT(\boldsymbol{x}),\boldsymbol{y}=T(\boldsymbol{x})+T'(\boldsymbol{x})\text{和 }\boldsymbol{y}=T(T'(\boldsymbol{x}))$$

的系数矩阵,这样一来,上述所引入的系数矩阵的运算就满足如下分配律和结合律:

(1) $(\boldsymbol{A}+\boldsymbol{B})\boldsymbol{x}=\boldsymbol{Ax}+\boldsymbol{Bx}$;

(2) $(k\boldsymbol{A})\boldsymbol{x}=k(\boldsymbol{Ax})$;

(3) $(\boldsymbol{AB})\boldsymbol{x}=\boldsymbol{A}(\boldsymbol{Bx})$.

三、矩阵及其线性运算

定义 1.1 由 $m\times n$ 个数 $a_{ij}(i=1,2,\cdots,m;j=1,2,\cdots,n)$排成的 m 行 n 列的矩形数表

$$\begin{matrix}a_{11} & a_{12} & \cdots & a_{1n}\\a_{21} & a_{22} & \cdots & a_{2n}\\\vdots & \vdots & & \vdots\\a_{m1} & a_{m2} & \cdots & a_{mn}\end{matrix}$$

称为一个 $m\times n$ **矩阵**. 这 $m\times n$ 个数称为该矩阵的**元素**,代表性元素 a_{ij} 位于该矩阵的第 i 行第 j 列,称为该矩阵的$(\boldsymbol{i},\boldsymbol{j})$**元**.

作为形式上的一张矩形数表,矩阵的例子不胜枚举. 然而,在线性代数中矩阵并不只是一张单纯的数表,更重要的是,矩阵是一个能进行运算的整体式子(按线性变换系数矩阵的运算规则). 作为一个整体式子,以数 a_{ij} 为(i,j)元的矩阵记为

$$\begin{pmatrix} a_{11} & a_{12} & \cdots & a_{1n} \\ a_{21} & a_{22} & \cdots & a_{2n} \\ \vdots & \vdots & & \vdots \\ a_{m1} & a_{m2} & \cdots & a_{mn} \end{pmatrix}.$$

通常用黑体大写字母表示矩阵，以上矩阵记作 $\boldsymbol{A}=(a_{ij})$. 当要标明矩阵的行数和列数时，用 $\boldsymbol{A}_{m\times n}$ 表示，或记作 $(a_{ij})_{m\times n}$.

行数与列数都等于 n 的矩阵称为 **n 阶方阵**或 **n 阶矩阵**. 当要标明方阵的阶数时，n 阶方阵 $\boldsymbol{A}$ 记作 $\boldsymbol{A}_n$.

两个矩阵的行数相等、列数也相等时，就称它们是**同型矩阵**.

设 $\boldsymbol{A}=(a_{ij})$ 与 $\boldsymbol{B}=(b_{ij})$ 都是 $m\times n$ 矩阵，如果

$$a_{ij}=b_{ij},(i=1,2,\cdots,m;j=1,2,\cdots,n),$$

那么称**矩阵 $\boldsymbol{A}$ 与矩阵 $\boldsymbol{B}$ 相等**，记作 $\boldsymbol{A}=\boldsymbol{B}$.

将(1.2)式和(1.3)式加以推广，便可得出矩阵的加法运算和数乘运算.

定义 1.2(加法运算)　设 $\boldsymbol{A}=(a_{ij})$ 与 $\boldsymbol{B}=(b_{ij})$ 都是 $m\times n$ 矩阵，记

$$c_{ij}=a_{ij}+b_{ij},(i=1,2,\cdots,m;j=1,2,\cdots,n),$$

称 $m\times n$ 矩阵 $C=(c_{ij})$ 为**矩阵 $\boldsymbol{A}$ 与矩阵 $\boldsymbol{B}$ 的和**，记作 $\boldsymbol{C}=\boldsymbol{A}+\boldsymbol{B}$.

定义 1.3(数乘运算)　称矩阵 $(ka_{ij})_{m\times n}$ 为数 k 与矩阵 $\boldsymbol{A}=(a_{ij})_{m\times n}$ 的**乘积**，记作 $k\boldsymbol{A}$.

称 $(-1)\boldsymbol{A}$ 为矩阵 $\boldsymbol{A}$ 的**负矩阵**，记作 $-\boldsymbol{A}$. 规定**矩阵的减法**为

$$\boldsymbol{B}-\boldsymbol{A}=\boldsymbol{B}+(-\boldsymbol{A}).$$

所有元素为 0 的矩阵称为**零矩阵**，用 $\boldsymbol{O}$ 记之. 显然有

$$\boldsymbol{A}+\boldsymbol{O}=\boldsymbol{A},\boldsymbol{A}+(-\boldsymbol{A})=\boldsymbol{O},0\boldsymbol{A}=\boldsymbol{O},k\boldsymbol{O}=\boldsymbol{O}.$$

矩阵的加法运算与数乘运算统称为**矩阵的线性运算**，它们满足以下运算规律.

线性运算律　设 $\boldsymbol{A},\boldsymbol{B},\boldsymbol{C}$ 为同型矩阵，k,l 为数，则

(1) $\boldsymbol{A}+\boldsymbol{B}=\boldsymbol{B}+\boldsymbol{A}$;

(2) $(\boldsymbol{A}+\boldsymbol{B})+\boldsymbol{C}=\boldsymbol{A}+(\boldsymbol{B}+\boldsymbol{C})$;

(3) $k(\boldsymbol{A}+\boldsymbol{B})=k\boldsymbol{A}+k\boldsymbol{B}$; $(kl)\boldsymbol{A}=k(l\boldsymbol{A})$; $(k+l)\boldsymbol{A}=k\boldsymbol{A}+l\boldsymbol{A}$.

四、矩阵的乘法运算

仔细地观察分析(1.4)式，再加以推广，便可得出矩阵的乘法运算.

定义 1.4(乘法运算)　设 $m\times l$ 矩阵 $\boldsymbol{A}=(a_{ik})$，$l\times n$ 矩阵 $\boldsymbol{B}=(b_{kj})$，记

$$c_{ij}=\sum_{k=1}^{l}a_{ik}b_{kj}=a_{i1}b_{1j}+a_{i2}b_{2j}+\cdots+a_{il}b_{lj},$$
$$(i=1,2,\cdots,m;j=1,2,\cdots,n),$$

称 $m\times n$ 矩阵 $\boldsymbol{C}=(c_{ij})$ 为**矩阵 $\boldsymbol{A}$ 与矩阵 $\boldsymbol{B}$ 的乘积**，记作 $\boldsymbol{C}=\boldsymbol{AB}$.

只有一行的矩阵称为**行矩阵**，为避免元素间的混淆，行矩阵

$$(a_1 \quad a_2 \quad \cdots \quad a_n),$$

也记作

$$(a_1,a_2,\cdots,a_n),$$

可将它看作行向量.只有一列的矩阵称为**列矩阵**,也可将它看作列向量.按定义1.4,特别地取矩阵 $\boldsymbol{A}$ 的第 i 行与矩阵 $\boldsymbol{B}$ 的第 j 列作乘积,我们有

$$(a_{i1},a_{i2},\cdots,a_{il})\begin{pmatrix}b_{1j}\\b_{2j}\\\vdots\\b_{lj}\end{pmatrix}=a_{i1}b_{1j}+a_{i2}b_{2j}+\cdots+a_{il}b_{lj}.$$

由此表明**乘积 $\boldsymbol{AB}$ 的 (i,j) 元为 $\boldsymbol{A}$ 的第 i 行与 $\boldsymbol{B}$ 的第 j 列的乘积.**

乘积 $\boldsymbol{AB}$ 存在时,要求 $\boldsymbol{A}$ 的列数与 $\boldsymbol{B}$ 的行数相等.很可能 $\boldsymbol{AB}$ 有意义而 $\boldsymbol{BA}$ 却没有意义.

例 1.1.1 设矩阵

$$\boldsymbol{A}=\begin{pmatrix}1&2&3\\-2&0&1\\3&4&-1\end{pmatrix},\boldsymbol{B}=\begin{pmatrix}6&4\\3&-5\\-7&8\end{pmatrix},$$

计算 $\boldsymbol{AB}$.

解 按矩阵的乘法运算

$$\begin{aligned}\boldsymbol{AB}&=\begin{pmatrix}1&2&3\\-2&0&1\\3&4&-1\end{pmatrix}\begin{pmatrix}6&4\\3&-5\\-7&8\end{pmatrix}\\&=\begin{pmatrix}1\times6+2\times3+3\times(-7)&1\times4+2\times(-5)+3\times8\\-2\times6+0\times3+1\times(-7)&-2\times4+0\times(-5)+1\times8\\3\times6+4\times3+(-1)\times(-7)&3\times4+4\times(-5)+(-1)\times8\end{pmatrix}\\&=\begin{pmatrix}-9&18\\-19&0\\37&-16\end{pmatrix}.\end{aligned}$$

注 在本例中,$\boldsymbol{BA}$ 是不能运算的.

在矩阵的乘法运算中,零矩阵 $\boldsymbol{O}$ 与数 0 有类似的性质,显然有

$$\boldsymbol{O}_{m\times l}\boldsymbol{A}_{l\times n}=\boldsymbol{O}_{m\times n},\boldsymbol{A}_{m\times l}\boldsymbol{O}_{l\times n}=\boldsymbol{O}_{m\times n}.$$

线性变换

$$\begin{cases}y_1=x_1,\\y_2=x_2,\\\quad\cdots\cdots\\y_n=x_n\end{cases}$$

称为恒等变换(Identity Transformation),它的系数矩阵

$$\boldsymbol{I}=\begin{pmatrix}1&0&\cdots&0\\0&1&\cdots&0\\\vdots&\vdots&&\vdots\\0&0&\cdots&1\end{pmatrix}$$

称为**单位矩阵**(Identity Matrix).单位矩阵也记作 $\boldsymbol{E}$.在矩阵的乘法运算中单位矩阵 $\boldsymbol{I}$ 与

数 1 有类似的性质，容易验证

$$I_m A_{m\times n}=A_{m\times n},A_{m\times n}I_n=A_{m\times n}.$$

例 1.1.2 已知矩阵

$$A=\begin{pmatrix}1&2\\3&6\end{pmatrix},B=\begin{pmatrix}2&-4\\-1&2\end{pmatrix},$$

计算 AB 和 BA.

解 按矩阵的乘法运算

$$AB=\begin{pmatrix}1\times2+2\times(-1)&1\times(-4)+2\times2\\3\times2+6\times(-1)&3\times(-4)+6\times2\end{pmatrix}=\begin{pmatrix}0&0\\0&0\end{pmatrix},$$

$$BA=\begin{pmatrix}2\times1+(-4)\times3&2\times2+(-4)\times6\\(-1)\times1+2\times3&(-1)\times2+2\times6\end{pmatrix}=\begin{pmatrix}-10&-20\\5&10\end{pmatrix}.$$

例 1.1.2 表明，**矩阵的乘法不满足交换律**. 在 AB 中，称用 A 左乘 B，或称用 B 右乘 A.

例 1.1.2 也表明，由 $AB=O$，不能断言 $A=O$ 或 $B=O$. 由此可知，**矩阵的乘法不满足消去律**：若 $A\neq O$ 而 $AX=AY$，也不能断言 $X=Y$.

矩阵的乘法虽不满足交换律和消去律，但仍满足结合律和分配律.

乘法运算律 假设以下有关运算可行，则

(1) $(AB)C=A(BC)$；

(2) $A(B+C)=AB+AC$；$(A+B)C=AC+BC$；

(3) $k(AB)=(kA)B=A(kB)$.

五、线性变换与线性方程组的矩阵表示

利用矩阵的乘法，线性变换(1.1)可记作 $y=Ax$，其中

$$y=\begin{pmatrix}y_1\\y_2\\\vdots\\y_m\end{pmatrix},A=\begin{pmatrix}a_{11}&a_{12}&\cdots&a_{1n}\\a_{21}&a_{22}&\cdots&a_{2n}\\\vdots&\vdots&&\vdots\\a_{m1}&a_{m2}&\cdots&a_{mn}\end{pmatrix},x=\begin{pmatrix}x_1\\x_2\\\vdots\\x_n\end{pmatrix}.$$

例 1.1.3 已知两个线性变换

$$\begin{cases}z_1=2y_1-y_2-3y_3,\\z_2=y_2+2y_3,\\z_3=-y_3\end{cases}\qquad\begin{cases}y_1=3x_2-x_3,\\y_2=x_1+x_3,\\y_3=3x_2\end{cases}$$

求从 x_1,x_2,x_3 到 z_1,z_2,z_3 的线性变换.

解 将线性变换写成矩阵形式，并计算两个系数矩阵的乘积，我们有

$$\begin{aligned}\begin{pmatrix}z_1\\z_2\\z_3\end{pmatrix}&=\begin{pmatrix}2&-1&-3\\0&1&2\\0&0&-1\end{pmatrix}\begin{pmatrix}y_1\\y_2\\y_3\end{pmatrix}\\&=\begin{pmatrix}2&-1&-3\\0&1&2\\0&0&-1\end{pmatrix}\begin{pmatrix}0&3&-1\\1&0&1\\0&3&0\end{pmatrix}\begin{pmatrix}x_1\\x_2\\x_3\end{pmatrix}\end{aligned}$$

$$=\begin{pmatrix}-1&-3&-3\\1&6&1\\0&-3&0\end{pmatrix}\begin{pmatrix}x_1\\x_2\\x_3\end{pmatrix},$$

所求线性变换为

$$\begin{cases}z_1=-x_1-3x_2-3x_3,\\z_2=x_1+6x_2+x_3,\\z_3=-3x_2\end{cases}$$

设有线性方程组

$$\begin{cases}a_{11}x_1+a_{12}x_2+\cdots+a_{1n}x_n=b_1,\\a_{21}x_1+a_{22}x_2+\cdots+a_{2n}x_n=b_2,\\\quad\cdots\cdots\\a_{m1}x_1+a_{m2}x_2+\cdots+a_{mn}x_n=b_m\end{cases}\tag{1.5}$$

利用矩阵的乘法,线性方程组(1.5)可记作 $\boldsymbol{Ax}=\boldsymbol{b}$,其中

$$\boldsymbol{A}=\begin{pmatrix}a_{11}&a_{12}&\cdots&a_{1n}\\a_{21}&a_{22}&\cdots&a_{2n}\\\vdots&\vdots&&\vdots\\a_{m1}&a_{m2}&\cdots&a_{mn}\end{pmatrix},\boldsymbol{x}=\begin{pmatrix}x_1\\x_2\\\vdots\\x_n\end{pmatrix},\boldsymbol{b}=\begin{pmatrix}b_1\\b_2\\\vdots\\b_m\end{pmatrix}.$$

称矩阵 $\boldsymbol{A}$ 为线性方程组(1.5)的**系数矩阵**,而称矩阵

$$(\boldsymbol{A},\boldsymbol{b})=\left(\begin{array}{cccc:c}a_{11}&a_{12}&\cdots&a_{1n}&b_1\\a_{21}&a_{22}&\cdots&a_{2n}&b_2\\\vdots&\vdots&&\vdots&\vdots\\a_{m1}&a_{m2}&\cdots&a_{mn}&b_m\end{array}\right)$$

为线性方程组(1.5)的**增广矩阵**. 在不考虑未知元所用字母及其具体意义时,线性方程组与其增广矩阵一一对应. 当常数项 $b_1,b_2,\cdots,b_m$ 全为零时,线性方程组(1.5)称为**齐次线性方程组**,否则称为**非齐次线性方程组**.

六、方阵的幂与多项式

设 $\boldsymbol{A}$ 是方阵,由 n 个 $\boldsymbol{A}$ 组成的乘积 $\boldsymbol{AA\cdots A}$,称为**方阵 $\boldsymbol{A}$ 的 n 次幂**,记作 $\boldsymbol{A}^n$. 规定 $\boldsymbol{A}^0=\boldsymbol{I}$.

方阵幂的性质

(1) $\boldsymbol{A}^m\boldsymbol{A}^n=\boldsymbol{A}^{m+n}$;

(2) $(\boldsymbol{A}^m)^n=\boldsymbol{A}^{mn}$;

(3) $(k\boldsymbol{A})^n=k^n\boldsymbol{A}^n$.

设多项式 $f(x)=a_nx^n+\cdots+a_1x+a_0$,对于方阵 $\boldsymbol{A}$,记

$$f(\boldsymbol{A})=a_n\boldsymbol{A}^n+\cdots+a_1\boldsymbol{A}+a_0\boldsymbol{I},$$

称 $f(\boldsymbol{A})$为**方阵 $\boldsymbol{A}$ 的多项式**.

例 1.1.4 已知矩阵

$$\boldsymbol{A}=\begin{pmatrix}2&1\\1&-2\end{pmatrix},$$

求 $\boldsymbol{A}^{2n+1}$.

解 先计算低次幂,从中观察规律性,再计算高次幂.

$$\boldsymbol{A}^2=\begin{pmatrix}2&1\\1&-2\end{pmatrix}\begin{pmatrix}2&1\\1&-2\end{pmatrix}=\begin{pmatrix}5&0\\0&5\end{pmatrix}=5\boldsymbol{I},$$

$$\boldsymbol{A}^{2n}=(\boldsymbol{A}^2)^n=(5\boldsymbol{I})^n=5^n\boldsymbol{I}^n=5^n\boldsymbol{I},$$

$$\boldsymbol{A}^{2n+1}=\boldsymbol{A}^{2n}\boldsymbol{A}=5^n\boldsymbol{A}=\begin{bmatrix}2\times5^n&5^n\\5^n&-2\times5^n\end{bmatrix}.$$

例 1.1.5 已知矩阵

$$\boldsymbol{A}=\begin{pmatrix}a&b\\0&a\end{pmatrix},$$

求 $\boldsymbol{A}^n$.

解 先计算低次幂,从中观察规律性,再计算高次幂.

$$\boldsymbol{A}^2=\begin{pmatrix}a&b\\0&a\end{pmatrix}\begin{pmatrix}a&b\\0&a\end{pmatrix}=\begin{bmatrix}a^2&2ab\\0&a^2\end{bmatrix},$$

$$\boldsymbol{A}^3=\boldsymbol{A}^2\boldsymbol{A}=\begin{bmatrix}a^2&2ab\\0&a^2\end{bmatrix}\begin{pmatrix}a&b\\0&a\end{pmatrix}=\begin{bmatrix}a^3&3a^2b\\0&a^3\end{bmatrix}.$$

假设

$$\boldsymbol{A}^k=\begin{bmatrix}a^k&ka^{k-1}b\\0&a^k\end{bmatrix},$$

则

$$\boldsymbol{A}^{k+1}=\boldsymbol{A}^k\boldsymbol{A}=\begin{bmatrix}a^k&ka^{k-1}b\\0&a^k\end{bmatrix}\begin{pmatrix}a&b\\0&a\end{pmatrix}=\begin{bmatrix}a^{k+1}&(k+1)a^kb\\0&a^{k+1}\end{bmatrix}.$$

所以

$$\boldsymbol{A}^n=\begin{bmatrix}a^n&na^{n-1}b\\0&a^n\end{bmatrix}.$$

例 1.1.6 设多项式 $f(x)=x^2-x-2$,$g(x)=x^{10}+x^9$,矩阵

$$\boldsymbol{A}=\begin{pmatrix}4&-2\\5&-3\end{pmatrix},$$

求 $f(\boldsymbol{A})$和 $g(\boldsymbol{A})$.

解 先求 $f(\boldsymbol{A})$.

$$f(\boldsymbol{A})=\boldsymbol{A}^2-\boldsymbol{A}-2\boldsymbol{I}=\begin{pmatrix}6&-2\\5&-1\end{pmatrix}-\begin{pmatrix}4&-2\\5&-3\end{pmatrix}-\begin{pmatrix}2&0\\0&2\end{pmatrix}=\boldsymbol{O}.$$

因为 $f(\boldsymbol{A})=\boldsymbol{O}$,所以再求 $g(\boldsymbol{A})$时,可以利用待定分解式

$$g(x)=f(x)h(x)+ax+b$$

将 $g(\boldsymbol{A})$化为 $a\boldsymbol{A}+b\boldsymbol{I}$ 来计算. 我们有

$$\begin{aligned}g(x)&=x^{10}+x^9=(x+1)x^9=(x+1)(x^9-2^9)+2^9(x+1)\\&=f(x)\sum_{n=0}^{8}2^nx^{8-n}+2^9(x+1),\end{aligned}$$

所以

$$g(\boldsymbol{A})=2^9(\boldsymbol{A}+\boldsymbol{I})=2^9\begin{pmatrix}5 & -2\\5 & -2\end{pmatrix}=\begin{pmatrix}2\,560 & -1\,024\\2\,560 & -1\,024\end{pmatrix}.$$

例 1.1.7 设 $\boldsymbol{A},\boldsymbol{B}$ 为 n 阶方阵,试证

$$\boldsymbol{A}^2-\boldsymbol{B}^2=(\boldsymbol{A}-\boldsymbol{B})(\boldsymbol{A}+\boldsymbol{B})$$

的充分必要条件是 $\boldsymbol{AB}=\boldsymbol{BA}$.

证明 直接计算,我们有

$$(\boldsymbol{A}-\boldsymbol{B})(\boldsymbol{A}+\boldsymbol{B})=\boldsymbol{A}^2+\boldsymbol{AB}-\boldsymbol{BA}-\boldsymbol{B}^2.$$

由此可知,当且仅当 $\boldsymbol{AB}=\boldsymbol{BA}$ 时,等式

$$\boldsymbol{A}^2-\boldsymbol{B}^2=(\boldsymbol{A}-\boldsymbol{B})(\boldsymbol{A}+\boldsymbol{B})$$

成立.

当 $\boldsymbol{AB}=\boldsymbol{BA}$ 时,称矩阵 $\boldsymbol{A}$ 与 $\boldsymbol{B}$(关于乘法运算)可交换. 当矩阵 $\boldsymbol{A}$ 与 $\boldsymbol{B}$ 可交换时,相应于数幂的三个已知公式,我们有以下三个公式:

(1) $(\boldsymbol{AB})^n=\boldsymbol{A}^n\boldsymbol{B}^n$;

(2) $\boldsymbol{A}^n-\boldsymbol{B}^n=(\boldsymbol{A}-\boldsymbol{B})\sum\limits_{r=0}^{n-1}\boldsymbol{A}^{n-1-r}\boldsymbol{B}^r$;

(3) $(\boldsymbol{A}+\boldsymbol{B})^n=\sum\limits_{r=0}^{n}C_n^r\boldsymbol{A}^{n-r}\boldsymbol{B}^r$.

例 1.1.8 设矩阵

$$\boldsymbol{A}=\begin{pmatrix}a & 1 & 0\\0 & a & 1\\0 & 0 & a\end{pmatrix},$$

求 $\boldsymbol{A}^n$.

解 矩阵 $\boldsymbol{A}$ 可写成 $\boldsymbol{A}=a\boldsymbol{I}+\boldsymbol{B}$,其中

$$\boldsymbol{B}=\begin{pmatrix}0 & 1 & 0\\0 & 0 & 1\\0 & 0 & 0\end{pmatrix}.$$

对于矩阵 $\boldsymbol{B}$,我们有

$$\boldsymbol{B}^2=\begin{pmatrix}0 & 0 & 1\\0 & 0 & 0\\0 & 0 & 0\end{pmatrix},\boldsymbol{B}^3=\begin{pmatrix}0 & 0 & 0\\0 & 0 & 0\\0 & 0 & 0\end{pmatrix},\boldsymbol{B}^r=\boldsymbol{O}(r\geqslant 3).$$

因$(a\boldsymbol{I})\boldsymbol{B}=\boldsymbol{B}(a\boldsymbol{I})=a\boldsymbol{B}$,所以 $a\boldsymbol{I}$ 与 $\boldsymbol{B}$ 可交换,于是

$$\begin{aligned}\boldsymbol{A}^n&=(a\boldsymbol{I}+\boldsymbol{B})^n=\sum_{r=0}^{n}C_n^r(a\boldsymbol{I})^{n-r}\boldsymbol{B}^r\\&=a^n\boldsymbol{I}+na^{n-1}\boldsymbol{B}+\frac{n(n-1)}{2}a^{n-2}\boldsymbol{B}^2\end{aligned}$$

$$=\begin{pmatrix} a^n & na^{n-1} & \frac{n(n-1)}{2}a^{n-2} \\ 0 & a^n & na^{n-1} \\ 0 & 0 & a^n \end{pmatrix}.$$

注　在研究方阵的相似标准形(Jordan 标准形)问题时,Jordan 块

$$\begin{pmatrix} \lambda & 1 & & \\ & \lambda & \ddots & \\ & & \ddots & 1 \\ & & & \lambda \end{pmatrix}\text{(空白处元素全为零)}$$

十分有用.利用本例的计算方法,我们可以方便地计算 Jordan 块的幂.但请注意,本例的计算方法并不能直接应用于求任意方阵的幂.一般而言,求方阵的幂,应先计算低次幂,观察是否有规律,有规律可循时,再归纳推算高次幂.而无规律可循时,可以利用方阵的 Jordan 标准形来计算.关于方阵的 Jordan 标准形问题,我们在第四章中会介绍一种特殊情形,那就是方阵的相似对角化问题.

七、矩阵的转置运算

定义 1.5　把矩阵 $\boldsymbol{A}$ 的各行作为相同序号的列,形成一个新的矩阵,称为矩阵 $\boldsymbol{A}$ 的**转置矩阵**(Transposed Matrix),记作 $\boldsymbol{A}^{\mathrm{T}}$(或 $\boldsymbol{A}'$).

例如,设矩阵

$$\boldsymbol{A}=\begin{pmatrix} 8 & 1 & 6 \\ 3 & 5 & 7 \\ 4 & 9 & 2 \end{pmatrix},$$

则 $\boldsymbol{A}$ 的转置矩阵

$$\boldsymbol{A}^{\mathrm{T}}=\begin{pmatrix} 8 & 3 & 4 \\ 1 & 5 & 9 \\ 6 & 7 & 2 \end{pmatrix}.$$

由定义 1.5 易知,**$n\times m$ 矩阵 $\boldsymbol{B}=(b_{ji})$ 为 $m\times n$ 矩阵 $\boldsymbol{A}=(a_{ij})$ 的转置矩阵的充分必要条件是**

$$b_{ji}=a_{ij}\,(i=1,2,\cdots,m;j=1,2,\cdots,n).$$

转置运算的性质

(1) $(\boldsymbol{A}^{\mathrm{T}})^{\mathrm{T}}=\boldsymbol{A}$;

(2) $(\boldsymbol{A}+\boldsymbol{B})^{\mathrm{T}}=\boldsymbol{A}^{\mathrm{T}}+\boldsymbol{B}^{\mathrm{T}}$;

(3) $(k\boldsymbol{A})^{\mathrm{T}}=k\boldsymbol{A}^{\mathrm{T}}$;

(4) $(\boldsymbol{AB})^{\mathrm{T}}=\boldsymbol{B}^{\mathrm{T}}\boldsymbol{A}^{\mathrm{T}}$(**穿脱律**).

性质(1),(2),(3)是明显的,这里仅证明穿脱律.

证明　设 $\boldsymbol{A}=(a_{ik})$ 为 $m\times l$ 矩阵,$\boldsymbol{B}=(b_{kj})$ 为 $l\times n$ 矩阵,记

$$\boldsymbol{AB}=\boldsymbol{C}=(c_{ij}),\boldsymbol{B}^{\mathrm{T}}\boldsymbol{A}^{\mathrm{T}}=\boldsymbol{D}=(d_{ji}),$$

按矩阵的乘法运算知

$$c_{ij}=a_{i1}b_{1j}+a_{i2}b_{2j}+\cdots+a_{il}b_{lj}\ (i=1,2,\cdots,m;j=1,2,\cdots,n),$$
$$d_{ji}=b_{1j}a_{i1}+b_{2j}a_{i2}+\cdots+b_{lj}a_{il}\ (i=1,2,\cdots,m;j=1,2,\cdots,n).$$

因此

$$d_{ji}=c_{ij}\ (i=1,2,\cdots,m;j=1,2,\cdots,n),$$

从而 $\boldsymbol{D}=\boldsymbol{C}^{\mathrm{T}}$，即$\boldsymbol{B}^{\mathrm{T}}\boldsymbol{A}^{\mathrm{T}}=(\boldsymbol{AB})^{\mathrm{T}}$.

定义 1.6 设 $\boldsymbol{A}$ 为方阵，如果 $\boldsymbol{A}^{\mathrm{T}}=\boldsymbol{A}$，那么称 $\boldsymbol{A}$ 为**对称矩阵**.

例如，例 1.1.4 中的矩阵

$$\boldsymbol{A}=\begin{pmatrix}2 & 1\\ 1 & -2\end{pmatrix}$$

就是一个对称矩阵.

例 1.1.9 设 $\boldsymbol{x}=(x_1,x_2,x_3)^{\mathrm{T}}$，对称矩阵

$$\boldsymbol{A}=\begin{pmatrix}a & d & e\\ d & b & f\\ e & f & c\end{pmatrix},$$

计算$\boldsymbol{x}^{\mathrm{T}}\boldsymbol{A}\boldsymbol{x}$.

解 按矩阵的乘法运算

$$\begin{aligned}\boldsymbol{x}^{\mathrm{T}}\boldsymbol{A}\boldsymbol{x}&=(x_1,x_2,x_3)\begin{pmatrix}a & d & e\\ d & b & f\\ e & f & c\end{pmatrix}\begin{pmatrix}x_1\\ x_2\\ x_3\end{pmatrix}=(x_1,x_2,x_3)\begin{pmatrix}ax_1+dx_2+ex_3\\ dx_1+bx_2+fx_3\\ ex_1+fx_2+cx_3\end{pmatrix}\\&=x_1(ax_1+dx_2+ex_3)+x_2(dx_1+bx_2+fx_3)+x_3(ex_1+fx_2+cx_3)\\&=ax_1^2+bx_2^2+cx_3^2+2dx_1x_2+2ex_1x_3+2fx_2x_3.\end{aligned}$$

上述计算结果是变元 x_1,x_2,x_3 的一个二次齐次多项式，在线性代数中，称为变元 x_1，x_2,x_3 的**二次型**. 二次型与对称矩阵紧密相联，相关内容将在第四章中作进一步的介绍.

习题 1—1

1. 已知两个线性变换

$$\begin{cases}x_1=2y_1+y_2,\\ x_2=-2y_1+3y_2+2y_3,\\ x_3=4y_1+y_2+5y_3\end{cases}\qquad \begin{cases}y_1=-3z_1+z_2,\\ y_2=2z_1+z_3,\\ y_3=-z_2+3z_3\end{cases}$$

求从 z_1,z_2,z_3 到 x_1,x_2,x_3 的线性变换.

2. 设 $\boldsymbol{A}=\begin{pmatrix}1 & 3\\ 5 & 7\end{pmatrix}$，$\boldsymbol{B}=\begin{pmatrix}3 & 4\\ 7 & 9\end{pmatrix}$，$\boldsymbol{C}=3\boldsymbol{A}-2\boldsymbol{B}$，求$\boldsymbol{C}^{2n+1}$.

3. 设 $\boldsymbol{a}=(1,2,3)$，$\boldsymbol{A}=\boldsymbol{a}^{\mathrm{T}}\boldsymbol{a}$，求 $\boldsymbol{A}^n$.

4. 设 $\boldsymbol{A}=\begin{pmatrix}a & 1 & 0 & 0\\ 0 & a & 1 & 0\\ 0 & 0 & a & 1\\ 0 & 0 & 0 & a\end{pmatrix}$，求 $\boldsymbol{A}^n$.

5. 求与 $\boldsymbol{A}=\begin{pmatrix}1 & 1\\ 0 & 1\end{pmatrix}$ 可交换的所有矩阵.

6. 设 $\boldsymbol{A}=\begin{pmatrix}2 & 1\\ 1 & 2\end{pmatrix}$，$f(x)=x^2-4x+3$，$g(x)=x^9-x^8$，计算 $f(\boldsymbol{A})$ 和 $g(\boldsymbol{A})$.

7. 设 $\boldsymbol{A},\boldsymbol{B}$ 为 n 阶对称矩阵，证明：$\boldsymbol{AB}$ 为对称矩阵的充分必要条件是 $\boldsymbol{AB}=\boldsymbol{BA}$.

8. 举反例说明下列命题是错误的：

(1) 若 $\boldsymbol{A}^2=\boldsymbol{O}$，则 $\boldsymbol{A}=\boldsymbol{O}$；

(2) 若 $\boldsymbol{A}^2=\boldsymbol{A}$，则 $\boldsymbol{A}=\boldsymbol{O}$ 或 $\boldsymbol{A}=\boldsymbol{I}$；

(3) 若 $\boldsymbol{AX}=\boldsymbol{AY}$，且 $\boldsymbol{A}\neq\boldsymbol{O}$，则 $\boldsymbol{X}=\boldsymbol{Y}$.

第二节　行列式

一、二元线性方程组与二阶行列式

用消元法解二元线性方程组

$$\begin{cases}a_{11}x_1+a_{12}x_2=b_1, & ①\\ a_{21}x_1+a_{22}x_2=b_2. & ②\end{cases} \tag{1.6}$$

①$\times a_{22}$－②$\times a_{12}$ 消去 x_2，得

$$(a_{11}a_{22}-a_{12}a_{21})x_1=b_1a_{22}-a_{12}b_2,$$

②$\times a_{11}$－①$\times a_{21}$ 消去 x_1，得

$$(a_{11}a_{22}-a_{12}a_{21})x_2=a_{11}b_2-b_1a_{21}.$$

当 $a_{11}a_{22}-a_{12}a_{21}\neq 0$ 时，方程组(1.6)的解为

$$x_1=\frac{b_1a_{22}-a_{12}b_2}{a_{11}a_{22}-a_{12}a_{21}},x_2=\frac{a_{11}b_2-b_1a_{21}}{a_{11}a_{22}-a_{12}a_{21}}. \tag{1.7}$$

我们引入一个特定记号

$$\begin{vmatrix}a_{11} & a_{12}\\ a_{21} & a_{22}\end{vmatrix}$$

来表示数 $a_{11}a_{22}-a_{12}a_{21}$，即定义

$$\begin{vmatrix}a_{11} & a_{12}\\ a_{21} & a_{22}\end{vmatrix}=a_{11}a_{22}-a_{12}a_{21},$$

并称之为一个二阶行列式. 利用二阶行列式，方程组(1.6)的解(1.7)可以表示为

$$x_1=\frac{D_1}{D},x_2=\frac{D_2}{D}, \tag{1.8}$$

其中

$$D=\begin{vmatrix}a_{11} & a_{12}\\ a_{21} & a_{22}\end{vmatrix}\neq 0,D_1=\begin{vmatrix}b_1 & a_{12}\\ b_2 & a_{22}\end{vmatrix},D_2=\begin{vmatrix}a_{11} & b_1\\ a_{21} & b_2\end{vmatrix}.$$

注　含有 m 个方程和 n 个未知元的线性方程组，简称为 $m\times n$ 线性方程组. 引入 n

阶行列式的目的是利用它来表述 $n\times n$ 线性方程组的求解公式,即著名的 Cramer 法则,这个法则将在本章第三节中给出并证明.

二、三元线性方程组与三阶行列式

由于二阶行列式过于简单,我们并不容易将其推广.那么就让我们进一步地推导三元线性方程组的求解公式,从中更深入地观察、分析求解公式中的三阶行列式是如何定义的.

用消元法解三元线性方程组

$$\begin{cases}a_{11}x_1+a_{12}x_2+a_{13}x_3=b_1, & ①\\ a_{21}x_1+a_{22}x_2+a_{23}x_3=b_2, & ②\\ a_{31}x_1+a_{32}x_2+a_{33}x_3=b_3. & ③\end{cases} \tag{1.9}$$

②$\times a_{33}-$③$\times a_{23}$消去 x_3,得

$$(a_{21}a_{33}-a_{23}a_{31})x_1+(a_{22}a_{33}-a_{23}a_{32})x_2=b_2a_{33}-a_{23}b_3, \quad ④$$

②$\times a_{32}-$③$\times a_{22}$消去 x_2,得

$$(a_{21}a_{32}-a_{22}a_{31})x_1+(a_{23}a_{32}-a_{22}a_{33})x_3=b_2a_{32}-a_{22}b_3, \quad ⑤$$

①$\times(a_{22}a_{33}-a_{23}a_{32})-$④$\times a_{12}+$⑤$\times a_{13}$同时消去 x_2,x_3,得

$$\begin{aligned}&[a_{11}(a_{22}a_{33}-a_{23}a_{32})-a_{12}(a_{21}a_{33}-a_{23}a_{31})+a_{13}(a_{21}a_{32}-a_{22}a_{31})]x_1\\ =&b_1(a_{22}a_{33}-a_{23}a_{32})-a_{12}(b_2a_{33}-a_{23}b_3)+a_{13}(b_2a_{32}-a_{22}b_3).\end{aligned} \quad ⑥$$

观察、分析方程⑥,我们就会发现:

将未知元 x_1 的系数表示式中的 a_{11},a_{21},a_{31} 分别用 b_1,b_2,b_3 替换,就得到常数项的表示式.

因此,如果用三阶行列式

$$\begin{vmatrix}a_{11} & a_{12} & a_{13}\\ a_{21} & a_{22} & a_{23}\\ a_{31} & a_{32} & a_{33}\end{vmatrix}$$

表示方程⑥中未知元 x_1 的系数,即三阶行列式的定义式

$$D=\begin{vmatrix}a_{11} & a_{12} & a_{13}\\ a_{21} & a_{22} & a_{23}\\ a_{31} & a_{32} & a_{33}\end{vmatrix}=a_{11}M_{11}-a_{12}M_{12}+a_{13}M_{13}, \tag{1.10}$$

其中

$$M_{11}=\begin{vmatrix}a_{22} & a_{23}\\ a_{32} & a_{33}\end{vmatrix}, M_{12}=\begin{vmatrix}a_{21} & a_{23}\\ a_{31} & a_{33}\end{vmatrix}, M_{13}=\begin{vmatrix}a_{21} & a_{22}\\ a_{31} & a_{32}\end{vmatrix},$$

那么方程⑥中的常数项就表示为

$$D_1=\begin{vmatrix}b_1 & a_{12} & a_{13}\\ b_2 & a_{22} & a_{23}\\ b_3 & a_{32} & a_{33}\end{vmatrix},$$

这样,方程⑥就改写为

$$Dx_1=D_1. \quad ⑦$$

我们称三阶行列式 D 为三元线性方程组(1.9)的**系数行列式**.

同样地,用消元法可以推导出与方程⑦类似的两个方程

$$Dx_2=D_2, \quad ⑧$$

$$Dx_3=D_3. \quad ⑨$$

其中

$$D_2=\begin{vmatrix} a_{11} & b_1 & a_{13} \\ a_{21} & b_2 & a_{23} \\ a_{31} & b_3 & a_{33} \end{vmatrix}, D_3=\begin{vmatrix} a_{11} & a_{12} & b_1 \\ a_{21} & a_{22} & b_2 \\ a_{31} & a_{32} & b_3 \end{vmatrix}.$$

当系数行列式 $D\neq 0$ 时,由方程⑦,⑧,⑨,得到三元线性方程组(1.9)的求解公式

$$x_1=\frac{D_1}{D}, x_2=\frac{D_2}{D}, x_3=\frac{D_3}{D}. \tag{1.11}$$

注 观察分析求解公式(1.8)与(1.11),我们会发现它们的表述形式完全类似.一旦清楚 D_j 是如何从 D 变换出来的,我们就能够借助行列式的形式来表述 Cramer 法则.但问题并没有彻底解决,我们还需要确定高阶行列式的定义式,并了解其性质.只有利用高阶行列式的性质,才能相对容易地证明 Cramer 法则.

下面介绍三阶行列式按行列展开的性质,由此加以推广,就可得到 n 阶行列式的定义式及其性质.

回顾三阶行列式的定义式

$$D=\begin{vmatrix} a_{11} & a_{12} & a_{13} \\ a_{21} & a_{22} & a_{23} \\ a_{31} & a_{32} & a_{33} \end{vmatrix}=a_{11}M_{11}-a_{12}M_{12}+a_{13}M_{13},$$

自然地,我们就会引入如下概念:

在三阶行列式(或相应的三阶方阵)中,把元素 a_{ij} 所在的第 i 行和第 j 列划去后,留下来的二阶行列式,称为元素 a_{ij} 的**余子式**,记作 M_{ij}.

将三阶行列式完全展开,得

$$D=a_{11}a_{22}a_{33}+a_{12}a_{23}a_{31}+a_{13}a_{21}a_{32}-a_{11}a_{23}a_{32}-a_{12}a_{21}a_{33}-a_{13}a_{22}a_{31}.$$

利用这个完全展开式,直接验证知三阶行列式也可写成

$$D=\begin{vmatrix} a_{11} & a_{12} & a_{13} \\ a_{21} & a_{22} & a_{23} \\ a_{31} & a_{32} & a_{33} \end{vmatrix}=-a_{21}M_{21}+a_{22}M_{22}-a_{23}M_{23}, \tag{1.12}$$

或

$$D=\begin{vmatrix} a_{11} & a_{12} & a_{13} \\ a_{21} & a_{22} & a_{23} \\ a_{31} & a_{32} & a_{33} \end{vmatrix}=a_{31}M_{31}-a_{32}M_{32}+a_{33}M_{33}. \tag{1.13}$$

记 $A_{ij}=(-1)^{i+j}M_{ij}$,称 A_{ij} 为元素 a_{ij} 的**代数余子式**.利用代数余子式,三阶行列式的定义式(1.10)以及等式(1.12)与(1.13)可统一地写成

$$D=a_{i1}A_{i1}+a_{i2}A_{i2}+a_{i3}A_{i3}\,(i=1,2,3), \tag{1.14}$$

我们称这一结果为三阶行列式按第 i 行展开.类似地,三阶行列式也可按第 j 列展开,我

们有

$$D=a_{1j}A_{1j}+a_{2j}A_{2j}+a_{3j}A_{3j},(j=1,2,3). \tag{1.15}$$

三、n 阶行列式的定义

类似于三阶行列式，当 $n-1$ 阶行列式已定义时，我们就可以定义 n 阶方阵的余子式和代数余子式. 然后利用代数余子式将三阶行列式的定义式(1.10)加以推广，就可以得到 n 阶行列式的定义式.

定义 1.7 对 n 阶方阵 $\boldsymbol{A}=(a_{ij})$，删去其第 i 行和第 j 列后而得的 $n-1$ 阶方阵对应着一个 $n-1$ 阶行列式，称此行列式为元素 a_{ij} 的**余子式**，记作 M_{ij}，并称 $(-1)^{i+j}M_{ij}$ 为元素 a_{ij} 的**代数余子式**，记作 A_{ij}.

注 二阶方阵的余子式是一个一阶行列式，规定其值就是其元素之值. 为了与数 a 的绝对值不混淆，以数 a 为元素的一阶行列式就用 a 表示.

定义 1.8 对 n 阶方阵 $\boldsymbol{A}=(a_{ij})$，设 A_{ij} 为元素 a_{ij} 的代数余子式，记

$$\det\boldsymbol{A}=\sum_{j=1}^{n}a_{1j}A_{1j}=a_{11}A_{11}+a_{12}A_{12}+\cdots+a_{1n}A_{1n},$$

称 $\det\boldsymbol{A}$ 为方阵 $\boldsymbol{A}$ 的**行列式**(Determinant).

n 阶方阵 $\boldsymbol{A}=(a_{ij})$ 的行列式也记作 $|\boldsymbol{A}|$，而在具体计算时，记作

$$D=\begin{vmatrix} a_{11} & a_{12} & \cdots & a_{1n} \\ a_{21} & a_{22} & \cdots & a_{2n} \\ \vdots & \vdots & & \vdots \\ a_{n1} & a_{n2} & \cdots & a_{nn} \end{vmatrix}$$

更直观而有好处，称 D 为一个 **n 阶行列式**.

用数学归纳法可以证明：

n 阶行列式是一个和式，完全展开后共有 $n!$ 项，每一项由 $\boldsymbol{A}$ 中不同行不同列的 n 个元素的乘积构成，带有确定的正负号(如何定正负号参见附录 1).

等式(1.14)和(1.15)可以推广到 n 阶行列式. 事实上，我们有

定理 1.1 设 $\boldsymbol{A}=(a_{ij})$ 为 n 阶方阵，A_{ij} 为元素 a_{ij} 的代数余子式，则成立

$$\det\boldsymbol{A}=\sum_{j=1}^{n}a_{ij}A_{ij}=a_{i1}A_{i1}+a_{i2}A_{i2}+\cdots+a_{in}A_{in},(i=1,2,\cdots,n);$$

$$\det\boldsymbol{A}=\sum_{i=1}^{n}a_{ij}A_{ij}=a_{1j}A_{1j}+a_{2j}A_{2j}+\cdots+a_{nj}A_{nj},(j=1,2,\cdots,n).$$

也就是说，**行列式等于它的任一行(列)的元素与其对应的代数余子式乘积之和.**

注 本书中一些定理的证明，排版时使用了小字号，这些证明不作为教学内容，仅供有兴趣的读者参阅.

证明 这里仅证

$$\det\boldsymbol{A}=\sum_{i=1}^{n}a_{i1}A_{i1}=a_{11}A_{11}+a_{21}A_{21}+\cdots+a_{n1}A_{n1}. \tag{1.16}$$

运用类似的方法，我们可以完成该定理的证明.

对于二阶行列式，容易验证(1.16)式成立.

假设对于 $n-1$ 阶行列式，(1.16)式成立. 以下考虑 n 阶情形.

记 N_{ij} $(i>1, j>1)$ 为 $\mathbf{A}$ 中把第 1 行和第 i 行及第 1 列和第 j 列划去后，留下来的 $n-2$ 阶行列式. 注意 N_{ij} 是 M_{i1} 的 $(1, j-1)$ 元的余子式，同时也是 M_{1j} 的 $(i-1, 1)$ 元的余子式. 由行列式的定义

$$M_{i1} = \sum_{j=2}^{n} (-1)^j a_{1j} N_{ij}, (i = 2, \cdots, n),$$

而由归纳假设

$$M_{1j} = \sum_{i=2}^{n} (-1)^i a_{i1} N_{ij}, (j = 2, \cdots, n).$$

于是

$$\begin{aligned}
\sum_{i=1}^{n} a_{i1} A_{i1} &= a_{11} M_{11} + \sum_{i=2}^{n} (-1)^{i+1} a_{i1} M_{i1} \\
&= a_{11} M_{11} + \sum_{i=2}^{n} (-1)^{i+1} a_{i1} \sum_{j=2}^{n} (-1)^j a_{1j} N_{ij} \\
&= a_{11} M_{11} + \sum_{j=2}^{n} (-1)^{1+j} a_{1j} \sum_{i=2}^{n} (-1)^i a_{i1} N_{ij} \\
&= a_{11} M_{11} + \sum_{j=2}^{n} (-1)^{1+j} a_{1j} M_{1j} = \det\mathbf{A}.
\end{aligned}$$

定理 1.1 是著名的 **Laplace 展开定理**的特殊形式，我们称之为 Laplace 按行列展开定理，简称 **Laplace 定理**，该定理在简化行列式的计算中非常有用.

例 1.2.1 设 n 阶上三角矩阵

$$\mathbf{A}_n = \begin{pmatrix} a_{11} & a_{12} & \cdots & a_{1n} \\ 0 & a_{22} & \cdots & a_{2n} \\ \vdots & \vdots & & \vdots \\ 0 & 0 & \cdots & a_{nn} \end{pmatrix},$$

计算上三角行列式 $|\mathbf{A}_n|$ 的值.

解 将上三角行列式 $|\mathbf{A}_n|$ 按第 n 行展开，得

$$|\mathbf{A}_n| = a_{nn} \cdot (-1)^{n+n} \begin{vmatrix} a_{11} & a_{12} & \cdots & a_{1,n-1} \\ 0 & a_{22} & \cdots & a_{2,n-1} \\ \vdots & \vdots & & \vdots \\ 0 & 0 & \cdots & a_{n-1,n-1} \end{vmatrix}.$$

如果记

$$\mathbf{A}_k = \begin{pmatrix} a_{11} & a_{12} & \cdots & a_{1k} \\ 0 & a_{22} & \cdots & a_{2k} \\ \vdots & \vdots & & \vdots \\ 0 & 0 & \cdots & a_{kk} \end{pmatrix}, (k \leqslant n),$$

那么我们就有递推关系式 $|\mathbf{A}_n| = a_{nn} |\mathbf{A}_{n-1}|$. 由这个递推关系式就可得到

$$|\mathbf{A}_n| = a_{nn} \cdots a_{22} a_{11}.$$

例 1.2.2 计算 n 阶行列式

$$D_n=\begin{vmatrix} 0 & 0 & \cdots & a_1 \\ \vdots & \vdots & & \vdots \\ 0 & a_{n-1} & \cdots & 0 \\ a_n & 0 & \cdots & 0 \end{vmatrix}.$$

解 将 D_n 按第 1 列展开,得

$$D_n=a_n\cdot(-1)^{n+1}\begin{vmatrix} 0 & 0 & \cdots & a_1 \\ \vdots & \vdots & & \vdots \\ 0 & a_{n-2} & \cdots & 0 \\ a_{n-1} & 0 & \cdots & 0 \end{vmatrix}=(-1)^{n+1}a_nD_{n-1}.$$

由这个递推关系式就可得到

$$\begin{aligned} D_n &=(-1)^{n+1+n+\cdots+3}a_n\cdots a_2a_1 \\ &=(-1)^{(n-1)+\cdots+3+2+1}a_n\cdots a_2a_1 \\ &=(-1)^{\frac{n(n-1)}{2}}a_n\cdots a_2a_1. \end{aligned}$$

四、行列式的性质

性质 1 行列式 $D=|\boldsymbol{A}|$ 与它的转置行列式 $D^{\mathrm{T}}=|\boldsymbol{A}^{\mathrm{T}}|$ 相等.

证明 一阶时显然成立;假设 $n-1$ 阶时成立,考虑 n 阶情形.

记 M_{ij} 为 $\boldsymbol{A}$ 的 (i,j) 元的余子式,则 $\boldsymbol{A}^{\mathrm{T}}$ 的 (j,i) 元的余子式为 $(M_{ij})^{\mathrm{T}}$. 由归纳假设知 $(M_{ij})^{\mathrm{T}}=M_{ij}$. 根据 Laplace 定理,将 D^{T} 按第 1 列展开,而 D 按第 1 行展开,得

$$D^{\mathrm{T}}=\sum_{j=1}^{n}a_{1j}(-1)^{j+1}(M_{1j})^{\mathrm{T}}=\sum_{j=1}^{n}a_{1j}(-1)^{1+j}M_{1j}=D.$$

由该性质可知,以下对行而言的性质,对列也成立.

由 Laplace 定理容易得到以下性质 2 和性质 3.

性质 2 行列式中某一行的所有元素的公因子可以提到行列式记号的外面.

例如

$$\begin{vmatrix} a_{11} & a_{12} & a_{13} \\ a_{21} & a_{22} & a_{23} \\ ka_{31} & ka_{32} & ka_{33} \end{vmatrix}=k\begin{vmatrix} a_{11} & a_{12} & a_{13} \\ a_{21} & a_{22} & a_{23} \\ a_{31} & a_{32} & a_{33} \end{vmatrix}.$$

推论 1 行列式中如果有一行的元素全为 0,则此行列式等于 0.

推论 2 设 $\boldsymbol{A}$ 为 n 阶方阵,则有 $|k\boldsymbol{A}|=k^n|\boldsymbol{A}|$.

性质 3 若行列式的某一行的元素都是两数之和,则将该行拆开,原行列式可以表示为相应的两个行列式之和.

例如

$$\begin{vmatrix} a_{11} & a_{12} & a_{13} \\ b_1+c_1 & b_2+c_2 & b_3+c_3 \\ a_{31} & a_{32} & a_{33} \end{vmatrix}=\begin{vmatrix} a_{11} & a_{12} & a_{13} \\ b_1 & b_2 & b_3 \\ a_{31} & a_{32} & a_{33} \end{vmatrix}+\begin{vmatrix} a_{11} & a_{12} & a_{13} \\ c_1 & c_2 & c_3 \\ a_{31} & a_{32} & a_{33} \end{vmatrix}.$$

性质 4 对换行列式的两行,行列式的值变号.

证明 首先考虑对换相邻两行. 设对换 n 阶矩阵 $\boldsymbol{A}=(a_{ij})$ 的第 $r,r+1$ 行而得 $\boldsymbol{B}$. 则 $\boldsymbol{B}$ 的第 $r+1$ 行及其余子式分别为 $\boldsymbol{A}$ 的第 r 行及其余子式. 记 $\boldsymbol{A}$ 的余子式为 M_{ij}，根据 Laplace 定理，将 $|\boldsymbol{B}|$ 按第 $r+1$ 行展开，而 $|\boldsymbol{A}|$ 按第 r 行展开，得

$$|\boldsymbol{B}|=\sum_{j=1}^{n}a_{rj}\cdot(-1)^{r+1+j}M_{rj}=-\sum_{j=1}^{n}a_{rj}\cdot(-1)^{r+j}M_{rj}=-|\boldsymbol{A}|.$$

再考虑对换任意两行. 设对换矩阵 $\boldsymbol{A}$ 的第 $r,r+k$ 行而得 $\boldsymbol{B}$. 易知 $\boldsymbol{A}$ 可经过 $2k-1$ 次对换相邻两行而得 $\boldsymbol{B}$，于是

$$|\boldsymbol{B}|=(-1)^{2k-1}|\boldsymbol{A}|=-|\boldsymbol{A}|.$$

推论 如果行列式中有两行元素对应相等，则此行列式等于 0.

证明 设行列式 D 的第 i,j 行元素对应相等，于是对换 D 的第 i,j 行，仍得 D，而由性质 4 知 $D=-D$，因此 $2D=0$，从而 $D=0$.

这一推论结合性质 2，立即得到：

性质 5 如果行列式中有两行元素对应成比例，则此行列式等于 0.

利用性质 3 和性质 5 容易证明：

性质 6 把行列式的某一行的各元素乘以同一数，然后加到另一行对应的元素上去，行列式的值不变.

例如

$$\begin{vmatrix} a_{11} & a_{12} & a_{13} \\ a_{21} & a_{22} & a_{23} \\ a_{31} & a_{32} & a_{33} \end{vmatrix}=\begin{vmatrix} a_{11} & a_{12} & a_{13} \\ a_{21}+ka_{11} & a_{22}+ka_{12} & a_{23}+ka_{13} \\ a_{31} & a_{32} & a_{33} \end{vmatrix}.$$

五、行列式值的计算

行列式值的计算，基本上就是利用行列式的性质逐步简化行列式的结构. 主要方法有两个：一是想方设法将行列式化为上（下）三角行列式，即**化三角形法**；二是利用 Laplace 定理的**降阶法**.

为了便于检查，引进以下记号：

(1) 用 $r_i\leftrightarrow r_j$ 表示交换第 i,j 行(Row)；

(2) 用 kr_i 表示第 i 行元素同乘非零数 k；

(3) 用 r_j+kr_i 表示把第 i 行元素的 k 倍加于第 j 行对应的元素上去.

用 c_i 表示第 i 列(Column)，有相仿的记号.

例 1.2.3 计算行列式

$$D=\begin{vmatrix} 3 & 1 & -1 & 2 \\ -5 & 1 & 3 & -4 \\ 2 & 0 & 1 & -1 \\ 1 & -5 & 3 & -3 \end{vmatrix}.$$

解一（化上三角形法） 利用行列式的性质将行列式化为上三角行列式.

$$D\xlongequal{r_1\leftrightarrow r_4}-\begin{vmatrix}1&-5&3&-3\\-5&1&3&-4\\2&0&1&-1\\3&1&-1&2\end{vmatrix}\xlongequal[\substack{r_3-2r_1\\r_4-3r_1}]{r_2+5r_1}-\begin{vmatrix}1&-5&3&-3\\0&-24&18&-19\\0&10&-5&5\\0&16&-10&11\end{vmatrix}$$

$$\xlongequal[\frac{1}{5}r_2]{r_2\leftrightarrow r_3}5\begin{vmatrix}1&-5&3&-3\\0&2&-1&1\\0&-24&18&-19\\0&16&-10&11\end{vmatrix}\xlongequal[r_4-8r_2]{r_3+12r_2}5\begin{vmatrix}1&-5&3&-3\\0&2&-1&1\\0&0&6&-7\\0&0&-2&3\end{vmatrix}$$

$$\xlongequal[r_4+3r_3]{r_3\leftrightarrow r_4}-5\begin{vmatrix}1&-5&3&-3\\0&2&-1&1\\0&0&-2&3\\0&0&0&2\end{vmatrix}=40.$$

解二(降阶法) 利用行列式的性质,想方设法将某一行(列)变出尽可能多的0,再按该行(列)展开,使行列式的阶数降低.

对于以整数为元素的数字行列式,找出(或变出)± 1,将其所在行(列)的其他元素化为0,再按该行(列)展开而降阶.

$$D=\begin{vmatrix}3&1&-1&2\\-5&1&3&-4\\2&0&1&-1\\1&-5&3&-3\end{vmatrix}\xlongequal[r_4+5r_1]{r_2-r_1}\begin{vmatrix}3&1&-1&2\\-8&0&4&-6\\2&0&1&-1\\16&0&-2&7\end{vmatrix}$$

$$=-\begin{vmatrix}-8&4&-6\\2&1&-1\\16&-2&7\end{vmatrix}\xlongequal[c_3+c_2]{c_1-2c_2}-\begin{vmatrix}-16&4&-2\\0&1&0\\20&-2&5\end{vmatrix}$$

$$=-\begin{vmatrix}-16&-2\\20&5\end{vmatrix}=-(-80+40)=40.$$

例 1.2.4 计算行列式

$$D=\begin{vmatrix}a&b&c&d\\a&a+b&a+b+c&a+b+c+d\\a&2a+b&3a+2b+c&4a+3b+2c+d\\a&3a+b&6a+3b+c&10a+6b+3c+d\end{vmatrix}.$$

解 从第4行开始,后行减前行:

$$D\xlongequal[r_2-r_1]{\substack{r_4-r_3\\r_3-r_2}}\begin{vmatrix}a&b&c&d\\0&a&a+b&a+b+c\\0&a&2a+b&3a+2b+c\\0&a&3a+b&6a+3b+c\end{vmatrix}$$

$$\xlongequal[r_3-r_2]{r_4-r_3}\begin{vmatrix}a&b&c&d\\0&a&a+b&a+b+c\\0&0&a&2a+b\\0&0&a&3a+b\end{vmatrix}$$

$$\xlongequal{r_4-r_3}\begin{vmatrix} a & b & c & d \\ 0 & a & a+b & a+b+c \\ 0 & 0 & a & 2a+b \\ 0 & 0 & 0 & a \end{vmatrix}=a^4.$$

例 1.2.5 计算行列式

$$D=\begin{vmatrix} x+a_1 & a_2 & \cdots & a_n \\ a_1 & x+a_2 & \cdots & a_n \\ \vdots & \vdots & & \vdots \\ a_1 & a_2 & \cdots & x+a_n \end{vmatrix}.$$

注 本例中的行列式,其特点是**行和相等**.

解 将第 2,3,…,n 列同时加到第 1 列,然后第 2,3,…,n 行都减第 1 行:

$$D\xlongequal{c_1+c_2+\cdots+c_n}\begin{vmatrix} x+(a_1+a_2+\cdots+a_n) & a_2 & \cdots & a_n \\ x+(a_1+a_2+\cdots+a_n) & x+a_2 & \cdots & a_n \\ \vdots & \vdots & & \vdots \\ x+(a_1+a_2+\cdots+a_n) & a_2 & \cdots & x+a_n \end{vmatrix}$$

$$\xlongequal{r_2-r_1,\cdots,r_n-r_1}\begin{vmatrix} x+\sum\limits_{i=1}^{n}a_i & a_2 & \cdots & a_n \\ 0 & x & \cdots & 0 \\ \vdots & \vdots & & \vdots \\ 0 & 0 & \cdots & x \end{vmatrix}=x^{n-1}(x+\sum_{i=1}^{n}a_i).$$

例 1.2.6 计算行列式

$$D=\begin{vmatrix} a_0 & b_1 & b_2 & \cdots & b_n \\ c_1 & a_1 & 0 & \cdots & 0 \\ c_2 & 0 & a_2 & \cdots & 0 \\ \vdots & \vdots & \vdots & & \vdots \\ c_n & 0 & 0 & \cdots & a_n \end{vmatrix},$$

其中 $a_1a_2\cdots a_n\neq 0$.

注 本例中的行列式常称为“**爪形**”行列式.

解 把第 $j+1(j=1,2,\cdots,n)$ 列的 $\left(-\frac{c_j}{a_j}\right)$ 倍都加到第 1 列上,得

$$D=\begin{vmatrix} a_0-\sum\limits_{j=1}^{n}\frac{c_jb_j}{a_j} & b_1 & b_2 & \cdots & b_n \\ 0 & a_1 & 0 & \cdots & 0 \\ 0 & 0 & a_2 & \cdots & 0 \\ \vdots & \vdots & \vdots & & \vdots \\ 0 & 0 & 0 & \cdots & a_n \end{vmatrix}$$

$$=\left(a_0-\sum_{j=1}^{n}\frac{c_jb_j}{a_j}\right)a_1a_2\cdots a_n.$$

例 1.2.7 计算 n 阶 Vandermonde 行列式

$$D_n=\begin{vmatrix}1&1&\cdots&1\\x_1&x_2&\cdots&x_n\\\vdots&\vdots&&\vdots\\x_1^{n-1}&x_2^{n-1}&\cdots&x_n^{n-1}\end{vmatrix}.$$

解 从最后一行开始,到第 2 行为止,后行减去前行的 x_n 倍,得

$$D_n=\begin{vmatrix}1&1&\cdots&1\\x_1-x_n&x_2-x_n&\cdots&0\\\vdots&\vdots&&\vdots\\x_1^{n-2}(x_1-x_n)&x_2^{n-2}(x_2-x_n)&\cdots&0\end{vmatrix},$$

此式按第 n 列展开,再从第 $i(i=1,2,\cdots,n-1)$ 列提取公因式 x_i-x_n,得

$$D_n=(-1)^{n+1}(x_1-x_n)(x_2-x_n)\cdots(x_{n-1}-x_n)D_{n-1},$$

于是有递推公式

$$D_n=(x_n-x_{n-1})\cdots(x_n-x_2)(x_n-x_1)D_{n-1}.$$

根据这个递推公式并注意 $D_2=x_2-x_1$,就可得到

$$D_n=(x_n-x_{n-1})\cdots(x_n-x_2)(x_n-x_1)\cdots(x_3-x_2)(x_3-x_1)(x_2-x_1).$$

注 上式右边记作

$$\prod_{n\geqslant i>j\geqslant 1}(x_i-x_j),$$

其中记号"$\prod$"表示全体同类因子的乘积.

六、方阵乘积的行列式

本小节,我们给出两个常用的结果,其中第二个结果(定理 1.3)是关于方阵乘积的行列式的一个等式,通常称之为**行列式乘法定理**.

定理 1.2 设 $\boldsymbol{A}$ 为 n 阶方阵,$\boldsymbol{B}$ 为 m 阶方阵,$\boldsymbol{C}$ 为 $m\times n$ 矩阵,则

$$\begin{vmatrix}\boldsymbol{A}&\boldsymbol{O}\\\boldsymbol{C}&\boldsymbol{B}\end{vmatrix}=|\boldsymbol{A}|\cdot|\boldsymbol{B}|,\tag{1.17}$$

$$\begin{vmatrix}\boldsymbol{B}&\boldsymbol{C}\\\boldsymbol{O}&\boldsymbol{A}\end{vmatrix}=|\boldsymbol{A}|\cdot|\boldsymbol{B}|.\tag{1.18}$$

证明 只需证明(1.17)式(为什么?).

可以证明,任意一个方阵,都可以经过若干次变换 $r_j+kr_i(c_j+kc_i)$ 化为三角矩阵.

经过若干次变换 r_j+kr_i 将 $\boldsymbol{A},\boldsymbol{B}$ 分别化为下三角矩阵

$$\boldsymbol{A}_1=\begin{pmatrix}a_1&0&\cdots&0\\\times&a_2&\cdots&0\\\vdots&\vdots&&\vdots\\\times&\times&\cdots&a_n\end{pmatrix},\boldsymbol{B}_1=\begin{pmatrix}b_1&0&\cdots&0\\\times&b_2&\cdots&0\\\vdots&\vdots&&\vdots\\\times&\times&\cdots&b_m\end{pmatrix}(\times\text{处上的元素为某些数}).$$

与此同时,

$$\begin{pmatrix} \boldsymbol{A} & \boldsymbol{O} \\ \boldsymbol{C} & \boldsymbol{B} \end{pmatrix}$$

化为下三角矩阵

$$\begin{pmatrix} \boldsymbol{A}_1 & \boldsymbol{O} \\ \boldsymbol{C}_1 & \boldsymbol{B}_1 \end{pmatrix}.$$

与上三角行列式(例 1.2.1)类似,我们有

$$|\boldsymbol{A}_1| = a_1 a_2 \cdots a_n, \quad |\boldsymbol{B}_1| = b_1 b_2 \cdots b_m,$$

$$\begin{vmatrix} \boldsymbol{A}_1 & \boldsymbol{O} \\ \boldsymbol{C}_1 & \boldsymbol{B}_1 \end{vmatrix} = a_1 a_2 \cdots a_n b_1 b_2 \cdots b_m = |\boldsymbol{A}_1| \cdot |\boldsymbol{B}_1|.$$

而由行列式的性质 6,立即得到

$$\begin{vmatrix} \boldsymbol{A} & \boldsymbol{O} \\ \boldsymbol{C} & \boldsymbol{B} \end{vmatrix} = \begin{vmatrix} \boldsymbol{A}_1 & \boldsymbol{O} \\ \boldsymbol{C}_1 & \boldsymbol{B}_1 \end{vmatrix} = |\boldsymbol{A}_1| \cdot |\boldsymbol{B}_1| |\boldsymbol{A}| \cdot |\boldsymbol{B}|.$$

定理 1.3 设 $\boldsymbol{A}, \boldsymbol{B}$ 为 n 阶方阵,则 $|\boldsymbol{AB}| = |\boldsymbol{A}| \cdot |\boldsymbol{B}|$.

证明 设 $\boldsymbol{A} = (a_{ij})$,$\boldsymbol{B} = (b_{ij})$,记

$$D = \begin{vmatrix} \boldsymbol{A} & \boldsymbol{O} \\ -\boldsymbol{I} & \boldsymbol{B} \end{vmatrix}, \tag{1.19}$$

在 D 中以 b_{ij} 乘第 i 列($i=1,2,\cdots,n$)都加到第 $n+j$ 列上($j=1,2,\cdots,n$),有

$$D = \begin{vmatrix} \boldsymbol{A} & \boldsymbol{C} \\ -\boldsymbol{I} & \boldsymbol{O} \end{vmatrix},$$

其中 $\boldsymbol{C}$ 的(i,j)元为

$$c_{ij} = b_{1j} a_{i1} + b_{2j} a_{i2} + \cdots + b_{nj} a_{in} \ (i=1,2,\cdots,n; j=1,2,\cdots,n),$$

所以 $\boldsymbol{C} = \boldsymbol{AB}$. 再对上式对调第 j 行与第 $n+j$ 行($j=1,2,\cdots,n$),有

$$D = (-1)^n \begin{vmatrix} -\boldsymbol{I} & \boldsymbol{O} \\ \boldsymbol{A} & \boldsymbol{C} \end{vmatrix}. \tag{1.20}$$

利用(1.17)式,由(1.19)式和(1.20)式得

$$|\boldsymbol{A}| \cdot |\boldsymbol{B}| = D = (-1)^n |-\boldsymbol{I}| \cdot |\boldsymbol{C}| = |\boldsymbol{C}| = |\boldsymbol{AB}|.$$

习题 1—2

1. 计算下列行列式:

(1) $\begin{vmatrix} -ab & ac & ae \\ bd & -cd & de \\ bf & cf & -ef \end{vmatrix}$; (2) $\begin{vmatrix} x & y & x+y \\ y & x+y & x \\ x+y & x & y \end{vmatrix}$.

2. 设

$$\boldsymbol{A} = \begin{pmatrix} x_1 & a_1 & b_1 & c_1 \\ x_2 & a_2 & b_2 & c_2 \\ x_3 & a_3 & b_3 & c_3 \\ x_4 & a_4 & b_4 & c_4 \end{pmatrix}, \boldsymbol{B} = \begin{pmatrix} y_1 & a_1 & b_1 & c_1 \\ y_2 & a_2 & b_2 & c_2 \\ y_3 & a_3 & b_3 & c_3 \\ y_4 & a_4 & b_4 & c_4 \end{pmatrix},$$

且已知$|\boldsymbol{A}|=4$，$|\boldsymbol{B}|=1$，试求$|\boldsymbol{A}+\boldsymbol{B}|$.

3. 计算下列行列式：

(1) $\begin{vmatrix} 1 & 3 & 5 & 7 \\ 1 & 5 & 3 & 3 \\ 2 & 3 & 8 & 5 \\ 1 & 3 & 8 & 9 \end{vmatrix}$； (2) $\begin{vmatrix} -2 & 2 & -4 & 0 \\ 4 & -1 & 3 & 5 \\ 3 & 1 & -2 & -3 \\ 2 & 0 & 5 & 1 \end{vmatrix}$.

4. 解方程 $\begin{vmatrix} x & -1 & -1 & 1 \\ -1 & x & 1 & -1 \\ -1 & 1 & x & -1 \\ 1 & -1 & -1 & x \end{vmatrix}=0$.

5. 已知$\boldsymbol{A}=\begin{pmatrix} 1 & 0 & 0 \\ -1 & 2 & 0 \\ 1 & 4 & 3 \end{pmatrix}$，求$|(4\boldsymbol{I}-\boldsymbol{A})^{\mathrm{T}}(4\boldsymbol{I}-\boldsymbol{A})|$.

6. 已知三阶矩阵$\boldsymbol{A}$的行列式$|\boldsymbol{A}|=2$，$\boldsymbol{B}=\begin{pmatrix} 1 & 2 & 3 \\ 2 & 1 & 1 \\ 1 & 1 & 0 \end{pmatrix}$，求$|\boldsymbol{AB}-\boldsymbol{A}|$.

7. 计算下列行列式：

(1) $\begin{vmatrix} -a_1 & a_1 & \cdots & 0 & 0 \\ 0 & -a_2 & \cdots & 0 & 0 \\ \vdots & \vdots & & \vdots & \vdots \\ 0 & 0 & \cdots & -a_n & a_n \\ 1 & 1 & \cdots & 1 & 1 \end{vmatrix}$； (2) $\begin{vmatrix} x & -1 & \cdots & 0 & 0 \\ 0 & x & \cdots & 0 & 0 \\ \vdots & \vdots & & \vdots & \vdots \\ 0 & 0 & \cdots & x & -1 \\ a_n & a_{n-1} & \cdots & a_2 & x+a_1 \end{vmatrix}$.

8. 证明：

(1) $\begin{vmatrix} 1+a_1 & 1 & \cdots & 1 \\ 1 & 1+a_2 & \cdots & 1 \\ \vdots & \vdots & & \vdots \\ 1 & 1 & \cdots & 1+a_n \end{vmatrix}=a_1a_2\cdots a_n\left(1+\sum\limits_{i=1}^{n}\frac{1}{a_i}\right)$，其中$a_1a_2\cdots a_n\neq 0$；

(2) $\begin{vmatrix} 1 & 1 & 1 & 1 \\ a & b & c & d \\ a^2 & b^2 & c^2 & d^2 \\ a^4 & b^4 & c^4 & d^4 \end{vmatrix}=(a-b)(a-c)(a-d)(b-c)(b-d)(c-d)(a+b+c+d)$.

第三节　逆矩阵

一、逆矩阵的概念和性质

数b除以非零数a的运算可用乘法表示为

$$\frac{b}{a}=b\cdot\frac{1}{a}=\frac{1}{a}\cdot b,$$

其中非零数 a 的“倒数”$\frac{1}{a}$可用式

$$a\cdot\frac{1}{a}=\frac{1}{a}\cdot a=1$$

定义,并称它为非零数 a(关于乘法运算)的**逆元**,记作 a^{-1}.

在矩阵的乘法运算中,与数 1 有类似作用的是单位矩阵 $\boldsymbol{I}$,注意矩阵乘法运算不满足交换律. 仿非零数的逆元的定义,矩阵的逆元定义如下:

如果矩阵 $\boldsymbol{A}$ 与 $\boldsymbol{B}$ 满足 $\boldsymbol{AB}=\boldsymbol{I}$,则称 $\boldsymbol{A}$ 为 $\boldsymbol{B}$ 的**左逆矩阵**,而称 $\boldsymbol{B}$ 为 $\boldsymbol{A}$ 的**右逆矩阵**.

例 1.3.1 求矩阵

$$\boldsymbol{A}=\begin{pmatrix}1 & 0 & 0\\ 1 & 1 & 0\end{pmatrix}$$

的左、右逆矩阵.

解 如果矩阵 $\boldsymbol{B}$ 为 $\boldsymbol{A}$ 的左(右)逆矩阵,则 $\boldsymbol{B}$ 必为 3×2 矩阵. 设

$$\boldsymbol{B}=\begin{pmatrix}x_1 & y_1\\ x_2 & y_2\\ x_3 & y_3\end{pmatrix},$$

直接计算,得

$$\boldsymbol{BA}=\begin{pmatrix}x_1 & y_1\\ x_2 & y_2\\ x_3 & y_3\end{pmatrix}\begin{pmatrix}1 & 0 & 0\\ 1 & 1 & 0\end{pmatrix}=\begin{pmatrix}x_1+y_1 & y_1 & 0\\ x_2+y_2 & y_2 & 0\\ x_3+y_3 & y_3 & 0\end{pmatrix},$$

$$\boldsymbol{AB}=\begin{pmatrix}1 & 0 & 0\\ 1 & 1 & 0\end{pmatrix}\begin{pmatrix}x_1 & y_1\\ x_2 & y_2\\ x_3 & y_3\end{pmatrix}=\begin{pmatrix}x_1 & y_1\\ x_1+x_2 & y_1+y_2\end{pmatrix}.$$

由此可知 $\boldsymbol{A}$ 的左逆矩阵不存在,而 $\boldsymbol{A}$ 的右逆矩阵却有无穷多个,其一般形式可表示为

$$\begin{pmatrix}1 & 0\\ -1 & 1\\ a & b\end{pmatrix},$$

其中 a,b 任意取值.

定理 1.4 如果矩阵 $\boldsymbol{A}$ 的左、右逆矩阵都存在,则它们相等,从而唯一.

证明 设 $\boldsymbol{B},\boldsymbol{C}$ 分别为矩阵 $\boldsymbol{A}$ 的一个左逆矩阵和一个右逆矩阵,则

$$\boldsymbol{B}=\boldsymbol{BI}=\boldsymbol{B}(\boldsymbol{AC})=(\boldsymbol{BA})\boldsymbol{C}=\boldsymbol{IC}=\boldsymbol{C}.$$

如果$\boldsymbol{B}_1$ 也为矩阵 $\boldsymbol{A}$ 的左逆矩阵,则$\boldsymbol{B}_1=\boldsymbol{C}=\boldsymbol{B}$,所以矩阵 $\boldsymbol{A}$ 的左逆矩阵唯一. 如果$\boldsymbol{C}_1$ 也为矩阵 $\boldsymbol{A}$ 的右逆矩阵,则$\boldsymbol{C}_1=\boldsymbol{B}=\boldsymbol{C}$,所以矩阵 $\boldsymbol{A}$ 的右逆矩阵唯一.

定理 1.5 设方阵 $\boldsymbol{A}$ 存在左(右)逆矩阵 $\boldsymbol{B}$,则 $|\boldsymbol{A}|\neq 0$ 且 $|\boldsymbol{B}|=|\boldsymbol{A}|^{-1}$.

证明 关系式 $\boldsymbol{BA}=\boldsymbol{I}(\boldsymbol{AB}=\boldsymbol{I})$ 两边取行列式,得

$$|\boldsymbol{B}|\cdot|\boldsymbol{A}|=1(|\boldsymbol{A}|\cdot|\boldsymbol{B}|=1),$$

因此 $|\boldsymbol{A}|\neq 0$ 且 $|\boldsymbol{B}|=|\boldsymbol{A}|^{-1}$.

如果$|\boldsymbol{A}|=0$,则称方阵 $\boldsymbol{A}$ 为**奇异矩阵**. 如果$|\boldsymbol{A}|\neq0$,则称方阵 $\boldsymbol{A}$ 为**非奇异矩阵**.

注 当 $m>n$ 时,$m\times n$ 矩阵$\boldsymbol{A}$ 的右逆矩阵不存在. 用反证法证明. 设矩阵 $\boldsymbol{B}$ 为 $\boldsymbol{A}$ 的右逆矩阵,则 $\boldsymbol{AB}=\boldsymbol{I}$. 记 m 阶矩阵

$$\boldsymbol{C}=(\boldsymbol{A},\boldsymbol{O}),\boldsymbol{D}=\begin{pmatrix}\boldsymbol{B}\\\boldsymbol{O}\end{pmatrix},$$

按矩阵乘法运算行乘列的法则,可以验证 $\boldsymbol{CD}=\boldsymbol{AB}=\boldsymbol{I}$. 由定理 1.5 知 $\boldsymbol{C}$ 为非奇异矩阵,但显然$|\boldsymbol{C}|=0$,矛盾.

考虑转置便知,当 $m<n$ 时,$m\times n$ 矩阵 $\boldsymbol{A}$ 的左逆矩阵不存在. 关于矩阵存在左(右)逆矩阵的充分必要条件可参见第三章第二节例 3.2.6.

例 1.3.2 可逆线性变换.

我们称线性变换 $\boldsymbol{x}=\boldsymbol{By}$ 为线性变换 $\boldsymbol{y}=\boldsymbol{Ax}$ 的逆变换,如果对任意的 $\boldsymbol{x}$ 和 $\boldsymbol{y}$ 都成立

$$\boldsymbol{A}(\boldsymbol{By})=\boldsymbol{y},\boldsymbol{B}(\boldsymbol{Ax})=\boldsymbol{x}.$$

由矩阵乘法的结合律容易看出,以上条件等价于

$$\boldsymbol{AB}=\boldsymbol{I},\boldsymbol{BA}=\boldsymbol{I}.$$

因此,线性变换 $\boldsymbol{x}=\boldsymbol{By}$ 为线性变换 $\boldsymbol{y}=\boldsymbol{Ax}$ 的逆变换的充分必要条件是系数矩阵 $\boldsymbol{B}$ 为系数矩阵 $\boldsymbol{A}$ 的左、右逆矩阵.

若线性变换 $\boldsymbol{y}=\boldsymbol{Ax}$ 存在逆变换,就称它为**可逆线性变换**,并称它的系数矩阵 $\boldsymbol{A}$ 为**可逆矩阵**.

由例 1.3.2 前的注可知,可逆矩阵一定是方阵. 因此我们有

定义 1.9 设 $\boldsymbol{A}$ 为 n 阶方阵,如果存在 n 阶方阵 $\boldsymbol{B}$,使

$$\boldsymbol{AB}=\boldsymbol{BA}=\boldsymbol{I},$$

那么称 $\boldsymbol{A}$ 是**可逆矩阵**,并称 $\boldsymbol{B}$ 为 $\boldsymbol{A}$ 的**逆矩阵**.

由定理 1.4 知,可逆矩阵 $\boldsymbol{A}$ 的逆矩阵是唯一的,记作 $\boldsymbol{A}^{-1}$. 我们有

可逆线性变换 $\boldsymbol{y}=\boldsymbol{Ax}$ 的逆变换为 $\boldsymbol{x}=\boldsymbol{A}^{-1}\boldsymbol{y}$.

例 1.3.3 矩阵方程.

设 $\boldsymbol{A}$ 为 n 阶可逆方阵,$\boldsymbol{B}$ 为 $n\times s$ 矩阵,$\boldsymbol{C}$ 为 $t\times n$ 矩阵,则矩阵方程 $\boldsymbol{AX}=\boldsymbol{B}$ 有唯一解 $\boldsymbol{X}=\boldsymbol{A}^{-1}\boldsymbol{B}$;矩阵方程 $\boldsymbol{YA}=\boldsymbol{C}$ 有唯一解 $\boldsymbol{Y}=\boldsymbol{CA}^{-1}$.

证明 由

$$\boldsymbol{A}(\boldsymbol{A}^{-1}\boldsymbol{B})=(\boldsymbol{AA}^{-1})\boldsymbol{B}=\boldsymbol{IB}=\boldsymbol{B},$$

知 $\boldsymbol{X}=\boldsymbol{A}^{-1}\boldsymbol{B}$ 为 $\boldsymbol{AX}=\boldsymbol{B}$ 的解. 设 $\boldsymbol{X}=\boldsymbol{G}$ 为 $\boldsymbol{AX}=\boldsymbol{B}$ 的解,则 $\boldsymbol{AG}=\boldsymbol{B}$,于是

$$\boldsymbol{G}=\boldsymbol{IG}=(\boldsymbol{A}^{-1}\boldsymbol{A})\boldsymbol{G}=\boldsymbol{A}^{-1}(\boldsymbol{AG})=\boldsymbol{A}^{-1}\boldsymbol{B}.$$

因此 $\boldsymbol{AX}=\boldsymbol{B}$ 有唯一解 $\boldsymbol{X}=\boldsymbol{A}^{-1}\boldsymbol{B}$.

类似可证 $\boldsymbol{YA}=\boldsymbol{C}$ 有唯一解 $\boldsymbol{Y}=\boldsymbol{CA}^{-1}$.

逆矩阵的性质 设 $\boldsymbol{A},\boldsymbol{B}$ 为 n 阶可逆矩阵,则成立

(1) $(\boldsymbol{A}^{-1})^{-1}=\boldsymbol{A}$;

(2) $(k\boldsymbol{A})^{-1}=k^{-1}\boldsymbol{A}^{-1}(k\neq0)$;

(3) $(\boldsymbol{AB})^{-1}=\boldsymbol{B}^{-1}\boldsymbol{A}^{-1}$(穿脱律);

(4) $(\boldsymbol{A}^{\mathrm{T}})^{-1}=(\boldsymbol{A}^{-1})^{\mathrm{T}}$.

证明 这里仅证明(3)式,其余各式请读者自己证明.

由矩阵乘法的结合律,我们有

$$(\boldsymbol{AB})(\boldsymbol{B}^{-1}\boldsymbol{A}^{-1})=\boldsymbol{A}(\boldsymbol{B}\boldsymbol{B}^{-1})\boldsymbol{A}^{-1}=\boldsymbol{AIA}^{-1}=\boldsymbol{AA}^{-1}=\boldsymbol{I},$$

$$(\boldsymbol{B}^{-1}\boldsymbol{A}^{-1})(\boldsymbol{AB})=\boldsymbol{B}^{-1}(\boldsymbol{A}^{-1}\boldsymbol{A})\boldsymbol{B}=\boldsymbol{B}^{-1}\boldsymbol{IB}=\boldsymbol{B}^{-1}\boldsymbol{B}=\boldsymbol{I},$$

所以$\boldsymbol{B}^{-1}\boldsymbol{A}^{-1}$为$\boldsymbol{AB}$的逆矩阵,即$(\boldsymbol{AB})^{-1}=\boldsymbol{B}^{-1}\boldsymbol{A}^{-1}$.

二、伴随矩阵与逆矩阵计算公式

设$\boldsymbol{A}=(a_{ij})$为n阶方阵,A_{ij}为元素a_{ij}的代数余子式.如果$|\boldsymbol{A}|$的第j列用$(b_1,b_2,\cdots,b_n)^{\mathrm{T}}$替代,那么由Laplace定理,有

$$\begin{vmatrix} a_{11} & \cdots & a_{1,j-1} & b_1 & a_{1,j+1} & \cdots & a_{1n} \\ a_{21} & \cdots & a_{2,j-1} & b_2 & a_{2,j+1} & \cdots & a_{2n} \\ \vdots & & \vdots & \vdots & \vdots & & \vdots \\ a_{n1} & \cdots & a_{n,j-1} & b_n & a_{n,j+1} & \cdots & a_{nn} \end{vmatrix}$$

$$=b_1A_{1j}+b_2A_{2j}+\cdots+b_nA_{nj}. \tag{1.21}$$

当$i\neq j$时,取$b_1=a_{1i},b_2=a_{2i},\cdots,b_n=a_{ni}$,则(1.21)式左边行列式$i,j$列相同,因此等于0.于是我们有

$$a_{1i}A_{1j}+a_{2i}A_{2j}+\cdots+a_{ni}A_{nj}=0(i\neq j). \tag{1.22}$$

考虑行的情况,类似地有

$$a_{i1}A_{j1}+a_{i2}A_{j2}+\cdots+a_{in}A_{jn}=0(i\neq j). \tag{1.23}$$

Laplace按行展开定理及(1.23)式合起来可写成一个矩阵等式

$$\begin{pmatrix} a_{11} & a_{12} & \cdots & a_{1n} \\ a_{21} & a_{22} & \cdots & a_{2n} \\ \vdots & \vdots & & \vdots \\ a_{n1} & a_{n2} & \cdots & a_{nn} \end{pmatrix}\begin{pmatrix} A_{11} & A_{21} & \cdots & A_{n1} \\ A_{12} & A_{22} & \cdots & A_{n2} \\ \vdots & \vdots & & \vdots \\ A_{1n} & A_{2n} & \cdots & A_{nn} \end{pmatrix}=|\boldsymbol{A}|\boldsymbol{I}. \tag{1.24}$$

而Laplace按列展开定理及(1.22)式合起来又可写成另一个矩阵等式

$$\begin{pmatrix} A_{11} & A_{21} & \cdots & A_{n1} \\ A_{12} & A_{22} & \cdots & A_{n2} \\ \vdots & \vdots & & \vdots \\ A_{1n} & A_{2n} & \cdots & A_{nn} \end{pmatrix}\begin{pmatrix} a_{11} & a_{12} & \cdots & a_{1n} \\ a_{21} & a_{22} & \cdots & a_{2n} \\ \vdots & \vdots & & \vdots \\ a_{n1} & a_{n2} & \cdots & a_{nn} \end{pmatrix}=|\boldsymbol{A}|\boldsymbol{I}. \tag{1.25}$$

定义 1.10 以n阶方阵$\boldsymbol{A}$的(i,j)元对应的代数余子式A_{ij}作为(j,i)元,得到一个矩阵,称此矩阵为$\boldsymbol{A}$的**转置伴随矩阵**(Adjugate Matrix),简称**伴随矩阵**,记作adj$\boldsymbol{A}$或$\boldsymbol{A}^*$.也就是说,定义$\boldsymbol{A}$的伴随矩阵为

$$\boldsymbol{A}^*=\begin{pmatrix} A_{11} & A_{21} & \cdots & A_{n1} \\ A_{12} & A_{22} & \cdots & A_{n2} \\ \vdots & \vdots & & \vdots \\ A_{1n} & A_{2n} & \cdots & A_{nn} \end{pmatrix}.$$

利用伴随矩阵,可将(1.24)式和(1.25)式改写成以下定理:

定理 1.6 设$\boldsymbol{A}^*$为方阵$\boldsymbol{A}$的伴随矩阵,则有

$$\boldsymbol{A}\boldsymbol{A}^*=\boldsymbol{A}^*\boldsymbol{A}=|\boldsymbol{A}|\boldsymbol{I}.$$

作为这个定理的推论，我们有

定理 1.7 非奇异矩阵 $\boldsymbol{A}$ 为可逆矩阵，且 $\boldsymbol{A}$ 的逆矩阵

$$\boldsymbol{A}^{-1}=\frac{1}{|\boldsymbol{A}|}\boldsymbol{A}^*\text{（逆矩阵计算公式）}.$$

证明 由定理 1.6，我们有

$$\boldsymbol{A}\boldsymbol{A}^*=\boldsymbol{A}^*\boldsymbol{A}=|\boldsymbol{A}|\boldsymbol{I}.$$

令 $\boldsymbol{B}=|\boldsymbol{A}|^{-1}\boldsymbol{A}^*$，上式成为

$$\boldsymbol{A}\boldsymbol{B}=\boldsymbol{B}\boldsymbol{A}=\boldsymbol{I},$$

因此 $\boldsymbol{A}$ 为可逆矩阵，其逆矩阵 $\boldsymbol{A}^{-1}=\boldsymbol{B}=|\boldsymbol{A}|^{-1}\boldsymbol{A}^*$.

由定理 1.4，定理 1.5 和定理 1.7 立即得到

推论 方阵 $\boldsymbol{A}$ 的左(右)逆矩阵就是 $\boldsymbol{A}$ 的逆矩阵.

例 1.3.4 求矩阵

$$\boldsymbol{A}=\begin{pmatrix} a & b \\ c & d \end{pmatrix}$$

的伴随矩阵.

解 矩阵 $\boldsymbol{A}$ 的代数余子式

$$A_{11}=d, A_{12}=-c, A_{21}=-b, A_{22}=a,$$

所以矩阵 $\boldsymbol{A}$ 的伴随矩阵

$$\boldsymbol{A}^*=\begin{pmatrix} A_{11} & A_{21} \\ A_{12} & A_{22} \end{pmatrix}=\begin{pmatrix} d & -b \\ -c & a \end{pmatrix}.$$

例 1.3.5 求矩阵

$$\boldsymbol{A}=\begin{pmatrix} 1 & 1 & 1 \\ 1 & 2 & 1 \\ 1 & 1 & 3 \end{pmatrix}$$

的逆矩阵.

解 矩阵 $\boldsymbol{A}$ 的代数余子式

$$A_{11}=\begin{vmatrix} 2 & 1 \\ 1 & 3 \end{vmatrix}=5, A_{12}=-\begin{vmatrix} 1 & 1 \\ 1 & 3 \end{vmatrix}=-2, A_{13}=\begin{vmatrix} 1 & 2 \\ 1 & 1 \end{vmatrix}=-1,$$

$$A_{21}=-\begin{vmatrix} 1 & 1 \\ 1 & 3 \end{vmatrix}=-2, A_{22}=\begin{vmatrix} 1 & 1 \\ 1 & 3 \end{vmatrix}=2, A_{23}=-\begin{vmatrix} 1 & 1 \\ 1 & 1 \end{vmatrix}=0,$$

$$A_{31}=\begin{vmatrix} 1 & 1 \\ 2 & 1 \end{vmatrix}=-1, A_{32}=-\begin{vmatrix} 1 & 1 \\ 1 & 1 \end{vmatrix}=0, A_{33}=\begin{vmatrix} 1 & 1 \\ 1 & 2 \end{vmatrix}=1,$$

矩阵 $\boldsymbol{A}$ 的伴随矩阵

$$\boldsymbol{A}^*=\begin{pmatrix} A_{11} & A_{21} & A_{31} \\ A_{12} & A_{22} & A_{32} \\ A_{13} & A_{23} & A_{33} \end{pmatrix}=\begin{pmatrix} 5 & -2 & -1 \\ -2 & 2 & 0 \\ -1 & 0 & 1 \end{pmatrix},$$

将 $|\boldsymbol{A}|$ 按第 1 行展开，得

$$|\boldsymbol{A}|=a_{11}A_{11}+a_{12}A_{12}+a_{13}A_{13}=1\times5+1\times(-2)+1\times(-1)=2,$$

所以 $\boldsymbol{A}$ 可逆，其逆矩阵

$$\boldsymbol{A}^{-1}=\frac{1}{|\boldsymbol{A}|}\boldsymbol{A}^*=\frac{1}{2}\begin{pmatrix}5&-2&-1\\-2&2&0\\-1&0&1\end{pmatrix}.$$

例 1.3.6 求线性变换

$$\begin{cases}y_1=x_1+2x_2+3x_3,\\y_2=x_1+3x_2+4x_3,\\y_3=2x_1+x_2+2x_3\end{cases}$$

的逆变换.

解 线性变换的系数矩阵

$$\boldsymbol{A}=\begin{pmatrix}1&2&3\\1&3&4\\2&1&2\end{pmatrix},$$

其伴随矩阵

$$\boldsymbol{A}^*=\begin{pmatrix}A_{11}&A_{21}&A_{31}\\A_{12}&A_{22}&A_{32}\\A_{13}&A_{23}&A_{33}\end{pmatrix}=\begin{pmatrix}2&-1&-1\\6&-4&-1\\-5&3&1\end{pmatrix},$$

将 $|\boldsymbol{A}|$ 按第 1 行展开，得

$$|\boldsymbol{A}|=a_{11}A_{11}+a_{12}A_{12}+a_{13}A_{13}=1\times2+2\times6+3\times(-5)=-1,$$

因此 $\boldsymbol{A}$ 可逆，其逆矩阵

$$\boldsymbol{A}^{-1}=\frac{1}{|\boldsymbol{A}|}\boldsymbol{A}^*=\begin{pmatrix}-2&1&1\\-6&4&1\\5&-3&-1\end{pmatrix},$$

所求逆变换为

$$\begin{cases}x_1=-2y_1+y_2+y_3,\\x_2=-6y_1+4y_2+y_3,\\x_3=5y_1-3y_2-y_3.\end{cases}$$

例 1.3.7 已知矩阵

$$\boldsymbol{A}=\begin{pmatrix}4&2&3\\1&1&0\\-1&2&3\end{pmatrix},$$

解矩阵方程 $\boldsymbol{AX}=\boldsymbol{A}+2\boldsymbol{X}$.

解 由 $\boldsymbol{AX}=\boldsymbol{A}+2\boldsymbol{X}$，得 $(\boldsymbol{A}-2\boldsymbol{I})\boldsymbol{X}=\boldsymbol{A}$. 如果矩阵 $\boldsymbol{A}-2\boldsymbol{I}$ 可逆的话，那么我们有 $\boldsymbol{X}=(\boldsymbol{A}-2\boldsymbol{I})^{-1}\boldsymbol{A}$. 下面作计算：

$$\boldsymbol{A}-2\boldsymbol{I}=\begin{pmatrix}2&2&3\\1&-1&0\\-1&2&1\end{pmatrix},$$

$$(\boldsymbol{A}-2\boldsymbol{I})^*=\begin{pmatrix}-1 & 4 & 3\\ -1 & 5 & 3\\ 1 & -6 & -4\end{pmatrix},$$

将$|\boldsymbol{A}-2\boldsymbol{I}|$按第1行展开，得

$$|\boldsymbol{A}-2\boldsymbol{I}|=2\times(-1)+2\times(-1)+3\times1=-1,$$

因此$\boldsymbol{A}-2\boldsymbol{I}$可逆，其逆矩阵

$$(\boldsymbol{A}-2\boldsymbol{I})^{-1}=\frac{1}{|\boldsymbol{A}-2\boldsymbol{I}|}(\boldsymbol{A}-2\boldsymbol{I})^*=\begin{pmatrix}1 & -4 & -3\\ 1 & -5 & -3\\ -1 & 6 & 4\end{pmatrix}.$$

所以

$$\begin{aligned}\boldsymbol{X}&=(\boldsymbol{A}-2\boldsymbol{I})^{-1}\boldsymbol{A}\\&=\begin{pmatrix}1 & -4 & -3\\ 1 & -5 & -3\\ -1 & 6 & 4\end{pmatrix}\begin{pmatrix}4 & 2 & 3\\ 1 & 1 & 0\\ -1 & 2 & 3\end{pmatrix}\\&=\begin{pmatrix}3 & -8 & -6\\ 2 & -9 & -6\\ -2 & 12 & 9\end{pmatrix}.\end{aligned}$$

例 1.3.8 设方阵$\boldsymbol{A}$满足关系式$\boldsymbol{A}^2-3\boldsymbol{A}-\boldsymbol{I}=\boldsymbol{O}$，证明$\boldsymbol{A}-2\boldsymbol{I}$可逆.

证明 因为方阵的左(右)逆矩阵就是它的逆矩阵，所以我们可以通过直接求出$\boldsymbol{A}-2\boldsymbol{I}$的左(右)逆矩阵而得到证明.

对于多项式$f(x)=x^2-3x-1$，我们有

$$f(x)=x^2-3x-1=(x-2)(x-1)-3,$$

所以

$$\boldsymbol{A}^2-3\boldsymbol{A}-\boldsymbol{I}=f(\boldsymbol{A})=(\boldsymbol{A}-2\boldsymbol{I})(\boldsymbol{A}-\boldsymbol{I})-3\boldsymbol{I}.$$

因为$\boldsymbol{A}^2-3\boldsymbol{A}-\boldsymbol{I}=\boldsymbol{O}$，所以

$$(\boldsymbol{A}-2\boldsymbol{I})(\boldsymbol{A}-\boldsymbol{I})=(\boldsymbol{A}^2-3\boldsymbol{A}-\boldsymbol{I})+3\boldsymbol{I}=3\boldsymbol{I},$$

于是

$$(\boldsymbol{A}-2\boldsymbol{I})\left[\frac{1}{3}(\boldsymbol{A}-\boldsymbol{I})\right]=\boldsymbol{I},$$

因此$\boldsymbol{A}-2\boldsymbol{I}$可逆，其逆矩阵

$$(\boldsymbol{A}-2\boldsymbol{I})^{-1}=\frac{1}{3}(\boldsymbol{A}-\boldsymbol{I}).$$

定理1.6给出了伴随矩阵的基本性质，下面的定理进一步给出伴随矩阵的常用性质.

定理 1.8 设$\boldsymbol{A}$为n阶可逆矩阵，则有

(1) $|\boldsymbol{A}^*|=|\boldsymbol{A}|^{n-1}$；

(2) $(\boldsymbol{A}^*)^{-1}=(\boldsymbol{A}^{-1})^*=|\boldsymbol{A}|^{-1}\boldsymbol{A}$.

证明 (1) 由定理1.6知$\boldsymbol{A}^*\boldsymbol{A}=|\boldsymbol{A}|\boldsymbol{I}$，两边取行列式，得

$$|\boldsymbol{A}^*|\cdot|\boldsymbol{A}|=|\boldsymbol{A}|^n.$$

因为$\boldsymbol{A}$为可逆矩阵，所以$|\boldsymbol{A}|\neq0$. 由上式，立即得到$|\boldsymbol{A}^*|=|\boldsymbol{A}|^{n-1}$.

(2) 由逆矩阵计算公式可知

$$\boldsymbol{A}^* = |\boldsymbol{A}|\boldsymbol{A}^{-1},$$
$$(\boldsymbol{A}^{-1})^* = |\boldsymbol{A}^{-1}|(\boldsymbol{A}^{-1})^{-1}.$$

由逆矩阵的性质(1)和性质(2)知

$$(\boldsymbol{A}^*)^{-1} = (|\boldsymbol{A}|\boldsymbol{A}^{-1})^{-1} = |\boldsymbol{A}|^{-1}(\boldsymbol{A}^{-1})^{-1} = |\boldsymbol{A}|^{-1}\boldsymbol{A}.$$

由逆矩阵的性质(1)和定理 1.5 知

$$(\boldsymbol{A}^{-1})^* = |\boldsymbol{A}^{-1}|(\boldsymbol{A}^{-1})^{-1} = |\boldsymbol{A}|^{-1}\boldsymbol{A}.$$

所以

$$(\boldsymbol{A}^*)^{-1} = (\boldsymbol{A}^{-1})^* = |\boldsymbol{A}|^{-1}\boldsymbol{A}.$$

注 可以证明,当$|\boldsymbol{A}|=0$时,必有$|\boldsymbol{A}^*|=0$(留作思考题).

例 1.3.9 设$\boldsymbol{A}$为三阶方阵,且$|\boldsymbol{A}|=2$,计算$|(2\boldsymbol{A})^{-1}-\boldsymbol{A}^*|$.

解 由逆矩阵的性质及计算公式知

$$(2\boldsymbol{A})^{-1}-\boldsymbol{A}^* = \frac{1}{2}\boldsymbol{A}^{-1}-\boldsymbol{A}^* = \frac{1}{2|\boldsymbol{A}|}\boldsymbol{A}^*-\boldsymbol{A}^* = -\frac{3}{4}\boldsymbol{A}^*,$$

于是

$$|(2\boldsymbol{A})^{-1}-\boldsymbol{A}^*| = \left|-\frac{3}{4}\boldsymbol{A}^*\right| = \left(-\frac{3}{4}\right)^3|\boldsymbol{A}^*| = -\frac{27}{64}|\boldsymbol{A}|^2 = -\frac{27}{16}.$$

三、Cramer 法则

例 1.3.10 利用逆矩阵解线性方程组

$$\begin{cases} x_1+x_2+x_3=6, \\ x_1+2x_2+x_3=8, \\ x_1+x_2+3x_3=8. \end{cases}$$

解 所给线性方程组可写成矩阵形式$\boldsymbol{Ax}=\boldsymbol{b}$,其中

$$\boldsymbol{A}=\begin{pmatrix} 1 & 1 & 1 \\ 1 & 2 & 1 \\ 1 & 1 & 3 \end{pmatrix},\boldsymbol{x}=\begin{pmatrix} x_1 \\ x_2 \\ x_3 \end{pmatrix},\boldsymbol{b}=\begin{pmatrix} 6 \\ 8 \\ 8 \end{pmatrix}.$$

由例 1.3.5 知

$$\boldsymbol{A}^{-1}=\frac{1}{2}\begin{pmatrix} 5 & -2 & -1 \\ -2 & 2 & 0 \\ -1 & 0 & 1 \end{pmatrix},$$

所以

$$\boldsymbol{x}=\boldsymbol{A}^{-1}\boldsymbol{b}=\frac{1}{2}\begin{pmatrix} 5 & -2 & -1 \\ -2 & 2 & 0 \\ -1 & 0 & 1 \end{pmatrix}\begin{pmatrix} 6 \\ 8 \\ 8 \end{pmatrix}=\begin{pmatrix} 3 \\ 2 \\ 1 \end{pmatrix},$$

即所求线性方程组的解为$x_1=3,x_2=2,x_3=1$.

当n阶方阵$\boldsymbol{A}$可逆时,线性方程组$\boldsymbol{Ax}=\boldsymbol{b}$有唯一解

$$x=A^{-1}b=\frac{1}{|A|}\begin{pmatrix}A_{11} & A_{21} & \cdots & A_{n1}\\ A_{12} & A_{22} & \cdots & A_{n2}\\ \vdots & \vdots & & \vdots\\ A_{1n} & A_{2n} & \cdots & A_{nn}\end{pmatrix}\begin{pmatrix}b_1\\ b_2\\ \vdots\\ b_n\end{pmatrix}.$$

直接计算得

$$x_j=\frac{1}{|A|}(b_1A_{1j}+b_2A_{2j}+\cdots+b_nA_{nj}),(j=1,2,\cdots,n).$$

于是我们有

Cramer 法则 设 A 为 n 阶方阵，且 $D=|A|\neq 0$，则线性方程组 $Ax=b$ 有唯一解

$$x_j=\frac{D_j}{D},(j=1,2,\cdots,n),$$

其中 $D_j=b_1A_{1j}+b_2A_{2j}+\cdots+b_nA_{nj}$，即 D 中第 j 列用 b 替代而得的行列式.

习题 1—3

1. 已知 A 是三阶方阵，且 $|A|=2$，求 $|3A^{-1}|$，$|A^*|$ 和 $|(3A)^{-1}-\frac{1}{2}A^*|$.

2. 求线性变换 $\begin{cases}x_1=2y_1+2y_2+y_3,\\ x_2=3y_1+y_2+5y_3,\\ x_3=3y_1+2y_2+3y_3\end{cases}$ 的逆变换.

3. 解矩阵方程 $XA=B$，其中

$$A=\begin{pmatrix}2 & 1 & -1\\ 2 & 1 & 0\\ 1 & -1 & 1\end{pmatrix},B=\begin{pmatrix}1 & -1 & 3\\ 4 & 3 & 2\end{pmatrix}.$$

4. 设 $A=\begin{pmatrix}3 & 0 & 1\\ 1 & 1 & 0\\ 0 & 1 & 4\end{pmatrix}$，且 $AB=A+2B$，求 B.

5. 设 $A^{-1}=\begin{pmatrix}1 & 1 & 1\\ 1 & 2 & 1\\ 1 & 1 & 3\end{pmatrix}$，求伴随矩阵 A^* 的逆矩阵.

6. 设 $A=\begin{pmatrix}1 & 0 & 0 & 0\\ -2 & 3 & 0 & 0\\ 0 & -4 & 5 & 0\\ 0 & 0 & -6 & 7\end{pmatrix}$，且 $B=(I+A)^{-1}(I-A)$，求 $(I+B)^{-1}$.

7. 设 $A^n=O$，证明：

$$(I-A)^{-1}=I+A+A^2+\cdots+A^{n-1}.$$

8. 设方阵 A 满足关系式 $A^2-2A-4I=O$，证明 $A-3I$ 可逆，并求其逆矩阵.

第四节　矩阵分块法

一、分块矩阵

在行列式乘法定理的证明中，我们考虑了三个矩阵

$$\boldsymbol{C}=\begin{pmatrix}\boldsymbol{A} & \boldsymbol{O}\\ -\boldsymbol{I} & \boldsymbol{B}\end{pmatrix},\boldsymbol{D}=\begin{pmatrix}\boldsymbol{A} & \boldsymbol{AB}\\ -\boldsymbol{I} & \boldsymbol{O}\end{pmatrix},\boldsymbol{G}=\begin{pmatrix}-\boldsymbol{I} & \boldsymbol{O}\\ \boldsymbol{A} & \boldsymbol{AB}\end{pmatrix},$$

它们的行列式之间存在如下关系：

$$|\boldsymbol{C}|=|\boldsymbol{D}|=(-1)^n|\boldsymbol{G}|.$$

利用这一关系式就可推出公式$|\boldsymbol{AB}|=|\boldsymbol{A}|\cdot|\boldsymbol{B}|$. 考虑矩阵$\boldsymbol{C}$并将它变换为矩阵$\boldsymbol{G}$，是一种特定的技巧. 利用这一技巧，还可以分析矩阵$\boldsymbol{A},\boldsymbol{B}$与它们的乘积$\boldsymbol{AB}$之间关于矩阵的秩的关系(参见第二章第三节).

矩阵$\boldsymbol{C},\boldsymbol{D}$和$\boldsymbol{G}$，它们都由四个小矩阵拼成，或者说它们都划分成四个小矩阵，称它们为分块矩阵.

一般，用若干条**纵横贯穿**的纵线和横线，将矩阵划分成许多个小块，每一个小块称为**子矩阵**. 以子矩阵为元素的形式上的矩阵，称为**分块矩阵**.

例 1.4.1　将 3×4 矩阵分块，分块法有多种，以下给出两种分法：

$$\left(\begin{array}{cc:cc} a_{11} & a_{12} & a_{13} & a_{14}\\ \hdashline a_{21} & a_{22} & a_{23} & a_{24}\\ a_{31} & a_{32} & a_{33} & a_{34}\end{array}\right)=\begin{pmatrix}\boldsymbol{A}_1 & \boldsymbol{A}_2\\ \boldsymbol{A}_3 & \boldsymbol{A}_4\end{pmatrix},$$

$$\left(\begin{array}{cc:cc} a_{11} & a_{12} & a_{13} & a_{14}\\ a_{21} & a_{22} & a_{23} & a_{24}\\ \hdashline a_{31} & a_{32} & a_{33} & a_{34}\end{array}\right)=\begin{pmatrix}\boldsymbol{B}_1 & \boldsymbol{B}_2\\ \boldsymbol{B}_3 & \boldsymbol{B}_4\end{pmatrix}.$$

注　可以证明，将一个 $m\times n$ 矩阵分块，共有 $2^{m+n-2}-1$ 种分法.

我们不会将一个矩阵任意分块，而是很有目的地分块，主要目的有两个：

(1) 用分块矩阵的形式简单而清晰地显示特殊矩阵的结构特点；

(2) 将矩阵按列分块，使线性方程组、矩阵、向量三者交织在一起.

以上矩阵$\boldsymbol{C}$和$\boldsymbol{G}$称为分块下三角矩阵. 一般地，称分块矩阵

$$\boldsymbol{A}=\begin{pmatrix}\boldsymbol{A}_{11} & \boldsymbol{O} & \cdots & \boldsymbol{O}\\ \boldsymbol{A}_{21} & \boldsymbol{A}_{22} & \cdots & \boldsymbol{O}\\ \vdots & \vdots & & \vdots\\ \boldsymbol{A}_{n1} & \boldsymbol{A}_{n2} & \cdots & \boldsymbol{A}_{nn}\end{pmatrix}$$

为**分块下三角矩阵**，其中对角线上的子矩阵$\boldsymbol{A}_{11},\boldsymbol{A}_{22},\cdots,\boldsymbol{A}_{nn}$都是方阵，对角线右上方的子矩阵全为零矩阵. 由本章第二节定理 1.2 知

$$|\boldsymbol{A}|=|\boldsymbol{A}_{11}|\cdot|\boldsymbol{A}_{22}|\cdot\cdots\cdot|\boldsymbol{A}_{nn}|.$$

类似地可以考虑分块上三角矩阵. 同时是分块上、下三角的矩阵称为**分块对角矩阵**. 以方

阵$\boldsymbol{A}_i(i=1,2,\cdots,n)$为对角元素的分块对角矩阵

$$\boldsymbol{A}=\begin{pmatrix}\boldsymbol{A}_1 & & & \\ & \boldsymbol{A}_2 & & \\ & & \ddots & \\ & & & \boldsymbol{A}_n\end{pmatrix}$$

可用专用记号 $\mathrm{diag}(\boldsymbol{A}_1,\boldsymbol{A}_2,\cdots,\boldsymbol{A}_n)$记之. 特别地，当 $\lambda_i(i=1,2,\cdots,n)$都是数时，称 $\mathrm{diag}(\lambda_1,\lambda_2,\cdots,\lambda_n)$为**对角矩阵**(Diagonal Matrix). 我们将在后面专门介绍分块对角矩阵的性质.

我们知道，线性方程组

$$\begin{cases}a_{11}x_1+a_{12}x_2+\cdots+a_{1n}x_n=b_1,\\ a_{21}x_1+a_{22}x_2+\cdots+a_{2n}x_n=b_2,\\ \cdots\cdots\\ a_{m1}x_1+a_{m2}x_2+\cdots+a_{mn}x_n=b_m.\end{cases}$$

可用矩阵形式表示为$\boldsymbol{Ax}=\boldsymbol{b}$，其中

$$\boldsymbol{A}=\begin{pmatrix}a_{11} & a_{12} & \cdots & a_{1n}\\ a_{21} & a_{22} & \cdots & a_{2n}\\ \vdots & \vdots & & \vdots\\ a_{m1} & a_{m2} & \cdots & a_{mn}\end{pmatrix},\boldsymbol{x}=\begin{pmatrix}x_1\\ x_2\\ \vdots\\ x_n\end{pmatrix},\boldsymbol{b}=\begin{pmatrix}b_1\\ b_2\\ \vdots\\ b_m\end{pmatrix}.$$

如果将矩阵 $\boldsymbol{A}$ 按列分块为$\boldsymbol{A}=(\boldsymbol{a}_1,\boldsymbol{a}_2,\cdots,\boldsymbol{a}_n)$，则线性方程组 $\boldsymbol{Ax}=\boldsymbol{b}$ 又可用向量形式表示为

$$x_1\boldsymbol{a}_1+x_2\boldsymbol{a}_2+\cdots+x_n\boldsymbol{a}_n=\boldsymbol{b}.$$

二、矩阵的分块运算

矩阵的分块线性运算是不言而喻的，至于分块转置运算，我们有

$$\begin{pmatrix}\boldsymbol{A}_{11} & \boldsymbol{A}_{12} & \cdots & \boldsymbol{A}_{1r}\\ \boldsymbol{A}_{21} & \boldsymbol{A}_{22} & \cdots & \boldsymbol{A}_{2r}\\ \vdots & \vdots & & \vdots\\ \boldsymbol{A}_{s1} & \boldsymbol{A}_{s2} & \cdots & \boldsymbol{A}_{sr}\end{pmatrix}^{\mathrm{T}}=\begin{pmatrix}\boldsymbol{A}_{11}^{\mathrm{T}} & \boldsymbol{A}_{21}^{\mathrm{T}} & \cdots & \boldsymbol{A}_{s1}^{\mathrm{T}}\\ \boldsymbol{A}_{12}^{\mathrm{T}} & \boldsymbol{A}_{22}^{\mathrm{T}} & \cdots & \boldsymbol{A}_{s2}^{\mathrm{T}}\\ \vdots & \vdots & & \vdots\\ \boldsymbol{A}_{1r}^{\mathrm{T}} & \boldsymbol{A}_{2r}^{\mathrm{T}} & \cdots & \boldsymbol{A}_{sr}^{\mathrm{T}}\end{pmatrix}.$$

下面着重介绍矩阵的分块乘法运算.

设 $m\times l$ 矩阵 $\boldsymbol{A}$ 按行分块为

$$\boldsymbol{A}=\begin{pmatrix}\boldsymbol{a}_1\\ \boldsymbol{a}_2\\ \vdots\\ \boldsymbol{a}_m\end{pmatrix},$$

$l\times n$ 矩阵 $\boldsymbol{B}$ 按列分块为

$$\boldsymbol{B}=(\boldsymbol{b}_1,\boldsymbol{b}_2,\cdots,\boldsymbol{b}_n),$$

按矩阵的乘法运算，我们有

$$\boldsymbol{A}\boldsymbol{b}_j=\begin{pmatrix}\boldsymbol{a}_1\boldsymbol{b}_j\\ \boldsymbol{a}_2\boldsymbol{b}_j\\ \vdots\\ \boldsymbol{a}_m\boldsymbol{b}_j\end{pmatrix},(j=1,2,\cdots,n),$$

$$\boldsymbol{AB}=\begin{pmatrix}\boldsymbol{a}_1\boldsymbol{b}_1 & \boldsymbol{a}_1\boldsymbol{b}_2 & \cdots & \boldsymbol{a}_1\boldsymbol{b}_n\\ \boldsymbol{a}_2\boldsymbol{b}_1 & \boldsymbol{a}_2\boldsymbol{b}_2 & \cdots & \boldsymbol{a}_2\boldsymbol{b}_n\\ \vdots & \vdots & & \vdots\\ \boldsymbol{a}_m\boldsymbol{b}_1 & \boldsymbol{a}_m\boldsymbol{b}_2 & \cdots & \boldsymbol{a}_m\boldsymbol{b}_n\end{pmatrix}=(\boldsymbol{Ab}_1,\boldsymbol{Ab}_2,\cdots,\boldsymbol{Ab}_n),$$

此式可写为

$$\boldsymbol{A}(\boldsymbol{b}_1,\boldsymbol{b}_2,\cdots,\boldsymbol{b}_n)=(\boldsymbol{Ab}_1,\boldsymbol{Ab}_2,\cdots,\boldsymbol{Ab}_n). \tag{1.26}$$

现在设矩阵 $\boldsymbol{B}$ 分块为

$$\boldsymbol{B}=(\boldsymbol{B}_1,\boldsymbol{B}_2)=(\boldsymbol{b}_1,\boldsymbol{b}_2,\cdots,\boldsymbol{b}_k\quad \boldsymbol{b}_{k+1},\boldsymbol{b}_{k+2},\cdots,\boldsymbol{b}_n),$$

由(1.26)式知

$$\boldsymbol{AB}_1=\boldsymbol{A}(\boldsymbol{b}_1,\boldsymbol{b}_2,\cdots,\boldsymbol{b}_k)=(\boldsymbol{Ab}_1,\boldsymbol{Ab}_2,\cdots,\boldsymbol{Ab}_k),$$
$$\boldsymbol{AB}_2=\boldsymbol{A}(\boldsymbol{b}_{k+1},\boldsymbol{b}_{k+2},\cdots,\boldsymbol{b}_n)=(\boldsymbol{Ab}_{k+1},\boldsymbol{Ab}_{k+2},\cdots,\boldsymbol{Ab}_n),$$
$$\begin{aligned}\boldsymbol{A}(\boldsymbol{B}_1,\boldsymbol{B}_2)&=\boldsymbol{A}(\boldsymbol{b}_1,\boldsymbol{b}_2,\cdots,\boldsymbol{b}_k\quad \boldsymbol{b}_{k+1},\boldsymbol{b}_{k+2},\cdots,\boldsymbol{b}_n)\\&=(\boldsymbol{Ab}_1,\boldsymbol{Ab}_2,\cdots,\boldsymbol{Ab}_k\quad \boldsymbol{Ab}_{k+1},\boldsymbol{Ab}_{k+2},\cdots,\boldsymbol{Ab}_n),\end{aligned}$$

可见

$$\boldsymbol{A}(\boldsymbol{B}_1,\boldsymbol{B}_2)=(\boldsymbol{AB}_1,\boldsymbol{AB}_2). \tag{1.27}$$

(1.27)式的转置形式就是

$$\begin{pmatrix}\boldsymbol{A}_1\\ \boldsymbol{A}_2\end{pmatrix}\boldsymbol{B}=\begin{pmatrix}\boldsymbol{A}_1\boldsymbol{B}\\ \boldsymbol{A}_2\boldsymbol{B}\end{pmatrix}. \tag{1.28}$$

由(1.27)式和(1.28)式,立即得到

$$\begin{pmatrix}\boldsymbol{A}_1\\ \boldsymbol{A}_2\end{pmatrix}(\boldsymbol{B}_1,\boldsymbol{B}_2)=\begin{pmatrix}\boldsymbol{A}_1\boldsymbol{B}_1 & \boldsymbol{A}_1\boldsymbol{B}_2\\ \boldsymbol{A}_2\boldsymbol{B}_1 & \boldsymbol{A}_2\boldsymbol{B}_2\end{pmatrix}. \tag{1.29}$$

例 1.4.2 设 $m\times n$ 矩阵 $\boldsymbol{A}$ 和 n 阶单位矩阵 $\boldsymbol{I}$ 按列分块为

$$\boldsymbol{A}=(\boldsymbol{a}_1,\boldsymbol{a}_2,\cdots,\boldsymbol{a}_n),\boldsymbol{I}=(\boldsymbol{e}_1,\boldsymbol{e}_2,\cdots,\boldsymbol{e}_n),$$

由(1.26)式,我们有

$$\boldsymbol{A}=\boldsymbol{AI}=\boldsymbol{A}(\boldsymbol{e}_1,\boldsymbol{e}_2,\cdots,\boldsymbol{e}_n)=(\boldsymbol{Ae}_1,\boldsymbol{Ae}_2,\cdots,\boldsymbol{Ae}_n),$$

可见

$$\boldsymbol{Ae}_i=\boldsymbol{a}_i,(i=1,2,\cdots,n).$$

设行矩阵

$$\boldsymbol{a}=(a_1,a_2,\cdots,a_r),\boldsymbol{b}=(b_1,b_2,\cdots,b_s),$$

列矩阵

$$\boldsymbol{c}=\begin{pmatrix}c_1\\ c_2\\ \vdots\\ c_r\end{pmatrix},\boldsymbol{d}=\begin{pmatrix}d_1\\ d_2\\ \vdots\\ d_s\end{pmatrix},$$

按行矩阵与列矩阵的乘法，我们有

$$\boldsymbol{ac}=a_1c_1+a_2c_2+\cdots+a_rc_r,$$

$$\boldsymbol{bd}=b_1d_1+b_2d_2+\cdots+b_sd_s,$$

$$(\boldsymbol{a},\boldsymbol{b})\begin{pmatrix}\boldsymbol{c}\\\boldsymbol{d}\end{pmatrix}=a_1c_1+a_2c_2+\cdots+a_rc_r+b_1d_1+b_2d_2+\cdots+b_sd_s,$$

因此

$$(\boldsymbol{a},\boldsymbol{b})\begin{pmatrix}\boldsymbol{c}\\\boldsymbol{d}\end{pmatrix}=\boldsymbol{ac}+\boldsymbol{bd}. \tag{1.30}$$

设 $m\times r$ 矩阵 $\boldsymbol{A}$ 和 $m\times s$ 矩阵 $\boldsymbol{B}$ 按行分块为

$$\boldsymbol{A}=\begin{pmatrix}\boldsymbol{a}_1\\\boldsymbol{a}_2\\\vdots\\\boldsymbol{a}_m\end{pmatrix},\boldsymbol{B}=\begin{pmatrix}\boldsymbol{b}_1\\\boldsymbol{b}_2\\\vdots\\\boldsymbol{b}_m\end{pmatrix},$$

而 $r\times n$ 矩阵 $\boldsymbol{C}$ 和 $s\times n$ 矩阵 $\boldsymbol{D}$ 按列分块为

$$\boldsymbol{C}=(\boldsymbol{c}_1,\boldsymbol{c}_2,\cdots,\boldsymbol{c}_n),\boldsymbol{D}=(\boldsymbol{d}_1,\boldsymbol{d}_2,\cdots,\boldsymbol{d}_n).$$

记 $m\times n$ 矩阵

$$\boldsymbol{AC}=(f_{ij}),\boldsymbol{BD}=(g_{ij}),(\boldsymbol{A},\boldsymbol{B})\begin{pmatrix}\boldsymbol{C}\\\boldsymbol{D}\end{pmatrix}=(h_{ij}),$$

按矩阵的乘法运算，我们有

$$f_{ij}=\boldsymbol{a}_i\boldsymbol{c}_j,g_{ij}=\boldsymbol{b}_i\boldsymbol{d}_j,h_{ij}=(\boldsymbol{a}_i,\boldsymbol{b}_i)\begin{pmatrix}\boldsymbol{c}_j\\\boldsymbol{d}_j\end{pmatrix},$$

其中 $i=1,2,\cdots,m;j=1,2,\cdots,n$. 由(1.30)式知

$$h_{ij}=f_{ij}+g_{ij},(i=1,2,\cdots,m;j=1,2,\cdots,n),$$

所以

$$(\boldsymbol{A},\boldsymbol{B})\begin{pmatrix}\boldsymbol{C}\\\boldsymbol{D}\end{pmatrix}=\boldsymbol{AC}+\boldsymbol{BD}. \tag{1.31}$$

例 1.4.3 设 $\boldsymbol{A}_{i1},\boldsymbol{A}_{i2}$ 的列数分别等于 $\boldsymbol{B}_{1j},\boldsymbol{B}_{2j}$ 的行数，其中 $i=1,2;j=1,2$，证明

$$\begin{pmatrix}\boldsymbol{A}_{11}&\boldsymbol{A}_{12}\\\boldsymbol{A}_{21}&\boldsymbol{A}_{22}\end{pmatrix}\begin{pmatrix}\boldsymbol{B}_{11}&\boldsymbol{B}_{12}\\\boldsymbol{B}_{21}&\boldsymbol{B}_{22}\end{pmatrix}=\begin{pmatrix}\boldsymbol{A}_{11}\boldsymbol{B}_{11}+\boldsymbol{A}_{12}\boldsymbol{B}_{21}&\boldsymbol{A}_{11}\boldsymbol{B}_{12}+\boldsymbol{A}_{12}\boldsymbol{B}_{22}\\\boldsymbol{A}_{21}\boldsymbol{B}_{11}+\boldsymbol{A}_{22}\boldsymbol{B}_{21}&\boldsymbol{A}_{21}\boldsymbol{B}_{12}+\boldsymbol{A}_{22}\boldsymbol{B}_{22}\end{pmatrix}.$$

证明 记

$$\boldsymbol{A}_1=(\boldsymbol{A}_{11},\boldsymbol{A}_{12}),\boldsymbol{A}_2=(\boldsymbol{A}_{21},\boldsymbol{A}_{22}),\boldsymbol{B}_1=\begin{pmatrix}\boldsymbol{B}_{11}\\\boldsymbol{B}_{21}\end{pmatrix},\boldsymbol{B}_2=\begin{pmatrix}\boldsymbol{B}_{12}\\\boldsymbol{B}_{22}\end{pmatrix},$$

由(1.29)式和(1.31)式，得

$$\begin{aligned}&\begin{pmatrix}\boldsymbol{A}_{11}&\boldsymbol{A}_{12}\\\boldsymbol{A}_{21}&\boldsymbol{A}_{22}\end{pmatrix}\begin{pmatrix}\boldsymbol{B}_{11}&\boldsymbol{B}_{12}\\\boldsymbol{B}_{21}&\boldsymbol{B}_{22}\end{pmatrix}\\=&\begin{pmatrix}\boldsymbol{A}_1\\\boldsymbol{A}_2\end{pmatrix}(\boldsymbol{B}_1,\boldsymbol{B}_2)=\begin{pmatrix}\boldsymbol{A}_1\boldsymbol{B}_1&\boldsymbol{A}_1\boldsymbol{B}_2\\\boldsymbol{A}_2\boldsymbol{B}_1&\boldsymbol{A}_2\boldsymbol{B}_2\end{pmatrix}\end{aligned}$$

$$=\begin{pmatrix} A_{11}B_{11}+A_{12}B_{21} & A_{11}B_{12}+A_{12}B_{22} \\ A_{21}B_{11}+A_{22}B_{21} & A_{21}B_{12}+A_{22}B_{22} \end{pmatrix}.$$

例 1.4.4 设 $\boldsymbol{A}$ 为 n 阶可逆方阵，$\boldsymbol{B}$ 为 r 阶可逆方阵，$\boldsymbol{C}$ 为 $r\times n$ 矩阵. 证明方阵

$$\boldsymbol{D}=\begin{pmatrix} \boldsymbol{A} & \boldsymbol{O} \\ \boldsymbol{C} & \boldsymbol{B} \end{pmatrix}$$

可逆，并求 $\boldsymbol{D}^{-1}$.

解 由已知有 $|\boldsymbol{A}|\neq 0$，$|\boldsymbol{B}|\neq 0$，于是 $|\boldsymbol{D}|=|\boldsymbol{A}|\cdot|\boldsymbol{B}|\neq 0$，因此 $\boldsymbol{D}$ 可逆. 设 $\boldsymbol{D}$ 的逆矩阵为

$$\boldsymbol{D}^{-1}=\begin{pmatrix} \boldsymbol{X} & \boldsymbol{V} \\ \boldsymbol{U} & \boldsymbol{Y} \end{pmatrix},$$

其中方阵 $\boldsymbol{X},\boldsymbol{Y}$ 分别与 $\boldsymbol{A},\boldsymbol{B}$ 同阶. 由 $\boldsymbol{D}^{-1}\boldsymbol{D}=\boldsymbol{I}_{n+r}$，得

$$\begin{pmatrix} \boldsymbol{X} & \boldsymbol{V} \\ \boldsymbol{U} & \boldsymbol{Y} \end{pmatrix}\begin{pmatrix} \boldsymbol{A} & \boldsymbol{O} \\ \boldsymbol{C} & \boldsymbol{B} \end{pmatrix}=\begin{pmatrix} \boldsymbol{I}_n & \boldsymbol{O} \\ \boldsymbol{O} & \boldsymbol{I}_r \end{pmatrix}. \tag{1.32}$$

(1.32)式左边

$$\begin{pmatrix} \boldsymbol{X} & \boldsymbol{V} \\ \boldsymbol{U} & \boldsymbol{Y} \end{pmatrix}\begin{pmatrix} \boldsymbol{A} & \boldsymbol{O} \\ \boldsymbol{C} & \boldsymbol{B} \end{pmatrix}=\begin{pmatrix} \boldsymbol{XA}+\boldsymbol{VC} & \boldsymbol{VB} \\ \boldsymbol{UA}+\boldsymbol{YC} & \boldsymbol{YB} \end{pmatrix},$$

与(1.32)式右边比较，得

$$\begin{cases} \boldsymbol{XA}+\boldsymbol{VC}=\boldsymbol{I}_n, \\ \boldsymbol{VB}=\boldsymbol{O}, \\ \boldsymbol{UA}+\boldsymbol{YC}=\boldsymbol{O}, \\ \boldsymbol{YB}=\boldsymbol{I}_r. \end{cases}$$

解此矩阵方程组，得 $\boldsymbol{X}=\boldsymbol{A}^{-1}$，$\boldsymbol{V}=\boldsymbol{O}$，$\boldsymbol{U}=-\boldsymbol{B}^{-1}\boldsymbol{C}\boldsymbol{A}^{-1}$，$\boldsymbol{Y}=\boldsymbol{B}^{-1}$. 所以

$$\boldsymbol{D}^{-1}=\begin{pmatrix} \boldsymbol{A}^{-1} & \boldsymbol{O} \\ -\boldsymbol{B}^{-1}\boldsymbol{C}\boldsymbol{A}^{-1} & \boldsymbol{B}^{-1} \end{pmatrix}.$$

注 (1.29)式可推广为

$$\begin{pmatrix} \boldsymbol{A}_1 \\ \boldsymbol{A}_2 \\ \vdots \\ \boldsymbol{A}_s \end{pmatrix}(\boldsymbol{B}_1,\boldsymbol{B}_2,\cdots,\boldsymbol{B}_r)=\begin{pmatrix} \boldsymbol{A}_1\boldsymbol{B}_1 & \boldsymbol{A}_1\boldsymbol{B}_2 & \cdots & \boldsymbol{A}_1\boldsymbol{B}_r \\ \boldsymbol{A}_2\boldsymbol{B}_1 & \boldsymbol{A}_2\boldsymbol{B}_2 & \cdots & \boldsymbol{A}_2\boldsymbol{B}_r \\ \vdots & \vdots & & \vdots \\ \boldsymbol{A}_s\boldsymbol{B}_1 & \boldsymbol{A}_s\boldsymbol{B}_2 & \cdots & \boldsymbol{A}_s\boldsymbol{B}_r \end{pmatrix} \tag{1.33}$$

(1.31)式可推广为

$$(\boldsymbol{A}_1,\boldsymbol{A}_2,\cdots,\boldsymbol{A}_t)\begin{pmatrix} \boldsymbol{B}_1 \\ \boldsymbol{B}_2 \\ \vdots \\ \boldsymbol{B}_t \end{pmatrix}=\boldsymbol{A}_1\boldsymbol{B}_1+\boldsymbol{A}_2\boldsymbol{B}_2+\cdots+\boldsymbol{A}_t\boldsymbol{B}_t, \tag{1.34}$$

其中 $\boldsymbol{A}_1,\boldsymbol{A}_2,\cdots,\boldsymbol{A}_t$ 的列数分别等于 $\boldsymbol{B}_1,\boldsymbol{B}_2,\cdots,\boldsymbol{B}_t$ 的行数. 与例 1.4.3 类似，利用(1.33)式和(1.34)式，就可以得到矩阵的分块乘法运算法则.

矩阵的分块乘法运算 设 $\boldsymbol{A}$ 为 $m\times l$ 矩阵，$\boldsymbol{B}$ 为 $l\times n$ 矩阵，分块成

$$A=\begin{pmatrix}A_{11} & A_{12} & \cdots & A_{1t}\\ A_{21} & A_{22} & \cdots & A_{2t}\\ \vdots & \vdots & & \vdots\\ A_{s1} & A_{s2} & \cdots & A_{st}\end{pmatrix}, B=\begin{pmatrix}B_{11} & B_{12} & \cdots & B_{1r}\\ B_{21} & B_{22} & \cdots & B_{2r}\\ \vdots & \vdots & & \vdots\\ B_{t1} & B_{t2} & \cdots & B_{tr}\end{pmatrix},$$

其中 $A_{i1}, A_{i2}\cdots, A_{it}$ 的列数分别等于 $B_{1j}, B_{2j}, \cdots, B_{tj}$ 的行数，则

$$AB=\begin{pmatrix}C_{11} & C_{12} & \cdots & C_{1r}\\ C_{21} & C_{22} & \cdots & C_{2r}\\ \vdots & \vdots & & \vdots\\ C_{s1} & C_{s2} & \cdots & C_{sr}\end{pmatrix},$$

其中

$$C_{ij}=A_{i1}B_{1j}+A_{i2}B_{2j}+\cdots+A_{it}B_{tj}, (i=1,2,\cdots,s; j=1,2,\cdots,r).$$

三、分块对角矩阵的性质

容易证明，对于分块对角矩阵 $A=\mathrm{diag}(A_1, A_2, \cdots, A_s)$，下列性质成立：

(1) $A^n=\mathrm{diag}(A_1^n, A_2^n, \cdots, A_s^n)$；

(2) $|A|=|A_1|\cdot|A_2|\cdot\cdots\cdot|A_s|$；

(3) A 可逆的充分必要条件是 $A_i (i=1,2,\cdots,s)$ 都可逆. 此时有

$$A^{-1}=\mathrm{diag}(A_1^{-1}, A_2^{-1}, \cdots, A_s^{-1}).$$

例 1.4.5 设

$$A=\begin{pmatrix}2 & -1 & 0 & 0\\ 3 & -2 & 0 & 0\\ 0 & 0 & 2 & 8\\ 0 & 0 & 0 & 2\end{pmatrix},$$

求 A^{-1} 和 A^9.

解 容易看出 $A=\mathrm{diag}(A_1, A_2)$，其中

$$A_1=\begin{pmatrix}2 & -1\\ 3 & -2\end{pmatrix}, A_2=\begin{pmatrix}2 & 8\\ 0 & 2\end{pmatrix}.$$

我们有

$$|A_1|=-1, A_1^*=\begin{pmatrix}-2 & 1\\ -3 & 2\end{pmatrix}, A_1^{-1}=\frac{1}{|A_1|}A_1^*=\begin{pmatrix}2 & -1\\ 3 & -2\end{pmatrix},$$

$$A_1^2=\begin{pmatrix}1 & 0\\ 0 & 1\end{pmatrix}, A_1^8=\begin{pmatrix}1 & 0\\ 0 & 1\end{pmatrix}, A_1^9=A_1=\begin{pmatrix}2 & -1\\ 3 & -2\end{pmatrix},$$

$$|A_2|=4, A_2^*=\begin{pmatrix}2 & -8\\ 0 & 2\end{pmatrix}, A_2^{-1}=\frac{1}{|A_2|}A_2^*=\begin{pmatrix}0.5 & -2\\ 0 & 0.5\end{pmatrix},$$

$$A_2=2\begin{pmatrix}1 & 4\\ 0 & 1\end{pmatrix}, A_2^9=2^9\begin{pmatrix}1 & 4\\ 0 & 1\end{pmatrix}^9=2^9\begin{pmatrix}1 & 36\\ 0 & 1\end{pmatrix}=\begin{pmatrix}512 & 18432\\ 0 & 512\end{pmatrix},$$

所以

$$A^{-1}=\begin{pmatrix} A_1^{-1} & O \\ O & A_2^{-1} \end{pmatrix}=\left(\begin{array}{cc|cc} 2 & -1 & 0 & 0 \\ 3 & -2 & 0 & 0 \\ \hline 0 & 0 & 0.5 & -2 \\ 0 & 0 & 0 & 0.5 \end{array}\right),$$

$$A^9=\begin{pmatrix} A_1^9 & O \\ O & A_2^9 \end{pmatrix}=\left(\begin{array}{cc|cc} 2 & -1 & 0 & 0 \\ 3 & -2 & 0 & 0 \\ \hline 0 & 0 & 512 & 18\,432 \\ 0 & 0 & 0 & 512 \end{array}\right).$$

习题 1—4

1. 设$A=\begin{pmatrix} 2 & 1 & 0 & 0 \\ 1 & -2 & 0 & 0 \\ 0 & 0 & 2 & 0 \\ 0 & 0 & 2 & 2 \end{pmatrix}$,求$|A^8|$和$A^8$.

2. 设$A=\begin{pmatrix} 5 & 2 & 0 & 0 \\ 2 & 1 & 0 & 0 \\ 0 & 0 & 8 & 3 \\ 0 & 0 & 5 & 2 \end{pmatrix}$,求$A^{-1}$.

3. 设$AP=PB$,其中$P=\begin{pmatrix} -1 & -4 \\ 1 & 1 \end{pmatrix}$,$B=\begin{pmatrix} -1 & 0 \\ 0 & 2 \end{pmatrix}$,求$A^{11}$.

4. 设A为n阶可逆方阵,D为m阶方阵,B为$n\times m$矩阵,C为$m\times n$矩阵.计算

$$\begin{pmatrix} I_n & O \\ -CA^{-1} & I_m \end{pmatrix}\begin{pmatrix} A & B \\ C & D \end{pmatrix},$$

并由此证明

$$\begin{vmatrix} A & B \\ C & D \end{vmatrix}=|A|\cdot|D-CA^{-1}B|.$$

5. 设A为n阶方阵,D为m阶可逆方阵,B为$n\times m$矩阵,C为$m\times n$矩阵.证明

$$\begin{vmatrix} A & B \\ C & D \end{vmatrix}=|D|\cdot|A-BD^{-1}C|.$$

第二章　线性方程组与矩阵的初等变换

历史上线性代数的第一个问题是解线性方程组，而线性方程组理论的发展促成了作为工具的矩阵和行列式理论的创立与发展. 最初的线性方程组问题大都是来源于生活实践. 大量的科学技术问题，最终往往归结为解线性方程组. 因此，线性方程组的基本理论自然是线性代数课程要介绍的主要内容.

本章首先介绍线性方程组的 Gauss 消元法，然后系统地介绍矩阵的初等变换、初等矩阵以及矩阵的秩的相关知识，最后讨论线性方程组的可解性问题，并给出线性方程组可解时其通解的结构形式.

第一节　线性方程组消元法的形式化

一、消元法与矩阵的初等行变换

例 2.1.1　解线性方程组

$$\begin{cases} x_1-2x_2-x_3=1, & ① \\ x_1-x_2=1, & ② \\ 2x_1+2x_2+3x_3=4. & ③ \end{cases}$$

解　利用消元法求解(消元过程始终保持变化前后的方程组同解)：

$$\text{原方程组}\xrightarrow[③-2①]{②-①}\begin{cases} x_1-2x_2-x_3=1, & ① \\ x_2+x_3=0, & ② \\ 6x_2+5x_3=2. & ③ \end{cases}$$

$$\xrightarrow[③-6②]{①+2②}\begin{cases} x_1+x_3=1, & ① \\ x_2+x_3=0, & ② \\ -x_3=2. & ③ \end{cases}$$

$$\xrightarrow[②+③,-③]{①+③}\begin{cases} x_1=3, \\ x_2=2, \\ x_3=-2. \end{cases}$$

至此，原方程组解出.

在线性方程组消元的过程中，同解方程组的变化可用同解方程组相应的增广矩阵的变化来表示，这样显得更清晰. 历史上称此法为 **Gauss 消元法**.

利用 Gauss 消元法，借用行列式计算过程所用的记号，例 2.1.1 的解题过程可改写如下：

$$\left(\begin{array}{ccc:c}1 & -2 & -1 & 1\\ 1 & -1 & 0 & 1\\ 2 & 2 & 3 & 4\end{array}\right)\xrightarrow[r_3-2r_1]{r_2-r_1}\left(\begin{array}{ccc:c}1 & -2 & -1 & 1\\ 0 & 1 & 1 & 0\\ 0 & 6 & 5 & 2\end{array}\right)$$

$$\xrightarrow[r_3-6r_2]{r_1+2r_2}\left(\begin{array}{ccc:c}1 & 0 & 1 & 1\\ 0 & 1 & 1 & 0\\ 0 & 0 & -1 & 2\end{array}\right)\xrightarrow[r_2+r_3,-r_3]{r_1+r_3}\left(\begin{array}{ccc:c}1 & 0 & 0 & 3\\ 0 & 1 & 0 & 2\\ 0 & 0 & 1 & -2\end{array}\right).$$

由最后的增广矩阵，写出相应的方程组，便得原方程组的解

$$\begin{cases}x_1=3,\\ x_2=2,\\ x_3=-2.\end{cases}$$

定义 2.1 下列三种变换称为矩阵的**初等行变换**：

(1) 交换矩阵的第 i,j 行，用 $r_i\leftrightarrow r_j$ 记之；

(2) 非零数 k 乘矩阵的第 i 行，用 kr_i 记之；

(3) 把矩阵的第 i 行的 k 倍加到第 j 行，用 r_j+kr_i 记之.

若矩阵 $\boldsymbol{A}$ 经过有限次初等行变换化为矩阵 $\boldsymbol{B}$，就称矩阵 $\boldsymbol{A}$ 与 $\boldsymbol{B}$ **行等价**. 容易验证，**增广矩阵行等价的线性方程组同解.**

现在我们可以明确地指出，线性方程组的 Gauss 消元法，实际上就是把线性方程组的消元法加以形式化处理，将同解方程组的变换过程表示成与之相应的增广矩阵的初等行变换过程.

例 2.1.2 解线性方程组

$$\begin{cases}x_1-2x_2+3x_3-x_4=1,\\ 3x_1-x_2+5x_3-3x_4=2,\\ 2x_1+x_2+2x_3-2x_4=3.\end{cases}$$

解 对方程组的增广矩阵$(\boldsymbol{A},\boldsymbol{b})$施行初等行变换：

$$(\boldsymbol{A},\boldsymbol{b})=\left(\begin{array}{cccc:c}1 & -2 & 3 & -1 & 1\\ 3 & -1 & 5 & -3 & 2\\ 2 & 1 & 2 & -2 & 3\end{array}\right)\xrightarrow[r_3-2r_1]{r_2-3r_1}\left(\begin{array}{cccc:c}1 & -2 & 3 & -1 & 1\\ 0 & 5 & -4 & 0 & -1\\ 0 & 5 & -4 & 0 & 1\end{array}\right)$$

$$\xrightarrow{r_3-r_2}\left(\begin{array}{cccc:c}1 & -2 & 3 & -1 & 1\\ 0 & 5 & -4 & 0 & -1\\ 0 & 0 & 0 & 0 & 2\end{array}\right).$$

最后的增广矩阵对应的方程组中第三个方程为矛盾方程 $0=2$，它表明原方程组无解.

例 2.1.3 解线性方程组

$$\begin{cases}x_1+10x_2-x_3-x_4=-1,\\ x_1-4x_2+x_3+3x_4=3,\\ 3x_1+16x_2-x_3+x_4=1.\end{cases}$$

解一 对方程组的增广矩阵$(\boldsymbol{A},\boldsymbol{b})$施行初等行变换：

$$(\boldsymbol{A},\boldsymbol{b})=\left(\begin{array}{cccc:c}1&10&-1&-1&-1\\1&-4&1&3&3\\3&16&-1&1&1\end{array}\right)\xrightarrow[r_3-3r_1]{r_2-r_1}\left(\begin{array}{cccc:c}1&10&-1&-1&-1\\0&-14&2&4&4\\0&-14&2&4&4\end{array}\right)$$

$$\xrightarrow{r_3-r_2}\left(\begin{array}{cccc:c}1&10&-1&-1&-1\\0&-14&2&4&4\\0&0&0&0&0\end{array}\right)\xrightarrow[r_1-10r_2]{-\frac{1}{14}r_2}\left(\begin{array}{cccc:c}1&0&\frac{3}{7}&\frac{13}{7}&\frac{13}{7}\\0&1&-\frac{1}{7}&-\frac{2}{7}&-\frac{2}{7}\\0&0&0&0&0\end{array}\right),$$

于是得同解方程组

$$\begin{cases}x_1+\dfrac{3}{7}x_3+\dfrac{13}{7}x_4=\dfrac{13}{7},\\x_2-\dfrac{1}{7}x_3-\dfrac{2}{7}x_4=-\dfrac{2}{7}.\end{cases}$$

令 $x_3=k_1,x_4=k_2$，得原方程组的通解为

$$\begin{cases}x_1=-\dfrac{3}{7}k_1-\dfrac{13}{7}k_2+\dfrac{13}{7},\\x_2=\dfrac{1}{7}k_1+\dfrac{2}{7}k_2-\dfrac{2}{7},\\x_3=k_1,\\x_4=k_2,\end{cases}\quad (k_1,k_2\text{ 为任意数}).$$

通常将所得通解用向量形式表示为

$$\begin{pmatrix}x_1\\x_2\\x_3\\x_4\end{pmatrix}=k_1\begin{pmatrix}-\frac{3}{7}\\\frac{1}{7}\\1\\0\end{pmatrix}+k_2\begin{pmatrix}-\frac{13}{7}\\\frac{2}{7}\\0\\1\end{pmatrix}+\begin{pmatrix}\frac{13}{7}\\-\frac{2}{7}\\0\\0\end{pmatrix},(k_1,k_2\text{ 为任意数}).$$

解二 对方程组的增广矩阵$(\boldsymbol{A},\boldsymbol{b})$施行初等行变换，由解一知

$$(\boldsymbol{A},\boldsymbol{b})\xrightarrow{r}\left(\begin{array}{cccc:c}1&10&-1&-1&-1\\0&-14&2&4&4\\0&0&0&0&0\end{array}\right)\xrightarrow[r_1+r_2]{\frac{1}{2}r_2}\left(\begin{array}{cccc:c}1&3&0&1&1\\0&-7&1&2&2\\0&0&0&0&0\end{array}\right),$$

于是得同解方程组

$$\begin{cases}x_1+3x_2+x_4=1,\\-7x_2+x_3+2x_4=2.\end{cases}$$

令 $x_2=k_1,x_4=k_2$，得原方程组的通解为

$$\begin{pmatrix}x_1\\x_2\\x_3\\x_4\end{pmatrix}=k_1\begin{pmatrix}-3\\1\\7\\0\end{pmatrix}+k_2\begin{pmatrix}-1\\0\\-2\\1\end{pmatrix}+\begin{pmatrix}1\\0\\2\\0\end{pmatrix},(k_1,k_2\text{ 为任意数}).$$

注 我们说线性方程组 $\boldsymbol{Ax}=\boldsymbol{b}$ 的**通解**为

$$\boldsymbol{x}=k_1\xi_1+k_2\xi_2+\cdots+k_m\xi_m+\boldsymbol{\eta},(k_1,k_2,\cdots,k_m \text{ 为任意数}),$$

如果如下两个条件成立：

(1) 对任意一组数 $k_1,k_2,\cdots,k_m$，

$$\boldsymbol{x}=k_1\xi_1+k_2\xi_2+\cdots+k_m\xi_m+\boldsymbol{\eta}$$

是方程组 $\boldsymbol{Ax}=\boldsymbol{b}$ 的解；

(2) 对方程组 $\boldsymbol{Ax}=\boldsymbol{b}$ 任意给定的一个解 $\boldsymbol{x}=\xi$，总存在**唯一的**一组数 $k_1,k_2,\cdots,k_m$，使

$$\boldsymbol{x}=k_1\xi_1+k_2\xi_2+\cdots+k_m\xi_m+\boldsymbol{\eta}.$$

例 2.1.3 解一中的 x_3,x_4 以及解二中的 x_2,x_4 都称为所给线性方程组的自由未知元. 线性方程组的一组未知元称为**自由未知元**，如果它具备如下两个条件：

(1) 这组未知元可取任意一组值，方程组总有解；

(2) 这组未知元取定一组值之后，方程组的解是唯一的.

二、矩阵的行最简形

例 2.1.3 表明线性方程组的消元解法灵活多变，因此，我们有必要选择一种便于进一步作理论研究的算法. 有一种较理想而流行的算法，该算法建立在一种称为行最简形的特殊矩阵的基础上. 以下介绍行最简形矩阵的相关知识.

在例 2.1.1 的 Gauss 消元法和例 2.1.3 的解一中，最后一个矩阵称为行最简形矩阵，而在例 2.1.2 和例 2.1.3 的解二中，最后一个矩阵称为行阶梯形矩阵.

定义 2.2 称满足下列条件的矩阵为**行阶梯形矩阵**：

(1) 零行(元素全为零的行)都位于矩阵的下方；

(2) 各非零行的**首非零元**(自左至右的第一个不为零的元素)的列标随着行标的增大而严格增大.

定义 2.3 称满足下列条件的行阶梯形矩阵为**行最简形矩阵**：

(1) 各非零行的首非零元都是 1；

(2) 每个首非零元所在列的其余元素都是零.

我们称与矩阵 $\boldsymbol{A}$ 行等价的行最简形矩阵为**矩阵 $\boldsymbol{A}$ 的行最简形**.

例 2.1.4 把矩阵 $\boldsymbol{A}$ 化为行最简形，其中

$$\boldsymbol{A}=\begin{pmatrix} 1 & -2 & -3 & 0 & 18 \\ -1 & 2 & 3 & 3 & -27 \\ 2 & -1 & 0 & 2 & 27 \\ 1 & 1 & 3 & 5 & 0 \end{pmatrix}.$$

解 对矩阵 $\boldsymbol{A}$ 施行初等行变换：

$$\boldsymbol{A}=\begin{pmatrix} 1 & -2 & -3 & 0 & 18 \\ -1 & 2 & 3 & 3 & -27 \\ 2 & -1 & 0 & 2 & 27 \\ 1 & 1 & 3 & 5 & 0 \end{pmatrix} \xrightarrow[r_4-r_1]{\substack{r_2+r_1 \\ r_3-2r_1}} \begin{pmatrix} 1 & -2 & -3 & 0 & 18 \\ 0 & 0 & 0 & 3 & -9 \\ 0 & 3 & 6 & 2 & -9 \\ 0 & 3 & 6 & 5 & -18 \end{pmatrix}$$

$$\xrightarrow{r_2\leftrightarrow r_4}\begin{pmatrix}1&-2&-3&0&18\\0&3&6&5&-18\\0&3&6&2&-9\\0&0&0&3&-9\end{pmatrix}\xrightarrow{r_3-r_2}\begin{pmatrix}1&-2&-3&0&18\\0&3&6&5&-18\\0&0&0&-3&9\\0&0&0&3&-9\end{pmatrix}$$

$$\xrightarrow{r_4+r_3}\begin{pmatrix}1&-2&-3&0&18\\0&3&6&5&-18\\0&0&0&-3&9\\0&0&0&0&0\end{pmatrix}\xrightarrow[r_2-5r_3]{-\frac{1}{3}r_3}\begin{pmatrix}1&-2&-3&0&18\\0&3&6&0&-3\\0&0&0&1&-3\\0&0&0&0&0\end{pmatrix}$$

$$\xrightarrow[r_1+2r_2]{\frac{1}{3}r_2}\begin{pmatrix}1&0&1&0&16\\0&1&2&0&-1\\0&0&0&1&-3\\0&0&0&0&0\end{pmatrix},$$

最后的矩阵就是矩阵 $\boldsymbol{A}$ 的行最简形.

任何矩阵总可以经过有限次初等行变换化为行最简形. 下面我们介绍把矩阵化为行最简形的算法：

给定一个 $m\times n$ 矩阵$\boldsymbol{A}=(a_{ij})$，为叙述方便起见，不妨设它的第一列元素不全为零. 在矩阵 $\boldsymbol{A}$ 的第一列中，取一个非零元素，记为 a_1，利用第一种初等行变换把 a_1 放在第一行第一列的位置上，再利用第三种初等行变换，将矩阵第一列的其余元素全化为零，于是矩阵 $\boldsymbol{A}$ 经初等行变换可化为

$$\begin{pmatrix}a_1&\cdots&\cdots\\&&\boldsymbol{A}_1\end{pmatrix},$$

其中空白处元素全为零，$\boldsymbol{A}_1$ 的第一列元素不全为零. 矩阵 $\boldsymbol{A}_1$ 经初等行变换又可化为

$$\begin{pmatrix}a_2&\cdots&\cdots\\&&\boldsymbol{A}_2\end{pmatrix},$$

其中 $a_2\neq0$，空白处元素全为零，$\boldsymbol{A}_2$ 的第一列元素不全为零. 对矩阵 $\boldsymbol{A}_2$，重复以上过程，直到某一 $\boldsymbol{A}_r$空缺为止. 最后，矩阵 $\boldsymbol{A}$ 便化为行阶梯形矩阵

$$\begin{pmatrix}a_1&\times&\cdots&\times&\times&\cdots&\times&\times&\cdots&\times\\&&&a_2&\times&\cdots&\times&\times&\cdots&\times\\&&&&&\ddots&\vdots&\vdots&&\vdots\\&&&&&&a_r&\times&\cdots&\times\\&&&&&&&&&\\&&&&&&&&&\end{pmatrix},$$

其中 $a_1a_2\cdots a_r\neq0$，$r\leqslant\min\{m,n\}$，$\times$处上的元素为某些数(可能空缺)，左下方空白处元素全为零(不便具体写出).

利用第三种初等行变换，把 a_i 所在列位于 a_i 上方的元素全化为零，同时用第二种初等行变换，将 a_i 化为 $1(i=1,2,\cdots,r)$. 这样，矩阵 $\boldsymbol{A}$ 就化为行最简形矩阵

$$\begin{pmatrix} 1 & \times & \cdots & 0 & \times & \cdots & 0 & \times & \cdots & \times \\ & & & 1 & \times & \cdots & 0 & \times & \cdots & \times \\ & & & & & \ddots & \vdots & \vdots & & \vdots \\ & & & & & & 1 & \times & \cdots & \times \\ & & & & & & & & & \end{pmatrix}.$$

三、线性方程组的行最简形解法

介绍了矩阵的行最简形之后，现在就可以利用矩阵的行最简形，给出求解线性方程组的一种特定格式的消元解法，不妨称之为行最简形解法.

线性方程组的行最简形解法：

对于非齐次线性方程组 $\boldsymbol{Ax}=\boldsymbol{b}$，对其增广矩阵$(\boldsymbol{A},\boldsymbol{b})$施以初等行变换，将它化为$(\boldsymbol{A}_0,\boldsymbol{b}_0)$，使 $\boldsymbol{A}_0$ 为行最简形，写出同解方程组 $\boldsymbol{A}_0\boldsymbol{x}=\boldsymbol{b}_0$，便知其解.

对于齐次线性方程组 $\boldsymbol{Ax}=\boldsymbol{0}$，对其系数矩阵 $\boldsymbol{A}$ 施以初等行变换，将它化为行最简形 $\boldsymbol{A}_0$，写出同解方程组 $\boldsymbol{A}_0\boldsymbol{x}=\boldsymbol{0}$，便知其解.

例 2.1.5 解线性方程组

$$\begin{cases} x_1-x_2-x_3+x_4=0, \\ x_1-x_2+x_3-3x_4=2, \\ 2x_1-2x_2-4x_3+6x_4=-2. \end{cases}$$

解 把方程组的增广矩阵$(\boldsymbol{A},\boldsymbol{b})$化为行最简形：

$$(\boldsymbol{A},\boldsymbol{b})=\left(\begin{array}{cccc:c} 1 & -1 & -1 & 1 & 0 \\ 1 & -1 & 1 & -3 & 2 \\ 2 & -2 & -4 & 6 & -2 \end{array}\right) \xrightarrow[r_3-2r_1]{r_2-r_1} \left(\begin{array}{cccc:c} 1 & -1 & -1 & 1 & 0 \\ 0 & 0 & 2 & -4 & 2 \\ 0 & 0 & -2 & 4 & -2 \end{array}\right)$$

$$\xrightarrow{r_3+r_2} \left(\begin{array}{cccc:c} 1 & -1 & -1 & 1 & 0 \\ 0 & 0 & 2 & -4 & 2 \\ 0 & 0 & 0 & 0 & 0 \end{array}\right) \xrightarrow[r_1+r_2]{\frac{1}{2}r_2} \left(\begin{array}{cccc:c} 1 & -1 & 0 & -1 & 1 \\ 0 & 0 & 1 & -2 & 1 \\ 0 & 0 & 0 & 0 & 0 \end{array}\right),$$

于是得同解方程组

$$\begin{cases} x_1-x_2-x_4=1, \\ x_3-2x_4=1. \end{cases}$$

令自由未知元 $x_2=k_1$，$x_4=k_2$，得原方程组的通解为

$$\begin{pmatrix} x_1 \\ x_2 \\ x_3 \\ x_4 \end{pmatrix}=k_1\begin{pmatrix} 1 \\ 1 \\ 0 \\ 0 \end{pmatrix}+k_2\begin{pmatrix} 1 \\ 0 \\ 2 \\ 1 \end{pmatrix}+\begin{pmatrix} 1 \\ 0 \\ 1 \\ 0 \end{pmatrix},(k_1,k_2\text{ 为任意数}).$$

例 2.1.6 解齐次线性方程组

$$\begin{cases} x_1+x_2+x_3+2x_4=0, \\ 2x_1+3x_2+x_3+x_4=0, \\ 2x_1+x_2+3x_3+7x_4=0. \end{cases}$$

解 把方程组的系数矩阵 $\boldsymbol{A}$ 化为行最简形：

$$\boldsymbol{A}=\begin{pmatrix}1&1&1&2\\2&3&1&1\\2&1&3&7\end{pmatrix}\xrightarrow[r_3-2r_1]{r_2-2r_1}\begin{pmatrix}1&1&1&2\\0&1&-1&-3\\0&-1&1&3\end{pmatrix}$$

$$\xrightarrow[r_3+r_2]{r_1-r_2}\begin{pmatrix}1&0&2&5\\0&1&-1&-3\\0&0&0&0\end{pmatrix},$$

于是得同解方程组

$$\begin{cases}x_1+2x_3+5x_4=0,\\x_2-x_3-3x_4=0.\end{cases}$$

令自由未知元 $x_3=k_1,x_4=k_2$，得原方程组的通解为

$$\begin{pmatrix}x_1\\x_2\\x_3\\x_4\end{pmatrix}=k_1\begin{pmatrix}-2\\1\\1\\0\end{pmatrix}+k_2\begin{pmatrix}-5\\3\\0\\1\end{pmatrix},(k_1,k_2\text{ 为任意数}).$$

习题 2—1

1. 把下列矩阵化为行最简形矩阵：

(1) $\begin{pmatrix}0&2&-3&1\\0&3&-4&3\\0&4&-7&-1\end{pmatrix}$；　(2) $\begin{pmatrix}2&3&1&-3&-7\\1&2&0&-2&-4\\3&-2&8&3&0\\2&-3&7&4&3\end{pmatrix}$.

2. 用消元法解下列线性方程组：

(1) $\begin{cases}x_1+7x_2-8x_3+9x_4=0,\\2x_1-3x_2+3x_3-2x_4=0,\\4x_1+11x_2-13x_3+16x_4=0.\end{cases}$　(2) $\begin{cases}x_1+2x_2+x_3-x_4=0,\\5x_1+10x_2+x_3-5x_4=0,\\7x_1+14x_2+3x_3-7x_4=0.\end{cases}$

(3) $\begin{cases}2x_1-x_2+3x_3=3,\\3x_1+x_2-5x_3=0,\\4x_1-x_2+x_3=3,\\x_1+3x_2-13x_3=-6.\end{cases}$　(4) $\begin{cases}x_1+2x_2+3x_3-x_4=5,\\x_1+x_2+2x_3+x_4=5,\\x_1+2x_2+3x_3-3x_4=3,\\x_1+x_2+2x_3+3x_4=7.\end{cases}$

3. 解下列线性方程组：

(1) $\begin{cases}x_1+2x_2-2x_3+2x_4=2,\\x_2-x_3-x_4=2,\\x_1+x_2-x_3+3x_4=a,\\x_1-x_2+x_3+5x_4=b.\end{cases}$　(2) $\begin{cases}x_1-2x_2+3x_3-4x_4=4,\\x_2-x_3+x_4=-3,\\x_1+3x_2+ax_3+x_4=-11,\\x_1-x_2+2x_3+(b^2-4b)x_4=b.\end{cases}$

第二节　矩阵的初等变换与初等矩阵

一、矩阵的初等变换

定义 2.4　下列三种变换称为矩阵的**初等列变换**：

(1) 交换矩阵的第 i,j 列，用 $c_i \leftrightarrow c_j$ 记之；

(2) 非零数 k 乘矩阵的第 i 列，用 kc_i 记之；

(3) 把矩阵的第 i 列的 k 倍加到第 j 列，用 $c_j + kc_i$ 记之.

若矩阵 $\boldsymbol{A}$ 经过有限次初等列变换化为矩阵 $\boldsymbol{B}$，就称矩阵 $\boldsymbol{A}$ 与 $\boldsymbol{B}$ **列等价**. 矩阵的初等行变换与初等列变换统称为矩阵的**初等变换**. 若矩阵 $\boldsymbol{A}$ 经过有限次初等变换化为矩阵 $\boldsymbol{B}$，就称矩阵 $\boldsymbol{A}$ 与 $\boldsymbol{B}$ **等价**，记作 $\boldsymbol{A} \sim \boldsymbol{B}$.

矩阵的等价具有以下性质：

(1) **反身性**　$\boldsymbol{A} \sim \boldsymbol{A}$；

(2) **对称性**　若 $\boldsymbol{A} \sim \boldsymbol{B}$，则 $\boldsymbol{B} \sim \boldsymbol{A}$；

(3) **传递性**　若 $\boldsymbol{A} \sim \boldsymbol{B}$，$\boldsymbol{B} \sim \boldsymbol{C}$，则 $\boldsymbol{A} \sim \boldsymbol{C}$.

利用初等行变换，将方程组的增广矩阵化为行最简形，可得出方程组的解. 可见，讨论矩阵的某种结构简单而形式特定的等价矩阵，在理论和实际应用上都是必要而有价值的.

对矩阵的行最简形再施行初等列变换，可得到一种结构最为简单的形式. 以本章第一节例 2.1.4 中的矩阵 $\boldsymbol{A}$ 为例，矩阵 $\boldsymbol{A}$ 的行最简形为

$$\begin{pmatrix} 1 & 0 & 1 & 0 & 16 \\ 0 & 1 & 2 & 0 & -1 \\ 0 & 0 & 0 & 1 & -3 \\ 0 & 0 & 0 & 0 & 0 \end{pmatrix},$$

再经初等列变换

$$c_3 - c_1, c_5 - 16c_1, c_3 - 2c_2, c_5 + c_2, c_5 + 3c_4, c_3 \leftrightarrow c_4$$

化为

$$\boldsymbol{F} = \begin{pmatrix} 1 & 0 & 0 & 0 & 0 \\ 0 & 1 & 0 & 0 & 0 \\ 0 & 0 & 1 & 0 & 0 \\ 0 & 0 & 0 & 0 & 0 \end{pmatrix},$$

称矩阵 $\boldsymbol{F}$ 为矩阵 $\boldsymbol{A}$ 的等价标准形. 一般地，我们称 $m \times n$ 矩阵

$$\boldsymbol{F} = \begin{pmatrix} \boldsymbol{I}_r & \boldsymbol{O}_{r \times (n-r)} \\ \boldsymbol{O}_{(m-r) \times r} & \boldsymbol{O}_{(m-r) \times (n-r)} \end{pmatrix}$$

为一个**标准形矩阵**. 注意，矩阵 $\boldsymbol{F}$ 下方的零行，右边的零列可能空缺.

定理 2.1　任何 $m \times n$ 矩阵 $\boldsymbol{A}$ 总可经过有限次初等变换化为标准形矩阵

$$\boldsymbol{F}=\begin{pmatrix}\boldsymbol{I}_r & \boldsymbol{O}_{r\times(n-r)}\\ \boldsymbol{O}_{(m-r)\times r} & \boldsymbol{O}_{(m-r)\times(n-r)}\end{pmatrix}.$$

我们称与矩阵 $\boldsymbol{A}$ 等价的标准形矩阵为矩阵 $\boldsymbol{A}$ 的**等价标准形**. 由行列式的性质可知，行列式不为零的方阵，其等价矩阵的行列式也不为零. 因此，**可逆矩阵的等价矩阵也为可逆矩阵.**

显然，当且仅当行最简形矩阵是单位矩阵时，它为可逆矩阵. 于是我们有如下结论：**矩阵可逆的充分必要条件是它的行最简形为单位矩阵.**

二、初等矩阵

下面我们进一步介绍矩阵的初等变换的相关知识，这些知识涉及一类特殊矩阵——初等矩阵.

定义 2.5 由单位矩阵经一次初等变换而得的矩阵称为**初等矩阵**.

相应于矩阵的三种初等变换，初等矩阵有三种：

(1) $\boldsymbol{E}(i,j)$：由单位矩阵交换第 i,j 行(列)而得的方阵；

(2) $\boldsymbol{E}(i(k))$：由单位矩阵的第 i 行(列)乘非零数 k 而得的方阵；

(3) $\boldsymbol{E}(j,i(k))$：由单位矩阵的第 i 行(j 列)乘数 k 加于第 j 行(i 列)而得的方阵.

这里，我们列举所有的三阶初等矩阵(k 为任意非零数)：

$$\boldsymbol{E}(1,2)=\begin{pmatrix}0&1&0\\1&0&0\\0&0&1\end{pmatrix},\boldsymbol{E}(1,3)=\begin{pmatrix}0&0&1\\0&1&0\\1&0&0\end{pmatrix},$$

$$\boldsymbol{E}(2,3)=\begin{pmatrix}1&0&0\\0&0&1\\0&1&0\end{pmatrix},\boldsymbol{E}(1(k))=\begin{pmatrix}k&0&0\\0&1&0\\0&0&1\end{pmatrix},$$

$$\boldsymbol{E}(2(k))=\begin{pmatrix}1&0&0\\0&k&0\\0&0&1\end{pmatrix},\boldsymbol{E}(3(k))=\begin{pmatrix}1&0&0\\0&1&0\\0&0&k\end{pmatrix},$$

$$\boldsymbol{E}(1,2(k))=\begin{pmatrix}1&k&0\\0&1&0\\0&0&1\end{pmatrix},\boldsymbol{E}(1,3(k))=\begin{pmatrix}1&0&k\\0&1&0\\0&0&1\end{pmatrix},$$

$$\boldsymbol{E}(2,1(k))=\begin{pmatrix}1&0&0\\k&1&0\\0&0&1\end{pmatrix},\boldsymbol{E}(2,3(k))=\begin{pmatrix}1&0&0\\0&1&k\\0&0&1\end{pmatrix},$$

$$\boldsymbol{E}(3,1(k))=\begin{pmatrix}1&0&0\\0&1&0\\k&0&1\end{pmatrix},\boldsymbol{E}(3,2(k))=\begin{pmatrix}1&0&0\\0&1&0\\0&k&1\end{pmatrix}.$$

在矩阵的初等变换与初等矩阵之间，存在着一种本质的关系. 事实上我们有

定理 2.2 设 $\boldsymbol{A}=(a_{ij})$ 是一个 $m\times n$ 矩阵.

(1) 对矩阵 $\boldsymbol{A}$ 施以某种**初等行变换**得到的矩阵，等于用同种的 m 阶初等矩阵**左乘** $\boldsymbol{A}$.

(2) 对矩阵 $\boldsymbol{A}$ 施以某种**初等列变换**得到的矩阵，等于用同种的 n 阶初等矩阵**右乘** $\boldsymbol{A}$.

证明 这里仅证明第三种初等列变换的情形，其余情形类似可证.

将矩阵 $\boldsymbol{A}$ 和单位矩阵 $\boldsymbol{I}$ 按列分块，

$$\boldsymbol{A}=(\boldsymbol{a}_1,\boldsymbol{a}_2,\cdots,\boldsymbol{a}_n),$$
$$\boldsymbol{I}=(\boldsymbol{e}_1,\boldsymbol{e}_2,\cdots,\boldsymbol{e}_n).$$

经列变换 c_t+kc_s，矩阵 $\boldsymbol{A}$ 和单位矩阵 $\boldsymbol{I}$ 分别变换为

$$\boldsymbol{B}=(\boldsymbol{a}_1,\boldsymbol{a}_2,\cdots,\boldsymbol{a}_{t-1},\boldsymbol{a}_t+k\boldsymbol{a}_s,\boldsymbol{a}_{t+1},\cdots,\boldsymbol{a}_n),$$
$$\boldsymbol{E}(s,t(k))=(\boldsymbol{e}_1,\boldsymbol{e}_2,\cdots,\boldsymbol{e}_{t-1},\boldsymbol{e}_t+k\boldsymbol{e}_s,\boldsymbol{e}_{t+1},\cdots,\boldsymbol{e}_n).$$

由第一章第四节例 1.4.2 知 $\boldsymbol{A}\boldsymbol{e}_j=\boldsymbol{a}_j(j=1,2,\cdots,n)$，于是

$$\begin{aligned}\boldsymbol{A}\boldsymbol{E}(s,t(k))&=\boldsymbol{A}(\boldsymbol{e}_1,\boldsymbol{e}_2,\cdots,\boldsymbol{e}_{t-1},\boldsymbol{e}_t+k\boldsymbol{e}_s,\boldsymbol{e}_{t+1},\cdots,\boldsymbol{e}_n)\\&=(\boldsymbol{a}_1,\boldsymbol{a}_2,\cdots,\boldsymbol{a}_{t-1},\boldsymbol{a}_t+k\boldsymbol{a}_s,\boldsymbol{a}_{t+1},\cdots,\boldsymbol{a}_n)=\boldsymbol{B}.\end{aligned}$$

由于

$$\begin{aligned}\boldsymbol{E}(j,i(k))&=(\boldsymbol{e}_1,\boldsymbol{e}_2,\cdots,\boldsymbol{e}_{i-1},\boldsymbol{e}_i+k\boldsymbol{e}_j,\boldsymbol{e}_{i+1},\cdots,\boldsymbol{e}_n)\\&\xrightarrow{c_i-kc_j}(\boldsymbol{e}_1,\boldsymbol{e}_2,\cdots,\boldsymbol{e}_{i-1},\boldsymbol{e}_i,\boldsymbol{e}_{i+1},\cdots,\boldsymbol{e}_n)=\boldsymbol{I},\end{aligned}$$

因此，由定理 2.2 知

$$\boldsymbol{E}(j,i(k))\boldsymbol{E}(j,i(-k))=\boldsymbol{I},$$

于是

$$[\boldsymbol{E}(j,i(k))]^{-1}=\boldsymbol{E}(j,i(-k)).$$

类似地可知

$$[\boldsymbol{E}(i,j)]^{-1}=\boldsymbol{E}(i,j),[\boldsymbol{E}(i(k))]^{-1}=\boldsymbol{E}\left(i\left(\frac{1}{k}\right)\right).$$

这样，我们就得到如下结论：

初等矩阵可逆，其逆矩阵也为初等矩阵.

定理 2.3 n 阶方阵 $\boldsymbol{A}$ 为可逆矩阵的充分必要条件是 $\boldsymbol{A}$ 可以表示成若干初等矩阵的乘积.

证明 若 $\boldsymbol{A}$ 可表示成若干初等矩阵的乘积，则由初等矩阵可逆知 $\boldsymbol{A}$ 可逆.

若 $\boldsymbol{A}$ 可逆，则 $\boldsymbol{A}$ 的行最简形为单位矩阵 $\boldsymbol{I}$，由定理 2.2 知，存在初等矩阵 $\boldsymbol{P}_1,\boldsymbol{P}_2,\cdots,\boldsymbol{P}_k$，使 $\boldsymbol{P}_k\cdots\boldsymbol{P}_2\boldsymbol{P}_1\boldsymbol{A}=\boldsymbol{I}$，于是 $\boldsymbol{A}=\boldsymbol{P}_1^{-1}\boldsymbol{P}_2^{-1}\cdots\boldsymbol{P}_k^{-1}$.

由定理 2.2 和定理 2.3 立即得到

定理 2.4 设 $\boldsymbol{A},\boldsymbol{B}$ 为 $m\times n$ 矩阵.

(1) 矩阵 $\boldsymbol{A}$ 与 $\boldsymbol{B}$ 行等价的充分必要条件是存在 m 阶可逆方阵 $\boldsymbol{P}$，使 $\boldsymbol{B}=\boldsymbol{P}\boldsymbol{A}$.

(2) 矩阵 $\boldsymbol{A}$ 与 $\boldsymbol{B}$ 列等价的充分必要条件是存在 n 阶可逆方阵 $\boldsymbol{Q}$，使 $\boldsymbol{B}=\boldsymbol{A}\boldsymbol{Q}$.

三、矩阵方程的初等变换解法

对于一般形式的矩阵方程，可以通过矩阵的有关运算转化为标准矩阵方程，然后解之. 因此，这里主要介绍标准矩阵方程 $\boldsymbol{A}\boldsymbol{X}=\boldsymbol{B},\boldsymbol{X}\boldsymbol{A}=\boldsymbol{B}$ 的初等变换解法.

设 $\boldsymbol{A}$ 为可逆矩阵，则矩阵方程 $\boldsymbol{A}\boldsymbol{X}=\boldsymbol{B}$ 的解为 $\boldsymbol{X}=\boldsymbol{A}^{-1}\boldsymbol{B}$. 注意

$$\boldsymbol{A}^{-1}(\boldsymbol{A},\boldsymbol{B})=(\boldsymbol{I},\boldsymbol{A}^{-1}\boldsymbol{B}),$$

由定理 2.4 知，$(\boldsymbol{A},\boldsymbol{B})$经若干次初等行变换可以化为$(\boldsymbol{I},\boldsymbol{A}^{-1}\boldsymbol{B})$. 对矩阵方程 $\boldsymbol{XA}=\boldsymbol{B}$ 可作类似的分析. 因此，我们有

(1) **矩阵方程 $\boldsymbol{AX}=\boldsymbol{B}$ 的初等行变换解法：**

$$(\boldsymbol{A},\boldsymbol{B})\xrightarrow{r}(\boldsymbol{I},\boldsymbol{A}^{-1}\boldsymbol{B}),\boldsymbol{X}=\boldsymbol{A}^{-1}\boldsymbol{B}.$$

特别地，取 $\boldsymbol{B}=\boldsymbol{I}$，则有逆矩阵的初等变换求法：

$$(\boldsymbol{A},\boldsymbol{I})\xrightarrow{r}(\boldsymbol{I},\boldsymbol{A}^{-1}).$$

(2) **矩阵方程 $\boldsymbol{XA}=\boldsymbol{B}$ 的初等列变换解法：**

$$\begin{pmatrix}\boldsymbol{A}\\\boldsymbol{B}\end{pmatrix}\xrightarrow{c}\begin{pmatrix}\boldsymbol{I}\\\boldsymbol{BA}^{-1}\end{pmatrix},\boldsymbol{X}=\boldsymbol{BA}^{-1}.$$

例 2.2.1 已知矩阵

$$\boldsymbol{A}=\begin{pmatrix}1&2&3\\1&3&4\\2&1&2\end{pmatrix},$$

求 $\boldsymbol{A}^{-1}$.

解 按方法$(\boldsymbol{A},\boldsymbol{I})\xrightarrow{r}(\boldsymbol{I},\boldsymbol{A}^{-1})$，求 $\boldsymbol{A}^{-1}$：

$$(\boldsymbol{A},\boldsymbol{I})=\left(\begin{array}{ccc:ccc}1&2&3&1&0&0\\1&3&4&0&1&0\\2&1&2&0&0&1\end{array}\right)$$

$$\xrightarrow[r_3-2r_1]{r_2-r_1}\left(\begin{array}{ccc:ccc}1&2&3&1&0&0\\0&1&1&-1&1&0\\0&-3&-4&-2&0&1\end{array}\right)$$

$$\xrightarrow[r_3+3r_2]{r_1-2r_2}\left(\begin{array}{ccc:ccc}1&0&1&3&-2&0\\0&1&1&-1&1&0\\0&0&-1&-5&3&1\end{array}\right)$$

$$\xrightarrow[r_2+r_3,-r_3]{r_1+r_3}\left(\begin{array}{ccc:ccc}1&0&0&-2&1&1\\0&1&0&-6&4&1\\0&0&1&5&-3&-1\end{array}\right),$$

所以

$$\boldsymbol{A}^{-1}=\begin{pmatrix}-2&1&1\\-6&4&1\\5&-3&-1\end{pmatrix}.$$

例 2.2.2 设

$$\boldsymbol{A}=\begin{pmatrix}2&1&-3\\1&2&-2\\-1&3&2\end{pmatrix},\boldsymbol{b}_1=\begin{pmatrix}1\\2\\-2\end{pmatrix},\boldsymbol{b}_2=\begin{pmatrix}-1\\0\\5\end{pmatrix},$$

求线性方程组 $\boldsymbol{Ax}=\boldsymbol{b}_1$ 和 $\boldsymbol{Ax}=\boldsymbol{b}_2$ 的解.

解 设 $\boldsymbol{Ax}_1=\boldsymbol{b}_1,\boldsymbol{Ax}_2=\boldsymbol{b}_2$. 记 $\boldsymbol{X}=(\boldsymbol{x}_1,\boldsymbol{x}_2)$，$\boldsymbol{B}=(\boldsymbol{b}_1,\boldsymbol{b}_2)$，则两个线性方程组可合成一

个矩阵方程 $\boldsymbol{AX}=\boldsymbol{B}$.

按方法 $(\boldsymbol{A},\boldsymbol{B})\xrightarrow{r}(\boldsymbol{I},\boldsymbol{A}^{-1}\boldsymbol{B})$，求 $\boldsymbol{X}=\boldsymbol{A}^{-1}\boldsymbol{B}$：

$$(\boldsymbol{A},\boldsymbol{B})=\left(\begin{array}{ccc:cc}2&1&-3&1&-1\\1&2&-2&2&0\\-1&3&2&-2&5\end{array}\right)\xrightarrow{r_2\leftrightarrow r_1}\left(\begin{array}{ccc:cc}1&2&-2&2&0\\2&1&-3&1&-1\\-1&3&2&-2&5\end{array}\right)$$

$$\xrightarrow[r_3+r_1]{r_2-2r_1}\left(\begin{array}{ccc:cc}1&2&-2&2&0\\0&-3&1&-3&-1\\0&5&0&0&5\end{array}\right)\xrightarrow{r_3\leftrightarrow r_2}\left(\begin{array}{ccc:cc}1&2&-2&2&0\\0&5&0&0&5\\0&-3&1&-3&-1\end{array}\right)$$

$$\xrightarrow[r_3+3r_2]{\frac{1}{5}r_2}\left(\begin{array}{ccc:cc}1&2&-2&2&0\\0&1&0&0&1\\0&0&1&-3&2\end{array}\right)\xrightarrow[r_1+2r_3]{r_1-2r_2}\left(\begin{array}{ccc:cc}1&0&0&-4&2\\0&1&0&0&1\\0&0&1&-3&2\end{array}\right),$$

所以线性方程组 $\boldsymbol{Ax}=\boldsymbol{b}_1$ 和 $\boldsymbol{Ax}=\boldsymbol{b}_2$ 的解依次为

$$\boldsymbol{x}_1=\begin{pmatrix}-4\\0\\-3\end{pmatrix}\quad 和\quad \boldsymbol{x}_2=\begin{pmatrix}2\\1\\2\end{pmatrix}.$$

注 例 2.2.2 的解法实际上就是利用线性方程组的行最简形解法同时解线性方程组 $\boldsymbol{Ax}=\boldsymbol{b}_1$ 和 $\boldsymbol{Ax}=\boldsymbol{b}_2$. 当矩阵 $\boldsymbol{A}$ 不可逆时，我们也可以用此方法求解矩阵方程 $\boldsymbol{AX}=\boldsymbol{B}$.

例 2.2.3 设矩阵

$$\boldsymbol{A}=\begin{pmatrix}2&1&-1\\2&1&0\\1&-1&1\end{pmatrix},\boldsymbol{B}=\begin{pmatrix}1&-1&3\\4&3&2\end{pmatrix},$$

求解 $\boldsymbol{XA}=\boldsymbol{B}$.

解 按方法

$$\begin{pmatrix}\boldsymbol{A}\\\boldsymbol{B}\end{pmatrix}\xrightarrow{c}\begin{pmatrix}\boldsymbol{I}\\\boldsymbol{BA}^{-1}\end{pmatrix}$$

求 $\boldsymbol{X}=\boldsymbol{BA}^{-1}$：

$$\begin{pmatrix}\boldsymbol{A}\\\boldsymbol{B}\end{pmatrix}=\left(\begin{array}{ccc}2&1&-1\\2&1&0\\1&-1&1\\\hdashline 1&-1&3\\4&3&2\end{array}\right)\xrightarrow[c_2+c_3]{c_1-c_3}\left(\begin{array}{ccc}3&0&-1\\2&1&0\\0&0&1\\\hdashline -2&2&3\\2&5&2\end{array}\right)$$

$$\xrightarrow{c_1-2c_2}\left(\begin{array}{ccc}3&0&-1\\0&1&0\\0&0&1\\\hdashline -6&2&3\\-8&5&2\end{array}\right)\xrightarrow[c_3+c_1]{\frac{1}{3}c_1}\left(\begin{array}{ccc}1&0&0\\0&1&0\\0&0&1\\\hdashline -2&2&1\\-\frac{8}{3}&5&-\frac{2}{3}\end{array}\right),$$

所以

$$X=BA^{-1}=\begin{pmatrix}-2 & 2 & 1\\ -\frac{8}{3} & 5 & -\frac{2}{3}\end{pmatrix}.$$

四、矩阵的分块初等变换

定义 2.6 分块矩阵的下列三种变换称为**分块矩阵的初等行变换**：

(1) 对换分块矩阵的两行；

(2) 用可逆矩阵 $\boldsymbol{C}$ 左乘分块矩阵的某一行($\boldsymbol{C}$ 的阶数与该行子矩阵的行数相等)；

(3) 用矩阵 $\boldsymbol{C}$ 左乘分块矩阵的第 i 行加到第 j 行($\boldsymbol{C}$ 的列数与第 i 行子矩阵的行数相等，而 $\boldsymbol{C}$ 的行数与第 j 行子矩阵的行数相等).

把定义中的"行"换成"列"，"左乘"换成"右乘"，即得**分块矩阵的初等列变换**的定义.分块矩阵的初等行变换与初等列变换统称为**分块矩阵的初等变换**，或称为**矩阵的分块初等变换**.

对矩阵施行一次分块初等变换，就是对矩阵施行若干次初等变换：

(1) 对矩阵施行一次第一种分块初等变换，就是对矩阵施行若干次第一种初等变换.

(2) 对矩阵施行一次第二种分块初等变换，就是对矩阵施行若干次初等变换.

对分块初等列变换加以说明.设矩阵 $\boldsymbol{A}$ 分块为

$$\boldsymbol{A}=(\boldsymbol{A}_1,\boldsymbol{A}_2,\cdots,\boldsymbol{A}_i,\cdots,\boldsymbol{A}_n),$$

其中子矩阵 $\boldsymbol{A}_i$ 的列数为 n_i. 以 n_i 阶可逆矩阵 $\boldsymbol{C}$ 右乘分块矩阵 $\boldsymbol{A}$ 的第 i 列得分块矩阵

$$\boldsymbol{B}=(\boldsymbol{A}_1,\boldsymbol{A}_2,\cdots,\boldsymbol{A}_i\boldsymbol{C},\cdots,\boldsymbol{A}_n),$$

由定理 2.4 知，分块矩阵 $\boldsymbol{B}$ 是分块矩阵 $\boldsymbol{A}$ 对子矩阵 $\boldsymbol{A}_i$ 施行若干次初等列变换而得的.

(3) 对矩阵施行一次第三种分块初等变换，就是对矩阵施行若干次第三种初等变换.

对分块初等列变换加以说明.为叙述方便起见，这里只考虑将分块矩阵$(\boldsymbol{A},\boldsymbol{B})$变换为分块矩阵$(\boldsymbol{A},\boldsymbol{B}+\boldsymbol{AC})$，其中子矩阵 $\boldsymbol{A}$ 为 $m\times s$ 矩阵，子矩阵 $\boldsymbol{B}$ 为 $m\times t$ 矩阵，矩阵 $\boldsymbol{C}=(c_{ij})$ 为 $s\times t$ 矩阵.分别将子矩阵 $\boldsymbol{A},\boldsymbol{B}$ 按列分块为

$$\boldsymbol{A}=(\boldsymbol{a}_1,\boldsymbol{a}_2,\cdots,\boldsymbol{a}_s),\boldsymbol{B}=(\boldsymbol{b}_1,\boldsymbol{b}_2,\cdots,\boldsymbol{b}_t),$$

按矩阵的分块运算，我们有

$$\boldsymbol{B}+\boldsymbol{AC}=(\boldsymbol{d}_1,\boldsymbol{d}_2,\cdots,\boldsymbol{d}_t),$$

其中

$$\boldsymbol{d}_j=\boldsymbol{b}_j+c_{1j}\boldsymbol{a}_1+c_{2j}\boldsymbol{a}_2+\cdots+c_{sj}\boldsymbol{a}_s,(j=1,2,\cdots,t).$$

由此可见，以 c_{1j} 乘子矩阵 $\boldsymbol{A}$ 的第 1 列，c_{2j} 乘子矩阵 $\boldsymbol{A}$ 的第 2 列，…，c_{sj} 乘子矩阵 $\boldsymbol{A}$ 的第 s 列，都加到子矩阵 $\boldsymbol{B}$ 的第 j 列上($j=1,2,\cdots,t$)，结果分块矩阵$(\boldsymbol{A},\boldsymbol{B})$变换为分块矩阵$(\boldsymbol{A},\boldsymbol{B}+\boldsymbol{AC})$.

例 2.2.4 设 $\boldsymbol{A}$ 为 m 阶可逆矩阵，$\boldsymbol{D}$ 为 n 阶可逆矩阵，求矩阵

$$\boldsymbol{T}=\begin{pmatrix}\boldsymbol{A} & \boldsymbol{B}\\ \boldsymbol{O} & \boldsymbol{D}\end{pmatrix}$$

的逆矩阵.

解 对分块矩阵

$$(\boldsymbol{T},\boldsymbol{I})=\left(\begin{array}{cc:cc}\boldsymbol{A} & \boldsymbol{B} & \boldsymbol{I}_m & \boldsymbol{O}\\ \boldsymbol{O} & \boldsymbol{D} & \boldsymbol{O} & \boldsymbol{I}_n\end{array}\right)$$

施行初等行变换. 分别用矩阵 $\boldsymbol{A}^{-1}$ 和 $\boldsymbol{D}^{-1}$ 左乘以上分块矩阵的第一行和第二行,得矩阵

$$\left(\begin{array}{cc:cc}\boldsymbol{I}_m & \boldsymbol{A}^{-1}\boldsymbol{B} & \boldsymbol{A}^{-1} & \boldsymbol{O}\\ \boldsymbol{O} & \boldsymbol{I}_n & \boldsymbol{O} & \boldsymbol{D}^{-1}\end{array}\right),$$

再用矩阵 $(-\boldsymbol{A}^{-1}\boldsymbol{B})$ 左乘以上分块矩阵的第二行加到第一行,得矩阵

$$\left(\begin{array}{cc:cc}\boldsymbol{I}_m & \boldsymbol{O} & \boldsymbol{A}^{-1} & -\boldsymbol{A}^{-1}\boldsymbol{B}\boldsymbol{D}^{-1}\\ \boldsymbol{O} & \boldsymbol{I}_n & \boldsymbol{O} & \boldsymbol{D}^{-1}\end{array}\right),$$

所以

$$\boldsymbol{T}^{-1}=\begin{pmatrix}\boldsymbol{A}^{-1} & -\boldsymbol{A}^{-1}\boldsymbol{B}\boldsymbol{D}^{-1}\\ \boldsymbol{O} & \boldsymbol{D}^{-1}\end{pmatrix}.$$

例 2.2.5 设 $\boldsymbol{A}$ 为 n 阶可逆矩阵,$\boldsymbol{D}$ 为 m 阶方阵,化矩阵

$$\boldsymbol{G}=\begin{pmatrix}\boldsymbol{A} & \boldsymbol{B}\\ \boldsymbol{C} & \boldsymbol{D}\end{pmatrix}$$

为分块对角矩阵.

解 用矩阵 $(-\boldsymbol{C}\boldsymbol{A}^{-1})$ 左乘分块矩阵 $\boldsymbol{G}$ 的第一行加到第二行,再用矩阵 $(-\boldsymbol{A}^{-1}\boldsymbol{B})$ 右乘分块矩阵 $\boldsymbol{G}$ 的第一列加到第二列,得分块对角矩阵

$$\boldsymbol{H}=\begin{pmatrix}\boldsymbol{A} & \boldsymbol{O}\\ \boldsymbol{O} & \boldsymbol{D}-\boldsymbol{C}\boldsymbol{A}^{-1}\boldsymbol{B}\end{pmatrix}.$$

注 由定理 2.4 可知,以上分块初等变换相当于以下一个矩阵等式

$$\begin{pmatrix}\boldsymbol{I}_n & \boldsymbol{O}\\ -\boldsymbol{C}\boldsymbol{A}^{-1} & \boldsymbol{I}_m\end{pmatrix}\begin{pmatrix}\boldsymbol{A} & \boldsymbol{B}\\ \boldsymbol{C} & \boldsymbol{D}\end{pmatrix}\begin{pmatrix}\boldsymbol{I}_n & -\boldsymbol{A}^{-1}\boldsymbol{B}\\ \boldsymbol{O} & \boldsymbol{I}_m\end{pmatrix}=\begin{pmatrix}\boldsymbol{A} & \boldsymbol{O}\\ \boldsymbol{O} & \boldsymbol{D}-\boldsymbol{C}\boldsymbol{A}^{-1}\boldsymbol{B}\end{pmatrix}. \tag{2.1}$$

事实上,根据定理 2.4,对于可逆矩阵 $\boldsymbol{P},\boldsymbol{Q}$,由 $\boldsymbol{P}(\boldsymbol{G},\boldsymbol{I})=(\boldsymbol{P}\boldsymbol{G},\boldsymbol{P})$,知 $(\boldsymbol{G},\boldsymbol{I})\xrightarrow{r}(\boldsymbol{P}\boldsymbol{G},\boldsymbol{P})$,而由

$$\begin{pmatrix}\boldsymbol{P}\boldsymbol{G}\\ \boldsymbol{I}\end{pmatrix}\boldsymbol{Q}=\begin{pmatrix}\boldsymbol{P}\boldsymbol{G}\boldsymbol{Q}\\ \boldsymbol{Q}\end{pmatrix},$$

又知

$$\begin{pmatrix}\boldsymbol{P}\boldsymbol{G}\\ \boldsymbol{I}\end{pmatrix}\xrightarrow{c}\begin{pmatrix}\boldsymbol{P}\boldsymbol{G}\boldsymbol{Q}\\ \boldsymbol{Q}\end{pmatrix}.$$

在例 2.2.5 所用的分块初等行、列变换下,单位矩阵 $\boldsymbol{I}$ 分别变换为

$$\boldsymbol{P}=\begin{pmatrix}\boldsymbol{I}_n & \boldsymbol{O}\\ -\boldsymbol{C}\boldsymbol{A}^{-1} & \boldsymbol{I}_m\end{pmatrix},\boldsymbol{Q}=\begin{pmatrix}\boldsymbol{I}_n & -\boldsymbol{A}^{-1}\boldsymbol{B}\\ \boldsymbol{O} & \boldsymbol{I}_m\end{pmatrix},$$

而分块矩阵 $\boldsymbol{G}$ 变换为分块对角矩阵 $\boldsymbol{H}=\boldsymbol{P}\boldsymbol{G}\boldsymbol{Q}$. 将各矩阵的分块形式代入,便得(2.1)式.

利用例 2.2.5 的结果,我们可以得到

定理 2.5 设 $\boldsymbol{A}$ 为可逆矩阵,$\boldsymbol{D}$ 为方阵,则有 Schur 公式

$$\begin{vmatrix}\boldsymbol{A} & \boldsymbol{B}\\ \boldsymbol{C} & \boldsymbol{D}\end{vmatrix}=|\boldsymbol{A}|\cdot|\boldsymbol{D}-\boldsymbol{C}\boldsymbol{A}^{-1}\boldsymbol{B}|.$$

证明 由例 2.2.5 知,矩阵

$$\begin{pmatrix} \boldsymbol{A} & \boldsymbol{B} \\ \boldsymbol{C} & \boldsymbol{D} \end{pmatrix}$$

经过若干次第三种初等行变换化为矩阵

$$\begin{pmatrix} \boldsymbol{A} & \boldsymbol{O} \\ \boldsymbol{O} & \boldsymbol{D}-\boldsymbol{C}\boldsymbol{A}^{-1}\boldsymbol{B} \end{pmatrix},$$

所以

$$\begin{vmatrix} \boldsymbol{A} & \boldsymbol{B} \\ \boldsymbol{C} & \boldsymbol{D} \end{vmatrix} = \begin{vmatrix} \boldsymbol{A} & \boldsymbol{O} \\ \boldsymbol{O} & \boldsymbol{D}-\boldsymbol{C}\boldsymbol{A}^{-1}\boldsymbol{B} \end{vmatrix} = |\boldsymbol{A}| \cdot |\boldsymbol{D}-\boldsymbol{C}\boldsymbol{A}^{-1}\boldsymbol{B}|.$$

注 Schur 公式也可以由(2.1)式两边取行列式得到,这一证法相当于以上的证法. Schur 公式更简捷的证明参见习题 1—4 的第 4 题. 而习题 1—4 的第 5 题则给出 Schur 公式的另一形式.

习题 2—2

1. 用矩阵的初等行变换,求下列矩阵的逆矩阵:

(1) $\begin{pmatrix} 1 & 0 & 0 & 0 \\ -1 & 1 & 0 & 0 \\ -1 & -1 & 1 & 0 \\ -1 & -1 & -1 & 1 \end{pmatrix}$; (2) $\begin{pmatrix} 1 & 2 & 3 & 4 \\ 2 & 3 & 1 & 2 \\ 1 & 1 & 1 & -1 \\ 1 & 0 & -2 & -6 \end{pmatrix}$.

2. 已知矩阵

$$\boldsymbol{A}=\begin{pmatrix} 1 & 2 & 1 \\ 1 & 1 & -1 \\ -1 & 0 & 1 \end{pmatrix}, \boldsymbol{B}=\begin{pmatrix} 1 & 4 & 1 \\ 1 & 3 & 2 \\ 3 & 2 & 5 \end{pmatrix},$$

用矩阵的初等行变换解方程 $\boldsymbol{AX}=\boldsymbol{B}$.

3. 已知矩阵

$$\boldsymbol{A}=\begin{pmatrix} 0 & 2 & 1 \\ 2 & -1 & 3 \\ -3 & 3 & -4 \end{pmatrix}, \boldsymbol{B}=\begin{pmatrix} 1 & 2 & 3 \\ 2 & -3 & 1 \end{pmatrix},$$

用矩阵的初等列变换解方程 $\boldsymbol{XA}=\boldsymbol{B}$.

4. 设 $\boldsymbol{A}$ 为 n 阶可逆矩阵,$\boldsymbol{D}$ 为 m 阶可逆矩阵,$\boldsymbol{C}$ 为 $m\times n$ 矩阵,求

$$\boldsymbol{T}=\begin{pmatrix} \boldsymbol{A} & \boldsymbol{O} \\ \boldsymbol{C} & \boldsymbol{D} \end{pmatrix}$$

的逆矩阵.

5. 设 $\boldsymbol{A},\boldsymbol{B},\boldsymbol{C},\boldsymbol{D}$ 为 n 阶矩阵,且 $\boldsymbol{A}$ 可逆,$\boldsymbol{AC}=\boldsymbol{CA}$,证明

$$\begin{vmatrix} \boldsymbol{A} & \boldsymbol{B} \\ \boldsymbol{C} & \boldsymbol{D} \end{vmatrix} = |\boldsymbol{AD}-\boldsymbol{CB}|.$$

6. 设 $\boldsymbol{A},\boldsymbol{B}$ 分别为 $n\times m$ 和 $m\times n$ 矩阵,证明

$$|\boldsymbol{I}_n-\boldsymbol{AB}|=|\boldsymbol{I}_m-\boldsymbol{BA}|.$$

第三节　矩阵的秩

一、等价标准形的唯一性

我们知道,对于任意一个 $m\times n$ 矩阵 $\boldsymbol{A}$,总可经过初等变换把它化为等价标准形

$$\boldsymbol{F}=\begin{pmatrix}\boldsymbol{I}_r & \boldsymbol{O}_{r\times(n-r)}\\ \boldsymbol{O}_{(m-r)\times r} & \boldsymbol{O}_{(m-r)\times(n-r)}\end{pmatrix},$$

这个 $m\times n$ 标准形矩阵 $\boldsymbol{F}$ 由数 r 完全确定,称数 r 为标准形矩阵 $\boldsymbol{F}$ 的**秩**. 容易看出,秩不相等的两个标准形矩阵不可能行等价或列等价. 试问:秩不相等的两个标准形矩阵一定不等价吗?下述定理回答了这一问题.

定理 2.6　秩不相等的两个标准形矩阵不等价.

证明　显然不同型的两个矩阵一定不等价. 设有两个 $m\times n$ 标准形矩阵

$$\boldsymbol{F}_1=\begin{pmatrix}\boldsymbol{I}_r & \boldsymbol{O}_{r\times(n-r)}\\ \boldsymbol{O}_{(m-r)\times r} & \boldsymbol{O}_{(m-r)\times(n-r)}\end{pmatrix},\boldsymbol{F}_2=\begin{pmatrix}\boldsymbol{I}_s & \boldsymbol{O}_{s\times(n-s)}\\ \boldsymbol{O}_{(m-s)\times s} & \boldsymbol{O}_{(m-s)\times(n-s)}\end{pmatrix},$$

它们的秩不相等,不妨设 $r>s$,我们要证明$\boldsymbol{F}_1$ 与$\boldsymbol{F}_2$ 不等价. 用反证法:

假设$\boldsymbol{F}_1$ 与$\boldsymbol{F}_2$ 等价,那么由本章第二节定理 2.4 知,存在可逆方阵 $\boldsymbol{P},\boldsymbol{Q}$,使

$$\boldsymbol{P}\boldsymbol{F}_1\boldsymbol{Q}=\boldsymbol{F}_2,\text{即 }\boldsymbol{P}\boldsymbol{F}_1=\boldsymbol{F}_2\boldsymbol{Q}^{-1}.$$

将 $\boldsymbol{P},\boldsymbol{Q}^{-1}$相应分块

$$\boldsymbol{P}=\begin{pmatrix}\boldsymbol{P}_1 & \boldsymbol{P}_2\\ \boldsymbol{P}_3 & \boldsymbol{P}_4\end{pmatrix},\boldsymbol{Q}^{-1}=\begin{pmatrix}\boldsymbol{Q}_1 & \boldsymbol{Q}_2\\ \boldsymbol{Q}_3 & \boldsymbol{Q}_4\end{pmatrix},$$

其中 $\boldsymbol{P}_1$ 为 $r\times r$ 矩阵,$\boldsymbol{Q}_1$ 为 $s\times s$ 矩阵. 由 $\boldsymbol{P}\boldsymbol{F}_1=\boldsymbol{F}_2\boldsymbol{Q}^{-1}$得

$$\begin{pmatrix}\boldsymbol{P}_1 & \boldsymbol{O}_{r\times(n-r)}\\ \boldsymbol{P}_3 & \boldsymbol{O}_{(m-r)\times(n-r)}\end{pmatrix}=\begin{pmatrix}\boldsymbol{Q}_1 & \boldsymbol{Q}_2\\ \boldsymbol{O}_{(m-s)\times s} & \boldsymbol{O}_{(m-s)\times(n-s)}\end{pmatrix}.$$

由 $r>s$ 可知 $\boldsymbol{P}_3=\boldsymbol{O}$ 或空缺,$\boldsymbol{P}_1$ 的第 r 行元素全为 0,于是$|\boldsymbol{P}_1|=0$. 由此知$|\boldsymbol{P}|=0$,与 $\boldsymbol{P}$ 可逆矛盾. 因此,假设$\boldsymbol{F}_1$ 与$\boldsymbol{F}_2$ 等价不可能.

作为定理 2.6 的一个推论,我们有以下定理.

定理 2.7　对于任何一个给定的矩阵,它的等价标准形是唯一的.

二、矩阵的秩及其性质

因为矩阵 $\boldsymbol{A}$ 的等价标准形 $\boldsymbol{F}$ 是唯一的,所以标准形矩阵 $\boldsymbol{F}$ 的秩 r 是由矩阵 $\boldsymbol{A}$ 完全确定的,我们称 r 为矩阵 $\boldsymbol{A}$ 的秩.

定义 2.7　如果 $m\times n$ 矩阵 $\boldsymbol{A}$ 的等价标准形为

$$\boldsymbol{F}=\begin{pmatrix}\boldsymbol{I}_r & \boldsymbol{O}_{r\times(n-r)}\\ \boldsymbol{O}_{(m-r)\times r} & \boldsymbol{O}_{(m-r)\times(n-r)}\end{pmatrix},$$

那么称 r 为矩阵 $\boldsymbol{A}$ 的**秩**(Rank). 记作 $R(\boldsymbol{A})$. 并规定零矩阵的秩等于 0.

显然,$m\times n$ 标准形矩阵 $\boldsymbol{F}$ 中单位矩阵的阶数 $r\leqslant\min\{m,n\}$. 因此,对于 $m\times n$ 矩阵 $\boldsymbol{A}$,它的秩 $R(\boldsymbol{A})\leqslant\min\{m,n\}$. 当 $R(\boldsymbol{A})=m$ 时,称矩阵 $\boldsymbol{A}$ 为**行满秩矩阵**;而当 $R(\boldsymbol{A})=n$ 时,

称矩阵 $\boldsymbol{A}$ 为**列满秩矩阵**.

由于矩阵的等价具有传递性，因此两个等价矩阵有相同的等价标准形，从而有相等的秩. 由本章第二节定理 2.4 知，如果 $\boldsymbol{P},\boldsymbol{Q}$ 为可逆矩阵，则 $\boldsymbol{PAQ}$（假定有意义）与矩阵 $\boldsymbol{A}$ 等价，于是有 $R(\boldsymbol{PAQ})=R(\boldsymbol{A})$.

对于秩为 r 的标准形矩阵 $\boldsymbol{F}$，它的转置矩阵 $\boldsymbol{F}^{\mathrm{T}}$ 也是一个秩为 r 的标准形矩阵. 容易看出，如果 $\boldsymbol{F}$ 为矩阵 $\boldsymbol{A}$ 的等价标准形，则 $\boldsymbol{F}^{\mathrm{T}}$ 为转置矩阵 $\boldsymbol{A}^{\mathrm{T}}$ 的等价标准形. 因此，我们有 $R(\boldsymbol{A}^{\mathrm{T}})=R(\boldsymbol{A})$.

设矩阵 $\boldsymbol{A}$ 为行阶梯形矩阵，它的非零行数为 r，则 $\boldsymbol{A}$ 的等价标准形为

$$\boldsymbol{F}=\begin{pmatrix}\boldsymbol{I}_r & \boldsymbol{O}\\ \boldsymbol{O} & \boldsymbol{O}\end{pmatrix},$$

因此 $R(\boldsymbol{A})=r$.

我们知道，可逆矩阵的等价矩阵也为可逆矩阵. 因此，n 阶方阵 $\boldsymbol{A}$ 可逆的充分必要条件是 $\boldsymbol{A}$ 的等价标准形为单位矩阵，即 $R(\boldsymbol{A})=n$.

以上我们得到了矩阵秩的一些最基本的性质，归纳起来有：

性质 1 $R(\boldsymbol{A}_{m\times n})\leqslant\min\{m,n\}$.

性质 2 等价矩阵有相等的秩.

性质 3 设 $\boldsymbol{P},\boldsymbol{Q}$ 为可逆矩阵，则 $R(\boldsymbol{PAQ})=R(\boldsymbol{A})$（假定 $\boldsymbol{PAQ}$ 有意义）.

性质 4 $R(\boldsymbol{A}^{\mathrm{T}})=R(\boldsymbol{A})$.

性质 5 行阶梯形矩阵的秩等于其非零行的行数.

性质 6 n 阶方阵 $\boldsymbol{A}$ 可逆的充分必要条件是 $R(\boldsymbol{A})=n$.

根据矩阵秩的性质 2 和性质 5，为求矩阵的秩，我们只要利用矩阵的初等变换把矩阵化为行阶梯形矩阵，则**所得行阶梯形矩阵的非零行的行数就是矩阵的秩**.

例 2.3.1 求矩阵

$$\boldsymbol{A}=\begin{pmatrix}1 & 2 & 3\\ 4 & 5 & 6\\ 5 & 7 & 9\end{pmatrix}$$

的秩.

解 对矩阵 $\boldsymbol{A}$ 施行初等变换，把它化为行阶梯形矩阵：

$$\boldsymbol{A}=\begin{pmatrix}1 & 2 & 3\\ 4 & 5 & 6\\ 5 & 7 & 9\end{pmatrix}\xrightarrow[r_3-5r_2]{r_2-4r_1}\begin{pmatrix}1 & 2 & 3\\ 0 & -3 & -6\\ 0 & -3 & -6\end{pmatrix}\xrightarrow{r_3-r_2}\begin{pmatrix}1 & 2 & 3\\ 0 & -3 & -6\\ 0 & 0 & 0\end{pmatrix}.$$

由所得到的行阶梯形矩阵知秩 $R(\boldsymbol{A})=2$.

下面我们再介绍几个常用的矩阵秩的性质.

性质 7 矩阵的秩不小于它的子矩阵的秩.

性质 8 设矩阵

$$\boldsymbol{C}=\begin{pmatrix}\boldsymbol{A} & \boldsymbol{O}\\ \boldsymbol{O} & \boldsymbol{B}\end{pmatrix},$$

则 $R(\boldsymbol{C})=R(\boldsymbol{A})+R(\boldsymbol{B})$.

性质 7 和性质 8 的证明留给读者完成.

性质 9 $R(\boldsymbol{A}+\boldsymbol{B})\leqslant R(\boldsymbol{A})+R(\boldsymbol{B})$.

证明 分别将分块矩阵

$$\begin{pmatrix}\boldsymbol{A} & \boldsymbol{O}\\ \boldsymbol{O} & \boldsymbol{B}\end{pmatrix}$$

的第 2 行和第 1 列加于第 1 行和第 2 列,得等价矩阵

$$\begin{pmatrix}\boldsymbol{A} & \boldsymbol{A}+\boldsymbol{B}\\ \boldsymbol{O} & \boldsymbol{B}\end{pmatrix}.$$

根据矩阵秩的性质 2,性质 7 和性质 8,我们有

$$R(\boldsymbol{A}+\boldsymbol{B})\leqslant R\begin{pmatrix}\boldsymbol{A} & \boldsymbol{A}+\boldsymbol{B}\\ \boldsymbol{O} & \boldsymbol{B}\end{pmatrix}=R\begin{pmatrix}\boldsymbol{A} & \boldsymbol{O}\\ \boldsymbol{O} & \boldsymbol{B}\end{pmatrix}=R(\boldsymbol{A})+R(\boldsymbol{B}).$$

性质 10 $R(\boldsymbol{AB})\leqslant\min\{R(\boldsymbol{A}),R(\boldsymbol{B})\}$.

证明 用矩阵 $\boldsymbol{B}$ 右乘分块矩阵$(\boldsymbol{A},\boldsymbol{O})$的第 1 列加于第 2 列,得等价矩阵$(\boldsymbol{A},\boldsymbol{AB})$. 注意 $R(\boldsymbol{A},\boldsymbol{O})=R(\boldsymbol{A})$,根据矩阵秩的性质 2 和性质 7,我们有

$$R(\boldsymbol{AB})\leqslant R(\boldsymbol{A},\boldsymbol{AB})=R(\boldsymbol{A},\boldsymbol{O})=R(\boldsymbol{A}).$$

类似可证 $R(\boldsymbol{AB})\leqslant R(\boldsymbol{B})$. 两式合起来,即为

$$R(\boldsymbol{AB})\leqslant\min\{R(\boldsymbol{A}),R(\boldsymbol{B})\}.$$

性质 11 设矩阵

$$\boldsymbol{D}=\begin{pmatrix}\boldsymbol{A} & \boldsymbol{O}\\ \boldsymbol{C} & \boldsymbol{B}\end{pmatrix},$$

则 $R(\boldsymbol{D})\geqslant R(\boldsymbol{A})+R(\boldsymbol{B})$.

证明 设 $R(\boldsymbol{A})=r,R(\boldsymbol{B})=s$,则

$$\boldsymbol{A}\sim\begin{bmatrix}\boldsymbol{I}_r & \boldsymbol{O}\\ \boldsymbol{O} & \boldsymbol{O}\end{bmatrix},\boldsymbol{B}\sim\begin{bmatrix}\boldsymbol{I}_s & \boldsymbol{O}\\ \boldsymbol{O} & \boldsymbol{O}\end{bmatrix},$$

由此可知

$$\boldsymbol{D}\sim\boldsymbol{G}=\left[\begin{array}{cc:cc}\boldsymbol{I}_r & \boldsymbol{O} & \boldsymbol{O} & \boldsymbol{O}\\ \boldsymbol{O} & \boldsymbol{O} & \boldsymbol{O} & \boldsymbol{O}\\ \hdashline \boldsymbol{C}_1 & \boldsymbol{C}_2 & \boldsymbol{I}_s & \boldsymbol{O}\\ \boldsymbol{C}_3 & \boldsymbol{C}_4 & \boldsymbol{O} & \boldsymbol{O}\end{array}\right]\sim\boldsymbol{H}=\begin{bmatrix}\boldsymbol{I}_r & \boldsymbol{O} & \boldsymbol{O} & \boldsymbol{O}\\ \boldsymbol{O} & \boldsymbol{I}_s & \boldsymbol{O} & \boldsymbol{O}\\ \boldsymbol{O} & \boldsymbol{O} & \boldsymbol{C}_4 & \boldsymbol{O}\\ \boldsymbol{O} & \boldsymbol{O} & \boldsymbol{O} & \boldsymbol{O}\end{bmatrix},$$

分块矩阵 $\boldsymbol{G}$ 中的第 2,4 行(列)处的矩阵可能空缺. 由矩阵秩的性质 8 知

$$R(\boldsymbol{H})=r+s+R(\boldsymbol{C}_4)\geqslant R(\boldsymbol{A})+R(\boldsymbol{B}).$$

再由矩阵秩的性质 2 知

$$R(\boldsymbol{D})=R(\boldsymbol{H})\geqslant R(\boldsymbol{A})+R(\boldsymbol{B}).$$

性质 12 设 $\boldsymbol{A}$ 为 $m\times n$ 矩阵,$\boldsymbol{B}$ 为 $n\times l$ 矩阵,则

$$R(\boldsymbol{AB})\geqslant R(\boldsymbol{A})+R(\boldsymbol{B})-n.$$

证明 记矩阵

$$C=\begin{pmatrix} A & O \\ -I_n & B \end{pmatrix},$$

利用分块初等变换可得

$$C\sim\begin{pmatrix} A & AB \\ -I_n & O \end{pmatrix}\sim\begin{pmatrix} -I_n & O \\ A & AB \end{pmatrix}\sim D=\begin{pmatrix} -I_n & O \\ O & AB \end{pmatrix}.$$

于是

$$R(A)+R(B)\leqslant R(C)=R(D)=R(-I_n)+R(AB)=n+R(AB),$$

即得所证.

作为性质 12 的推论,我们有以下定理.

定理 2.8 设 A 为 $m\times n$ 矩阵,B 为 $n\times l$ 矩阵. 如果 $AB=O$,则

$$R(A)+R(B)\leqslant n.$$

推论 1 如果 A 为列满秩矩阵,则矩阵方程 $AX=O$ 只有零解 $X=O$.

推论 2 设 A 为列满秩矩阵,如果 $AX=AY$,则 $X=Y$.

三、基本子式定理

在初等变换下,矩阵的秩是一个不变量,这一特定的不变量,可以用另一个概念表述.

定义 2.8 在 $m\times n$ 矩阵 A 中,任取 k 行与 k 列($k\leqslant m,k\leqslant n$),位于这些行列交叉处的 k^2 个元素,不改变它们在 A 中所处的位置次序而得的 k 阶行列式,称为矩阵 A 的 k 阶子式.

定义 2.9 设在矩阵 A 中有一个不等于 0 的 r 阶子式 D,且所有高于 r 阶的子式(如果存在的话)全等于 0,那么 D 称为矩阵 A 的**最高阶非零子式**.

任一矩阵的最高阶非零子式的阶数,也是在初等变换下的一个不变量. 事实上,我们有下面的定理,称为**基本子式定理**.

定理 2.9 任一矩阵的最高阶非零子式的阶数等于该矩阵的秩.

证明 由行列式的性质可知,对换矩阵 A 的行列,矩阵 A 的最高阶非零子式的阶数是不变的,而矩阵的秩也是不变的. 因此,不妨设矩阵 A 有如下分块形式

$$A=\begin{pmatrix} P & Q \\ S & T \end{pmatrix},$$

其中 P 为 r 阶可逆矩阵,而 r 为 A 的最高阶非零子式的阶数.

由本章第二节例 2.2.5 知,分块矩阵 A 可经分块初等变换化为分块对角矩阵

$$B=\begin{pmatrix} P & O \\ O & T-SP^{-1}Q \end{pmatrix}.$$

记S_i 为 S 的第 i 行,Q_j 为 Q 的第 j 列,$T=(t_{ij})$,$T-SP^{-1}Q=(c_{ij})$,则

$$c_{ij}=t_{ij}-S_iP^{-1}Q_j.$$

由 Schur 公式知,矩阵 A 的 $r+1$ 阶子式

$$\begin{vmatrix} P & Q_j \\ S_i & t_{ij} \end{vmatrix}=c_{ij}\,|P|,$$

因为$|P|\neq 0$,且矩阵 A 的 $r+1$ 阶子式都等于 0,所以 $c_{ij}=0$,于是

$$B=\begin{pmatrix} P & O \\ O & O \end{pmatrix}.$$

由矩阵秩的性质知

$$R(A)=R(B)=R(P)=r.$$

习题 2—3

1. 求下列矩阵的行最简形和秩：

(1) $\begin{pmatrix} 1 & 4 & 1 & 0 \\ 2 & 1 & -1 & -3 \\ 1 & 0 & -3 & -1 \\ 0 & 2 & -6 & 3 \end{pmatrix}$； (2) $\begin{pmatrix} 1 & -2 & -1 & 0 & 2 \\ -2 & 4 & 2 & 6 & -6 \\ 2 & -1 & 0 & 2 & 3 \\ 3 & 3 & 3 & 3 & 4 \end{pmatrix}$.

2. 设 $A=\begin{pmatrix} 1 & -2 & 3k \\ -1 & 2k & -3 \\ k & -2 & 3 \end{pmatrix}$，问 k 为何值，可使

(1) $R(A)=1$； (2) $R(A)=2$； (3) $R(A)=3$.

3. 设 A 为 n 阶矩阵，证明：$R(A+I)+R(A-I)\geqslant n$.

4. 设 n 阶矩阵 A 满足 $A^2=A$，证明：$R(A)+R(A-I)=n$.

5. 证明：n 阶矩阵的伴随矩阵的秩只能是 0，1 或 n.

第四节 线性方程组的解

一、线性方程组的可解性

必要时，适当交换未知元的次序（如在本章第一节例 2.1.5 中，交换含 x_2，x_3 的项的次序），总可以使线性方程组的系数矩阵的行最简形化为**标准形式**

$$\begin{pmatrix} I_r & B \\ O & O \end{pmatrix}.$$

考虑 m 个方程 n 个未知元的线性方程组 $Ax=b$. 为叙述方便，不妨设系数矩阵 A 的行最简形为

$$\begin{pmatrix} I_r & B \\ O & O \end{pmatrix},$$

其中 $r=R(A)$. 显然增广矩阵 (A,b) 的秩只能是 r 或 $r+1$.

(1) 当 $R(A,b)=r+1$ 时，增广矩阵 (A,b) 的行最简形为

$$\begin{pmatrix} I_r & B & d \\ O & O & e \end{pmatrix}，其中\ e=\begin{pmatrix} 1 \\ 0 \end{pmatrix},$$

以此行最简形作为增广矩阵的线性方程组中的第 $r+1$ 个方程为矛盾方程 $0=1$，因此线性

方程组 $\boldsymbol{Ax}=\boldsymbol{b}$ 无解.

(2) 当 $R(\boldsymbol{A},\boldsymbol{b})=r=n$ 时,增广矩阵$(\boldsymbol{A},\boldsymbol{b})$的行最简形为

$$\begin{pmatrix}\boldsymbol{I}_r & \boldsymbol{d}\\ \boldsymbol{O} & \boldsymbol{0}\end{pmatrix},$$

此时线性方程组 $\boldsymbol{Ax}=\boldsymbol{b}$ 有唯一解 $\boldsymbol{x}=\boldsymbol{d}$.

(3) 当 $R(\boldsymbol{A},\boldsymbol{b})=r<n$ 时,增广矩阵$(\boldsymbol{A},\boldsymbol{b})$的行最简形为

$$\begin{pmatrix}\boldsymbol{I}_r & \boldsymbol{B} & \boldsymbol{d}\\ \boldsymbol{O} & \boldsymbol{O} & \boldsymbol{0}\end{pmatrix},$$

此时线性方程组 $\boldsymbol{Ax}=\boldsymbol{b}$ 的同解方程组为

$$\begin{pmatrix}\boldsymbol{I}_r & \boldsymbol{B}\\ \boldsymbol{O} & \boldsymbol{O}\end{pmatrix}\boldsymbol{x}=\begin{pmatrix}\boldsymbol{d}\\ \boldsymbol{0}\end{pmatrix}.$$

记 $\boldsymbol{y}=(x_1,x_2,\cdots,x_r)^{\mathrm{T}}$,$\boldsymbol{z}=(x_{r+1},x_{r+2},\cdots,x_n)^{\mathrm{T}}$,则以上方程组化为

$$\boldsymbol{y}+\boldsymbol{Bz}=\boldsymbol{d},$$

令 $\boldsymbol{z}=\boldsymbol{k}=(k_1,k_2,\cdots,k_{n-r})^{\mathrm{T}}$,得线性方程组 $\boldsymbol{Ax}=\boldsymbol{b}$ 的通解为

$$\boldsymbol{x}=\begin{pmatrix}\boldsymbol{y}\\ \boldsymbol{z}\end{pmatrix}=\begin{pmatrix}\boldsymbol{d}-\boldsymbol{Bk}\\ \boldsymbol{k}\end{pmatrix}=\begin{pmatrix}-\boldsymbol{Bk}\\ \boldsymbol{k}\end{pmatrix}+\begin{pmatrix}\boldsymbol{d}\\ \boldsymbol{0}\end{pmatrix}=\begin{pmatrix}-\boldsymbol{B}\\ \boldsymbol{I}_{n-r}\end{pmatrix}\boldsymbol{k}+\begin{pmatrix}\boldsymbol{d}\\ \boldsymbol{0}\end{pmatrix},$$

即

$$\boldsymbol{x}=k_1\boldsymbol{\xi}_1+k_2\boldsymbol{\xi}_2+\cdots+k_{n-r}\boldsymbol{\xi}_{n-r}+\boldsymbol{\eta},(k_1,k_2,\cdots,k_{n-r}\text{为任意数}), \tag{2.2}$$

其中

$$(\boldsymbol{\xi}_1,\boldsymbol{\xi}_2,\cdots,\boldsymbol{\xi}_{n-r})=\begin{pmatrix}-\boldsymbol{B}\\ \boldsymbol{I}_{n-r}\end{pmatrix},\boldsymbol{\eta}=\begin{pmatrix}\boldsymbol{d}\\ \boldsymbol{0}\end{pmatrix}.$$

注意 $R(\boldsymbol{\xi}_1,\boldsymbol{\xi}_2,\cdots,\boldsymbol{\xi}_{n-r})=n-r$,这个条件在下一小节讨论齐次线性方程组的基础解系时起到关键性的作用.

综上所述,我们有

定理 2.10 设有 n 元线性方程组 $\boldsymbol{Ax}=\boldsymbol{b}$.

(1) 当 $R(\boldsymbol{A},\boldsymbol{b})>R(\boldsymbol{A})$时,方程组无解;

(2) 当 $R(\boldsymbol{A},\boldsymbol{b})=R(\boldsymbol{A})=n$ 时,方程组有唯一解;

(3) 当 $R(\boldsymbol{A},\boldsymbol{b})=R(\boldsymbol{A})<n$ 时,方程组有无穷多组解.

例 2.4.1 a 取什么值时,线性方程组

$$\begin{cases}ax_1+x_2+x_3=a+1,\\ x_1+ax_2+x_3=3a-1,\\ x_1+x_2+ax_3=3-a\end{cases}$$

(1) 有唯一解;(2) 无解;(3) 有无穷多组解.

解 化方程组的增广矩阵$(\boldsymbol{A},\boldsymbol{b})$为行阶梯形:

$$(\boldsymbol{A},\boldsymbol{b})=\left(\begin{array}{ccc|c}a & 1 & 1 & a+1\\ 1 & a & 1 & 3a-1\\ 1 & 1 & a & 3-a\end{array}\right)\xrightarrow{r_1\leftrightarrow r_3}\left(\begin{array}{ccc|c}1 & 1 & a & 3-a\\ 1 & a & 1 & 3a-1\\ a & 1 & 1 & a+1\end{array}\right)$$

$$\xrightarrow[r_3-ar_1]{r_2-r_1}\left(\begin{array}{ccc:c}1 & 1 & a & 3-a\\0 & a-1 & 1-a & 4a-4\\0 & 1-a & 1-a^2 & 1-2a+a^2\end{array}\right)$$

$$\xrightarrow{r_3+r_2}\left(\begin{array}{ccc:c}1 & 1 & a & 3-a\\0 & a-1 & 1-a & 4a-4\\0 & 0 & 2-a-a^2 & a^2+2a-3\end{array}\right).$$

(1) 当 $a\neq1,-2$ 时,$R(\boldsymbol{A},\boldsymbol{b})=R(\boldsymbol{A})=3$,方程组有唯一解;

(2) 当 $a=-2$ 时,$R(\boldsymbol{A},\boldsymbol{b})=3>R(\boldsymbol{A})=2$,方程组无解;

(3) 当 $a=1$ 时,$R(\boldsymbol{A},\boldsymbol{b})=R(\boldsymbol{A})=1<3$,方程组有无穷多组解.

齐次线性方程组 $\boldsymbol{Ax}=\boldsymbol{0}$ 必有零解 $\boldsymbol{x}=\boldsymbol{0}$. 我们关心的是,齐次线性方程组 $\boldsymbol{Ax}=\boldsymbol{0}$何时有非零解?

由定理 2.10,我们有

推论 n 元齐次线性方程组 $\boldsymbol{Ax}=\boldsymbol{0}$ 有非零解的充分必要条件是 $R(\boldsymbol{A})<n$.

特别地有

(1) 当方程个数少于未知元个数时,齐次线性方程组有非零解.

(2) 当 $\boldsymbol{A}$ 为 n 阶方阵时,$\boldsymbol{Ax}=\boldsymbol{0}$ 有非零解的充分必要条件是系数行列式 $|\boldsymbol{A}|=0$.

例 2.4.2 λ 取什么值时,以下齐次线性方程组有非零解:

$$\begin{cases}\lambda x_1-2x_2+2x_3=0,\\-2x_1+(\lambda-3)x_2+4x_3=0,\\2x_1+4x_2+(\lambda-3)x_3=0.\end{cases}$$

解 齐次线性方程组的系数行列式

$$|\boldsymbol{A}|=\begin{vmatrix}\lambda & -2 & 2\\-2 & \lambda-3 & 4\\2 & 4 & \lambda-3\end{vmatrix}\overset{r_3+r_2}{=\!=\!=}\begin{vmatrix}\lambda & -2 & 2\\-2 & \lambda-3 & 4\\0 & \lambda+1 & \lambda+1\end{vmatrix}$$

$$\overset{c_2-c_3}{=\!=\!=}\begin{vmatrix}\lambda & -4 & 2\\-2 & \lambda-7 & 4\\0 & 0 & \lambda+1\end{vmatrix}=(\lambda+1)\begin{vmatrix}\lambda & -4\\-2 & \lambda-7\end{vmatrix}$$

$$=(\lambda+1)(\lambda^2-7\lambda-8)=(\lambda-8)(\lambda+1)^2,$$

当 $\lambda=-1$ 或 $\lambda=8$ 时,$|\boldsymbol{A}|=0$,方程组有非零解.

二、线性方程组解的结构

如果 $\boldsymbol{x}=\xi$ 为方程组 $\boldsymbol{Ax}=\boldsymbol{b}$ 的一个解,我们也说 ξ 为方程组 $\boldsymbol{Ax}=\boldsymbol{b}$ 的一个解,或说 ξ 为方程组 $\boldsymbol{Ax}=\boldsymbol{b}$ 的一个解向量.

容易验证,线性方程组的解具有如下基本性质:

性质 1 设ξ_1,ξ_2 为齐次线性方程组 $\boldsymbol{Ax}=\boldsymbol{0}$ 的任意两个解,k_1,k_2 为任意两个数,则 $k_1\xi_1+k_2\xi_2$ 也是方程组 $\boldsymbol{Ax}=\boldsymbol{0}$ 的解.

性质 2 设$\boldsymbol{\eta}_1,\boldsymbol{\eta}_2$ 为非齐次线性方程组 $\boldsymbol{Ax}=\boldsymbol{b}$ 的两个解,则$\boldsymbol{\eta}_2-\boldsymbol{\eta}_1$ 是齐次线性方程组 $\boldsymbol{Ax}=\boldsymbol{0}$ 的解.

性质 3　设 $\boldsymbol{\eta}$ 为非齐次线性方程组 $\boldsymbol{Ax}=\boldsymbol{b}$ 的解，ξ 为齐次线性方程组 $\boldsymbol{Ax}=0$ 的解，则 $\xi+\boldsymbol{\eta}$ 是非齐次线性方程组 $\boldsymbol{Ax}=\boldsymbol{b}$ 的解.

我们称非齐次线性方程组 $\boldsymbol{Ax}=\boldsymbol{b}$ 的任意一个解为**特解**，称齐次线性方程组 $\boldsymbol{Ax}=\boldsymbol{0}$ 为非齐次线性方程组 $\boldsymbol{Ax}=\boldsymbol{b}$ 的**导出组**.

我们知道，对于 n 元齐次线性方程组 $\boldsymbol{Ax}=\boldsymbol{0}$，当 $R(\boldsymbol{A})=n$ 时，方程组只有零解；而当 $R(\boldsymbol{A})<n$ 时，方程组有无穷多个解，由(2.2)式知(因 $\boldsymbol{b}=\boldsymbol{0}$ 时，$\boldsymbol{\eta}=\boldsymbol{0}$)，此时方程组的通解可表示为

$$\boldsymbol{x}=k_1\xi_1+k_2\xi_2+\cdots+k_{n-r}\xi_{n-r},(k_1,k_2,\cdots,k_{n-r}\text{为任意数}),\tag{2.3}$$

其中 $r=R(\boldsymbol{A})$，且 $R(\xi_1,\xi_2,\cdots,\xi_{n-r})=n-r$. 注意 $\xi_1,\xi_2,\cdots,\xi_{n-r}$ 为方程组 $\boldsymbol{Ax}=\boldsymbol{0}$ 的一组解.

定义 2.10　设 $\xi_1,\xi_2,\cdots,\xi_m$ 为齐次线性方程组 $\boldsymbol{Ax}=\boldsymbol{0}$ 的一组解，如果方程组 $\boldsymbol{Ax}=\boldsymbol{0}$ 的通解可表示为

$$\boldsymbol{x}=k_1\xi_1+k_2\xi_2+\cdots+k_m\xi_m,(k_1,k_2,\cdots,k_m\text{ 为任意数}),$$

则称 $\xi_1,\xi_2,\cdots,\xi_m$ 为方程组 $\boldsymbol{Ax}=\boldsymbol{0}$ 的一个**基础解系**.

(2.3)式中，$\xi_1,\xi_2,\cdots,\xi_{n-r}$ 就是 n 元齐次线性方程组 $\boldsymbol{Ax}=\boldsymbol{0}$ 的一个基础解系，它满足条件 $R(\xi_1,\xi_2,\cdots,\xi_{n-r})=n-r$，其中 $r=R(\boldsymbol{A})$. 一般地，我们有

定理 2.11　设 $\xi_1,\xi_2,\cdots,\xi_m$ 为 n 元齐次线性方程组 $\boldsymbol{Ax}=\boldsymbol{0}$ 的一组解，那么 $\xi_1,\xi_2,\cdots,\xi_m$ 为方程组 $\boldsymbol{Ax}=\boldsymbol{0}$ 的一个基础解系的充分必要条件是

$$R(\xi_1,\xi_2,\cdots,\xi_m)=m=n-R(\boldsymbol{A}).$$

证明　记 $\boldsymbol{B}=(\xi_1,\xi_2,\cdots,\xi_m)$.

首先证明必要性.

因为 $\xi_1,\xi_2,\cdots,\xi_m$ 为方程组 $\boldsymbol{Ax}=\boldsymbol{0}$ 的一个基础解系，所以方程组 $\boldsymbol{By}=\boldsymbol{0}$ 只有零解，于是由定理 2.10 推论知 $R(\boldsymbol{B})=m$. 由于

$$\boldsymbol{AB}=\boldsymbol{A}(\xi_1,\xi_2,\cdots,\xi_m)=(\boldsymbol{A}\xi_1,\boldsymbol{A}\xi_2,\cdots,\boldsymbol{A}\xi_m)=\boldsymbol{O},$$

因此由本章第三节定理 2.8 知

$$R(\boldsymbol{A})+R(\boldsymbol{B})\leqslant n.\tag{2.4}$$

由(2.3)式知，存在方程组 $\boldsymbol{Ax}=\boldsymbol{0}$ 的一组解 $\xi'_1,\xi'_2,\cdots,\xi'_{n-r}$ 满足条件 $R(\xi'_1,\xi'_2,\cdots,\xi'_{n-r})=n-r$，其中 $r=R(\boldsymbol{A})$. 因为 $\xi_1,\xi_2,\cdots,\xi_m$ 为方程组 $\boldsymbol{Ax}=\boldsymbol{0}$ 的一个基础解系，所以存在 $m\times(n-r)$ 矩阵 $\boldsymbol{K}=(k_{ij})$，使

$$\xi'_j=k_{1j}\xi_1+k_{2j}\xi_2+\cdots+k_{mj}\xi_m,(j=1,2,\cdots,n-r).$$

于是 $\boldsymbol{C}=\boldsymbol{BK}$，其中 $\boldsymbol{C}=(\xi'_1,\xi'_2,\cdots,\xi'_{n-r})$. 由矩阵秩的性质 10 知

$$R(\boldsymbol{B})\geqslant R(\boldsymbol{BK})=R(\boldsymbol{C})=n-r=n-R(\boldsymbol{A}).\tag{2.5}$$

由(2.4)式和(2.5)式立即推出 $R(\boldsymbol{B})=n-R(\boldsymbol{A})$.

其次证明充分性.

由性质 1 知，对任意一组数 $k_1,k_2,\cdots,k_m$，$\boldsymbol{x}=k_1\xi_1+k_2\xi_2+\cdots+k_m\xi_m$ 是方程组 $\boldsymbol{Ax}=\boldsymbol{0}$ 的解. 设 ξ 为方程组 $\boldsymbol{Ax}=\boldsymbol{0}$ 任意给定的一个解，则

$$\boldsymbol{A}(\boldsymbol{B},\xi)=\boldsymbol{A}(\xi_1,\xi_2,\cdots,\xi_m,\xi)=(\boldsymbol{A}\xi_1,\boldsymbol{A}\xi_2,\cdots,\boldsymbol{A}\xi_m,\boldsymbol{A}\xi)=\boldsymbol{O},$$

因此由本章第三节定理 2.8 知 $R(\boldsymbol{A})+R(\boldsymbol{B},\xi)\leqslant n$. 由矩阵秩的性质 7 又知

$$R(\boldsymbol{B},\xi)\geqslant R(\boldsymbol{B})=n-R(\boldsymbol{A}),$$

所以 $R(\boldsymbol{B},\xi)=R(\boldsymbol{B})=m$，于是由定理 2.10 知 m 元线性方程组 $\boldsymbol{By}=\xi$ 有唯一解

$$\boldsymbol{y}=(k_1,k_2,\cdots,k_m)^{\mathrm{T}},$$

即存在唯一的一组数 $k_1,k_2,\cdots,k_m$，使

$$\xi=(\xi_1,\xi_2,\cdots,\xi_m)\begin{pmatrix}k_1\\k_2\\\vdots\\k_m\end{pmatrix}=k_1\xi_1+k_2\xi_2+\cdots+k_m\xi_m.$$

因此$\xi_1,\xi_2,\cdots,\xi_m$为方程组$\boldsymbol{Ax}=\boldsymbol{0}$的一个基础解系.

由性质 2 和性质 3 立即得到

定理 2.12 设$\boldsymbol{\eta}$是非齐次线性方程组$\boldsymbol{Ax}=\boldsymbol{b}$的一个**特解**,$\xi_1,\xi_2,\cdots,\xi_m$是导出组$\boldsymbol{Ax}=\boldsymbol{0}$的一个基础解系,则$\boldsymbol{Ax}=\boldsymbol{b}$的通解为

$$\boldsymbol{x}=k_1\xi_1+k_2\xi_2+\cdots+k_m\xi_m+\boldsymbol{\eta},(k_1,k_2,\cdots,k_m\text{ 为任意数}).$$

例 2.4.3 已知四元非齐次线性方程组$\boldsymbol{Ax}=\boldsymbol{b}$的三个特解为

$$\boldsymbol{\eta}_1=\begin{pmatrix}1\\2\\3\\4\end{pmatrix},\boldsymbol{\eta}_2=\begin{pmatrix}2\\3\\1\\5\end{pmatrix},\boldsymbol{\eta}_3=\begin{pmatrix}0\\1\\0\\1\end{pmatrix},$$

且$R(\boldsymbol{A})=2$,求$\boldsymbol{Ax}=\boldsymbol{b}$的通解.

解 导出组$\boldsymbol{Ax}=\boldsymbol{0}$的未知元个数$n=4$,因为$n-R(\boldsymbol{A})=2$,所以,如果$\xi_1,\xi_2$为$\boldsymbol{Ax}=\boldsymbol{0}$的两个解,且$R(\xi_1,\xi_2)=2$,则$\xi_1,\xi_2$为$\boldsymbol{Ax}=\boldsymbol{0}$的一个基础解系.

因为$\boldsymbol{\eta}_1,\boldsymbol{\eta}_2,\boldsymbol{\eta}_3$为$\boldsymbol{Ax}=\boldsymbol{b}$的三个解,所以

$$\xi_1=\boldsymbol{\eta}_1-\boldsymbol{\eta}_3=\begin{pmatrix}1\\1\\3\\3\end{pmatrix},\xi_2=\boldsymbol{\eta}_2-\boldsymbol{\eta}_3=\begin{pmatrix}2\\2\\1\\4\end{pmatrix}$$

为$\boldsymbol{Ax}=\boldsymbol{0}$的两个解. 由

$$(\xi_1,\xi_2)=\begin{pmatrix}1&2\\1&2\\3&1\\3&4\end{pmatrix}\sim\begin{pmatrix}1&2\\0&0\\0&-5\\0&-2\end{pmatrix}\sim\begin{pmatrix}1&2\\0&1\\0&0\\0&0\end{pmatrix},$$

知$R(\xi_1,\xi_2)=2$,所以ξ_1,ξ_2为$\boldsymbol{Ax}=\boldsymbol{0}$的一个基础解系.

方程组$\boldsymbol{Ax}=\boldsymbol{b}$的通解为

$$\boldsymbol{x}=k_1\xi_1+k_2\xi_2+\boldsymbol{\eta}_1=k_1\begin{pmatrix}1\\1\\3\\3\end{pmatrix}+k_2\begin{pmatrix}2\\2\\1\\4\end{pmatrix}+\begin{pmatrix}1\\2\\3\\4\end{pmatrix},(k_1,k_2\text{ 为任意数}).$$

注 如果求得非齐次线性方程组$\boldsymbol{Ax}=\boldsymbol{b}$的通解为

$$\boldsymbol{x}=k_1\xi_1+k_2\xi_2+\cdots+k_m\xi_m+\boldsymbol{\eta},(k_1,k_2,\cdots,k_m\text{ 为任意数}),$$

则同时可求得导出组$\boldsymbol{Ax}=\boldsymbol{0}$的一个基础解系为$\xi_1,\xi_2,\cdots,\xi_m$.

例 2.4.4 求以下非齐次线性方程组的通解及其导出组的一个基础解系.

$$\begin{cases} 2x_1 - x_2 + x_3 + x_4 = 5, \\ x_1 + 2x_2 - x_3 + 4x_4 = 10, \\ x_1 + 7x_2 - 4x_3 + 11x_4 = 25. \end{cases}$$

解 把方程组的增广矩阵$(\boldsymbol{A},\boldsymbol{b})$化为行最简形：

$$(\boldsymbol{A},\boldsymbol{b}) = \left(\begin{array}{cccc:c} 2 & -1 & 1 & 1 & 5 \\ 1 & 2 & -1 & 4 & 10 \\ 1 & 7 & -4 & 11 & 25 \end{array}\right) \xrightarrow{r_1 \leftrightarrow r_2} \left(\begin{array}{cccc:c} 1 & 2 & -1 & 4 & 10 \\ 2 & -1 & 1 & 1 & 5 \\ 1 & 7 & -4 & 11 & 25 \end{array}\right)$$

$$\xrightarrow[r_3 - r_1]{r_2 - 2r_1} \left(\begin{array}{cccc:c} 1 & 2 & -1 & 4 & 10 \\ 0 & -5 & 3 & -7 & -15 \\ 0 & 5 & -3 & 7 & 15 \end{array}\right) \xrightarrow[r_1 - 2r_2]{\substack{r_3 + r_2 \\ -\frac{1}{5}r_2}} \left(\begin{array}{cccc:c} 1 & 0 & \frac{1}{5} & \frac{6}{5} & 4 \\ 0 & 1 & -\frac{3}{5} & \frac{7}{5} & 3 \\ 0 & 0 & 0 & 0 & 0 \end{array}\right).$$

于是得同解方程组

$$\begin{cases} x_1 + \frac{1}{5}x_3 + \frac{6}{5}x_4 = 4, \\ x_2 - \frac{3}{5}x_3 + \frac{7}{5}x_4 = 3. \end{cases}$$

令自由未知元 $x_3 = 5k_1, x_4 = 5k_2$，得原方程组的通解为

$$\begin{pmatrix} x_1 \\ x_2 \\ x_3 \\ x_4 \end{pmatrix} = k_1 \begin{pmatrix} -1 \\ 3 \\ 5 \\ 0 \end{pmatrix} + k_2 \begin{pmatrix} -6 \\ -7 \\ 0 \\ 5 \end{pmatrix} + \begin{pmatrix} 4 \\ 3 \\ 0 \\ 0 \end{pmatrix}, (k_1, k_2 \text{ 为任意数}).$$

由此知导出组的一个基础解系为

$$\xi_1 = \begin{pmatrix} -1 \\ 3 \\ 5 \\ 0 \end{pmatrix}, \xi_2 = \begin{pmatrix} -6 \\ -7 \\ 0 \\ 5 \end{pmatrix}.$$

习题 2—4

1. 问 a 取什么值时，齐次线性方程组

$$\begin{cases} ax_1 + x_2 - x_3 = 0, \\ x_1 + ax_2 - x_3 = 0, \\ 2x_1 - x_2 + x_3 = 0, \end{cases}$$

有非零解？

2. 问 a 取什么值时，线性方程组

$$\begin{cases} ax_1 + x_2 + x_3 = 1, \\ x_1 + ax_2 + x_3 = a, \\ x_1 + x_2 + ax_3 = a^2, \end{cases}$$

有唯一解；无解；有无穷多个解？在有无穷多个解时，求它的通解.

3. 问 a,b 取什么值时，线性方程组

$$\begin{cases}x_1+2x_2+2x_3=2,\\x_1+3x_2+x_3=3,\\x_1+x_2+ax_3=b,\end{cases}$$

有唯一解；无解；有无穷多个解？在有无穷多个解时，求它的通解.

4. 求齐次线性方程组

$$\begin{cases}3x_1+4x_2-5x_3+7x_4=0,\\2x_1-3x_2+3x_3-2x_4=0,\\7x_1-2x_2+x_3+3x_4=0,\end{cases}$$

的一个基础解系.

5. 求非齐次线性方程组

$$\begin{cases}2x_1+x_2-x_3+x_4=1,\\4x_1+2x_2-2x_3+x_4=2,\\2x_1+x_2-x_3-x_4=1,\end{cases}$$

的通解及其导出组的一个基础解系.

6. 设四元非齐次线性方程组的系数矩阵的秩为 3，已知 $\boldsymbol{\eta}_1,\boldsymbol{\eta}_2,\boldsymbol{\eta}_3$ 是它的三个特解，且

$$\boldsymbol{\eta}_1=\begin{pmatrix}2\\3\\4\\5\end{pmatrix},\boldsymbol{\eta}_2+\boldsymbol{\eta}_3=\begin{pmatrix}1\\2\\3\\4\end{pmatrix},$$

求该方程组的通解.

第三章　向量空间初步

向量空间的理论起源于对线性方程组解的研究，由其进一步抽象及一般化而发展起来的理论和方法，使解决很多数学问题的方法得以系统化.

本章介绍向量空间理论的初步知识：n 维向量组的线性相关性、向量空间的基础理论、欧氏空间的基本概念及性质.

第一节　向量组的线性关系

一、向量组的线性组合

若干个同维行(列)向量的集合，称为**向量组**. 向量组的子集称为**部分组**.

例 3.1.1　设$\boldsymbol{e}_1=(1,0,\cdots,0)$，$\boldsymbol{e}_2=(0,1,\cdots,0)$，$\cdots$，$\boldsymbol{e}_n=(0,0,\cdots,1)$，那么，称$\boldsymbol{e}_1,\boldsymbol{e}_2,\cdots,\boldsymbol{e}_n$ 为 **n 维单位坐标向量组**. 任一向量 $\boldsymbol{a}=(a_1,a_2,\cdots,a_n)$可唯一地表示为

$$\boldsymbol{a}=a_1\boldsymbol{e}_1+a_2\boldsymbol{e}_2+\cdots+a_n\boldsymbol{e}_n.$$

例 3.1.2　设$\xi_1,\xi_2,\cdots,\xi_m$ 为齐次线性方程组 $\boldsymbol{Ax}=\boldsymbol{0}$的一个基础解系，那么，对 $\boldsymbol{Ax}=\boldsymbol{0}$ 的任一解向量 $\boldsymbol{x}=\xi$，存在一组数 $k_1,k_2,\cdots,k_m$，使

$$\xi=k_1\xi_1+k_2\xi_2+\cdots+k_m\xi_m.$$

定义 3.1　给定向量组 $\boldsymbol{a}_1,\boldsymbol{a}_2,\cdots,\boldsymbol{a}_m$，对于任何一组数 $k_1,k_2,\cdots,k_m$，表达式

$$k_1\boldsymbol{a}_1+k_2\boldsymbol{a}_2+\cdots+k_m\boldsymbol{a}_m$$

称为向量组 $\boldsymbol{a}_1,\boldsymbol{a}_2,\cdots,\boldsymbol{a}_m$ 的一个**线性组合**，$k_1,k_2,\cdots,k_m$ 称为这个**线性组合的系数**.

定义 3.2　如果向量 $\boldsymbol{b}$ 为向量组 $\boldsymbol{a}_1,\boldsymbol{a}_2,\cdots,\boldsymbol{a}_m$ 的一个线性组合，那么称向量 $\boldsymbol{b}$ 可由向量组 $\boldsymbol{a}_1,\boldsymbol{a}_2,\cdots,\boldsymbol{a}_m$ **线性表示**.

设 $n\times m$ 矩阵 $\boldsymbol{A}=(\boldsymbol{a}_1,\boldsymbol{a}_2,\cdots,\boldsymbol{a}_m)$. 线性方程组 $\boldsymbol{Ax}=\boldsymbol{b}$ 有一组解

$$x_i=k_i(i=1,2,\cdots,m),$$

也即

$$\boldsymbol{b}=k_1\boldsymbol{a}_1+k_2\boldsymbol{a}_2+\cdots+k_m\boldsymbol{a}_m.$$

因此，我们有

线性方程组 $\boldsymbol{Ax}=\boldsymbol{b}$ 有解的充分必要条件是向量 $\boldsymbol{b}$ 可由矩阵 $\boldsymbol{A}$ 的列向量组 $\boldsymbol{a}_1,\boldsymbol{a}_2,\cdots,\boldsymbol{a}_m$ 线性表示.

注 当向量参与矩阵运算时，约定向量采用列形式，且看作列矩阵.

例 3.1.3 设 $\boldsymbol{a}_1=(1,2,-1)$，$\boldsymbol{a}_2=(2,-1,1)$，$\boldsymbol{b}=(4,3,t)$，讨论向量 $\boldsymbol{b}$ 可否由向量组 $\boldsymbol{a}_1,\boldsymbol{a}_2$ 线性表示，若可以，写出表示式.

解 考虑线性方程组 $(\boldsymbol{a}_1^{\mathrm{T}},\boldsymbol{a}_2^{\mathrm{T}})\boldsymbol{x}=\boldsymbol{b}^{\mathrm{T}}$ 的解的情况，便知向量 $\boldsymbol{b}$ 可否由向量组 $\boldsymbol{a}_1,\boldsymbol{a}_2$ 线性表示，以及可线性表示时的表示式.

$$(\boldsymbol{a}_1^{\mathrm{T}},\boldsymbol{a}_2^{\mathrm{T}},\boldsymbol{b}^{\mathrm{T}})=\begin{pmatrix}1&2&4\\2&-1&3\\-1&1&t\end{pmatrix}\xrightarrow[r_3+r_1]{r_2-2r_1}\begin{pmatrix}1&2&4\\0&-5&-5\\0&3&t+4\end{pmatrix}$$

$$\xrightarrow{-\frac{1}{5}r_2}\begin{pmatrix}1&2&4\\0&1&1\\0&3&t+4\end{pmatrix}\xrightarrow[r_3-3r_2]{r_1-2r_2}\begin{pmatrix}1&0&2\\0&1&1\\0&0&t+1\end{pmatrix}.$$

当 $t\neq-1$ 时，线性方程组 $(\boldsymbol{a}_1^{\mathrm{T}},\boldsymbol{a}_2^{\mathrm{T}})\boldsymbol{x}=\boldsymbol{b}^{\mathrm{T}}$ 无解，由此可知向量 $\boldsymbol{b}$ 不可由向量组 $\boldsymbol{a}_1,\boldsymbol{a}_2$ 线性表示；

当 $t=-1$ 时，线性方程组 $(\boldsymbol{a}_1^{\mathrm{T}},\boldsymbol{a}_2^{\mathrm{T}})\boldsymbol{x}=\boldsymbol{b}^{\mathrm{T}}$ 的解为 $x_1=2,x_2=1$，由此可知向量 $\boldsymbol{b}$ 可由向量组 $\boldsymbol{a}_1,\boldsymbol{a}_2$ 线性表示，且有 $\boldsymbol{b}_1=2\boldsymbol{a}_1+\boldsymbol{a}_2$.

二、向量组的线性相关性

若线性方程组 $\boldsymbol{Ax}=\boldsymbol{b}$ 有无穷多解，则向量 $\boldsymbol{b}$ 可由矩阵 $\boldsymbol{A}$ 的列向量组线性表示，且表示式有无穷多个.

设向量 $\boldsymbol{b}$ 有两个线性表示式

$$\boldsymbol{b}=h_1\boldsymbol{a}_1+h_2\boldsymbol{a}_2+\cdots+h_m\boldsymbol{a}_m$$

和

$$\boldsymbol{b}=l_1\boldsymbol{a}_1+l_2\boldsymbol{a}_2+\cdots+l_m\boldsymbol{a}_m,$$

则有

$$(h_1-l_1)\boldsymbol{a}_1+(h_2-l_2)\boldsymbol{a}_2+\cdots+(h_m-l_m)\boldsymbol{a}_m=\boldsymbol{0}.$$

$\boldsymbol{b}$ 的两个表示式不同，也即存在一组不全为 0 的数

$$k_1=h_1-l_1,k_2=h_2-l_2,\cdots,k_m=h_m-l_m,$$

使

$$k_1\boldsymbol{a}_1+k_2\boldsymbol{a}_2+\cdots+k_m\boldsymbol{a}_m=\boldsymbol{0}.$$

定义 3.3 设有向量组 $\boldsymbol{a}_1,\boldsymbol{a}_2,\cdots,\boldsymbol{a}_m$，若存在一组不全为 0 的数 $k_1,k_2,\cdots,k_m$，使

$$k_1\boldsymbol{a}_1+k_2\boldsymbol{a}_2+\cdots+k_m\boldsymbol{a}_m=\boldsymbol{0},$$

则称向量组 $\boldsymbol{a}_1,\boldsymbol{a}_2,\cdots,\boldsymbol{a}_m$ **线性相关**. 否则，称向量组 $\boldsymbol{a}_1,\boldsymbol{a}_2,\cdots,\boldsymbol{a}_m$ **线性无关**.

易知下列性质成立：

性质 1 含有零向量的向量组必线性相关.

性质 2 若向量组的部分组线性相关，则整个向量组也线性相关.

性质 3 若向量组线性无关，则向量组的任一部分组也线性无关.

注 定义 3.3 是对**有限向量组**而言的. 所谓有限向量组，就是由有限多个向量组成的向量组. 因此，上述各性质中所述向量组都是有限向量组.

性质 4 若向量 $\boldsymbol{b}$ 可由向量组 $\boldsymbol{a}_1,\boldsymbol{a}_2,\cdots,\boldsymbol{a}_m$ 线性表示，则向量组 $\boldsymbol{a}_1,\boldsymbol{a}_2,\cdots,\boldsymbol{a}_m,\boldsymbol{b}$ 线性相关.

性质 5 设向量 $\boldsymbol{b}$ 可由向量组 $\boldsymbol{a}_1,\boldsymbol{a}_2,\cdots,\boldsymbol{a}_m$ 线性表示，若向量组 $\boldsymbol{a}_1,\boldsymbol{a}_2,\cdots,\boldsymbol{a}_m$ 线性相关，则表示式不唯一；若向量组 $\boldsymbol{a}_1,\boldsymbol{a}_2,\cdots,\boldsymbol{a}_m$ 线性无关，则表示式唯一.

向量组 $\boldsymbol{a}_1,\boldsymbol{a}_2,\cdots,\boldsymbol{a}_m$ 线性无关，即向量方程

$$x_1\boldsymbol{a}_1+x_2\boldsymbol{a}_2+\cdots+x_m\boldsymbol{a}_m=\boldsymbol{0}$$

只有零解，也即 m 元齐次线性方程组 $\boldsymbol{Ax}=\boldsymbol{0}$ 只有零解，其中 $\boldsymbol{A}=(\boldsymbol{a}_1,\boldsymbol{a}_2,\cdots,\boldsymbol{a}_m)$. 我们知道，$m$ 元齐次线性方程组 $\boldsymbol{Ax}=\boldsymbol{0}$ 只有零解的充分必要条件是 $R(\boldsymbol{A})=m$，这样就有

定理 3.1 设矩阵 $\boldsymbol{A}=(\boldsymbol{a}_1,\boldsymbol{a}_2,\cdots,\boldsymbol{a}_m)$，则 $\boldsymbol{A}$ 的列向量组 $\boldsymbol{a}_1,\boldsymbol{a}_2,\cdots,\boldsymbol{a}_m$ 线性无关的充分必要条件是 $R(\boldsymbol{A})=m$.

推论 1 齐次线性方程组的基础解系线性无关.

推论 2 方阵 $\boldsymbol{A}$ 的列向量组线性相关的充分必要条件是 $|\boldsymbol{A}|=0$.

推论 3 设 $\boldsymbol{a}_1,\boldsymbol{a}_2,\cdots,\boldsymbol{a}_m$ 为 n 维向量组，若 $m>n$，则向量组 $\boldsymbol{a}_1,\boldsymbol{a}_2,\cdots,\boldsymbol{a}_m$ 线性相关.

例 3.1.4 讨论向量组 $\boldsymbol{a}_1=(1,-1,1)$，$\boldsymbol{a}_2=(1,a,-1)$，$\boldsymbol{a}_3=(a,1,2)$的线性相关性.

解一 设方阵 $\boldsymbol{A}=(\boldsymbol{a}_1^{\mathrm{T}},\boldsymbol{a}_2^{\mathrm{T}},\boldsymbol{a}_3^{\mathrm{T}})$，则

$$\boldsymbol{A}=\begin{pmatrix}1&1&a\\-1&a&1\\1&-1&2\end{pmatrix}\xrightarrow[r_3-r_1]{r_2+r_1}\begin{pmatrix}1&1&a\\0&a+1&a+1\\0&-2&2-a\end{pmatrix}$$

$$\xrightarrow{r_2\leftrightarrow r_3}\begin{pmatrix}1&1&a\\0&-2&2-a\\0&a+1&a+1\end{pmatrix}\xrightarrow[r_3+(a+1)r_2]{2r_3}\begin{pmatrix}1&1&a\\0&-2&2-a\\0&0&(a+1)(4-a)\end{pmatrix}.$$

当 $a\neq-1,4$ 时，$R(\boldsymbol{A})=3$，向量组 $\boldsymbol{a}_1,\boldsymbol{a}_2,\boldsymbol{a}_3$ 线性无关；

当 $a=-1$ 或 $a=4$ 时，$R(\boldsymbol{A})=2$，向量组 $\boldsymbol{a}_1,\boldsymbol{a}_2,\boldsymbol{a}_3$ 线性相关.

解二 设方阵 $\boldsymbol{A}=(\boldsymbol{a}_1^{\mathrm{T}},\boldsymbol{a}_2^{\mathrm{T}},\boldsymbol{a}_3^{\mathrm{T}})$，则

$$|\boldsymbol{A}|=\begin{vmatrix}1&1&a\\-1&a&1\\1&-1&2\end{vmatrix}=(a+1)(4-a).$$

当 $a\neq-1,4$ 时，$|\boldsymbol{A}|\neq0$，向量组 $\boldsymbol{a}_1,\boldsymbol{a}_2,\boldsymbol{a}_3$ 线性无关；

当 $a=-1$ 或 $a=4$ 时，$|\boldsymbol{A}|=0$，向量组 $\boldsymbol{a}_1,\boldsymbol{a}_2,\boldsymbol{a}_3$ 线性相关.

例 3.1.5 设向量组 $\boldsymbol{a}_1,\boldsymbol{a}_2,\boldsymbol{a}_3$ 线性无关，

$$\boldsymbol{b}_1=\boldsymbol{a}_1-\boldsymbol{a}_2+2\boldsymbol{a}_3,\ \boldsymbol{b}_2=-\boldsymbol{a}_1+2\boldsymbol{a}_2+2\boldsymbol{a}_3,\ \boldsymbol{b}_3=\boldsymbol{a}_2+3\boldsymbol{a}_3,$$

试证向量组 $\boldsymbol{b}_1,\boldsymbol{b}_2,\boldsymbol{b}_3$ 也线性无关.

证一 设存在一组数 x_1,x_2,x_3，使

$$x_1\boldsymbol{b}_1+x_2\boldsymbol{b}_2+x_3\boldsymbol{b}_3=\boldsymbol{0},$$

将 $\boldsymbol{b}_1,\boldsymbol{b}_2,\boldsymbol{b}_3$ 的线性表示式代入上式，并整理得

$$(x_1-x_2)\boldsymbol{a}_1+(-x_1+2x_2+x_3)\boldsymbol{a}_2+(2x_1+2x_2+3x_3)\boldsymbol{a}_3=\boldsymbol{0},$$

因向量组 $\boldsymbol{a}_1,\boldsymbol{a}_2,\boldsymbol{a}_3$ 线性无关，故有

$$\begin{cases} x_1 - x_2 = 0, \\ -x_1 + 2x_2 + x_3 = 0, \\ 2x_1 + 2x_2 + 3x_3 = 0. \end{cases}$$

由于此齐次线性方程组的系数行列式

$$\begin{vmatrix} 1 & -1 & 0 \\ -1 & 2 & 1 \\ 2 & 2 & 3 \end{vmatrix} = -1 \neq 0,$$

所以方程组只有零解 $x_1=0, x_2=0, x_3=0$,从而向量组 $\boldsymbol{b}_1, \boldsymbol{b}_2, \boldsymbol{b}_3$ 线性无关.

证二 把已知条件合写成

$$(\boldsymbol{b}_1, \boldsymbol{b}_2, \boldsymbol{b}_3) = (\boldsymbol{a}_1, \boldsymbol{a}_2, \boldsymbol{a}_3) \begin{pmatrix} 1 & -1 & 0 \\ -1 & 2 & 1 \\ 2 & 2 & 3 \end{pmatrix},$$

记作 $\boldsymbol{B}=\boldsymbol{AK}$. 因 $|\boldsymbol{K}|=-1$,故 $\boldsymbol{K}$ 可逆,于是 $R(\boldsymbol{B})=R(\boldsymbol{A})$.

因 $\boldsymbol{A}$ 的列向量组线性无关,由定理 3.1 知 $R(\boldsymbol{A})=3$,从而 $R(\boldsymbol{B})=3$,再次由定理 3.1 知 $\boldsymbol{B}$ 的列向量组 $\boldsymbol{b}_1, \boldsymbol{b}_2, \boldsymbol{b}_3$ 线性无关.

定理 3.2 设向量组 $\boldsymbol{a}_1, \boldsymbol{a}_2, \cdots, \boldsymbol{a}_r$ 线性无关,若向量组 $\boldsymbol{a}_1, \boldsymbol{a}_2, \cdots, \boldsymbol{a}_r, \boldsymbol{b}$ 线性相关,则向量 $\boldsymbol{b}$ 可由向量组 $\boldsymbol{a}_1, \boldsymbol{a}_2, \cdots, \boldsymbol{a}_r$ 线性表示.

证明 因向量组 $\boldsymbol{a}_1, \boldsymbol{a}_2, \cdots, \boldsymbol{a}_r, \boldsymbol{b}$ 线性相关,故存在一组不全为 0 的数 $k_1, k_2, \cdots, k_r, k$,使

$$k_1\boldsymbol{a}_1 + k_2\boldsymbol{a}_2 + \cdots + k_r\boldsymbol{a}_r + k\boldsymbol{b} = \boldsymbol{0}.$$

假设 $k=0$,则 $k_1, k_2, \cdots, k_r$ 不全为 0,且有

$$k_1\boldsymbol{a}_1 + k_2\boldsymbol{a}_2 + \cdots + k_r\boldsymbol{a}_r = \boldsymbol{0},$$

这与向量组 $\boldsymbol{a}_1, \cdots, \boldsymbol{a}_r$ 线性无关矛盾. 因此 $k \neq 0$,从而有

$$\boldsymbol{b} = -\frac{1}{k}(k_1\boldsymbol{a}_1 + k_2\boldsymbol{a}_2 + \cdots + k_r\boldsymbol{a}_r).$$

定理 3.2 的逆否命题为

定理 3.3 设向量组 $\boldsymbol{a}_1, \boldsymbol{a}_2, \cdots, \boldsymbol{a}_r$ 线性无关,若向量 $\boldsymbol{b}$ 不可由向量组 $\boldsymbol{a}_1, \boldsymbol{a}_2, \cdots, \boldsymbol{a}_r$ 线性表示,则向量组 $\boldsymbol{a}_1, \boldsymbol{a}_2, \cdots, \boldsymbol{a}_r, \boldsymbol{b}$ 线性无关.

例 3.1.6 设向量组 $\boldsymbol{a}_1, \boldsymbol{a}_2, \boldsymbol{a}_3$ 线性相关,向量组 $\boldsymbol{a}_2, \boldsymbol{a}_3, \boldsymbol{a}_4$ 线性无关,证明

(1) $\boldsymbol{a}_1$ 能由向量组 $\boldsymbol{a}_2, \boldsymbol{a}_3$ 线性表示;

(2) $\boldsymbol{a}_4$ 不能由向量组 $\boldsymbol{a}_1, \boldsymbol{a}_2, \boldsymbol{a}_3$ 线性表示.

证明 (1) 因为向量组 $\boldsymbol{a}_2, \boldsymbol{a}_3, \boldsymbol{a}_4$ 线性无关,所以部分组 $\boldsymbol{a}_2, \boldsymbol{a}_3$ 也线性无关,而向量组 $\boldsymbol{a}_1, \boldsymbol{a}_2, \boldsymbol{a}_3$ 线性相关,于是由定理 3.2 知 $\boldsymbol{a}_1$ 能由向量组 $\boldsymbol{a}_2, \boldsymbol{a}_3$ 线性表示.

(2) 用反证法. 假设 $\boldsymbol{a}_4$ 能由向量组 $\boldsymbol{a}_1, \boldsymbol{a}_2, \boldsymbol{a}_3$ 线性表示,而由(1)知 $\boldsymbol{a}_1$ 能由向量组 $\boldsymbol{a}_2, \boldsymbol{a}_3$ 线性表示,因此 $\boldsymbol{a}_4$ 能由向量组 $\boldsymbol{a}_2, \boldsymbol{a}_3$ 线性表示,于是由性质 4 知向量组 $\boldsymbol{a}_2, \boldsymbol{a}_3, \boldsymbol{a}_4$ 线性相关,这与向量组 $\boldsymbol{a}_2, \boldsymbol{a}_3, \boldsymbol{a}_4$ 线性无关矛盾.

习题 3—1

1. 设 $\boldsymbol{a}_1=(1+\lambda, 1, 1)$, $\boldsymbol{a}_2=(1, 1+\lambda, 1)$, $\boldsymbol{a}_3=(1, 1, 1+\lambda)$, $\boldsymbol{b}=(0, \lambda, \lambda^2)$,问 λ 取何

值时

(1) $\boldsymbol{b}$ 可由 $\boldsymbol{a}_1,\boldsymbol{a}_2,\boldsymbol{a}_3$ 线性表示，且表示式唯一；

(2) $\boldsymbol{b}$ 可由 $\boldsymbol{a}_1,\boldsymbol{a}_2,\boldsymbol{a}_3$ 线性表示，但表示式不唯一；

(3) $\boldsymbol{b}$ 不可由 $\boldsymbol{a}_1,\boldsymbol{a}_2,\boldsymbol{a}_3$ 线性表示.

2. 当 t 为何值时，向量组

$$\boldsymbol{a}_1=(0,4,2-t),\boldsymbol{a}_2=(2,3-t,1),\boldsymbol{a}_3=(1-t,2,3)$$

线性相关.

3. 设向量组 $\boldsymbol{a},\boldsymbol{b},\boldsymbol{c}$ 线性无关，证明向量组

$$3\boldsymbol{a}+2\boldsymbol{b}+\boldsymbol{c},2\boldsymbol{a}-3\boldsymbol{b}-4\boldsymbol{c},-5\boldsymbol{a}+4\boldsymbol{b}-\boldsymbol{c}$$

也线性无关.

4. 设 $\boldsymbol{A}$ 是 $n\times m$ 矩阵，$\boldsymbol{B}$ 是 $m\times n$ 矩阵，其中 $n\leqslant m$，若 $\boldsymbol{AB}=\boldsymbol{I}$，证明 $\boldsymbol{B}$ 的列向量组线性无关.

5. 设 $\boldsymbol{\eta}$ 是非齐次线性方程组 $\boldsymbol{Ax}=\boldsymbol{b}$ 的一个解，$\xi_1,\cdots,\xi_m$ 是 $\boldsymbol{Ax}=\boldsymbol{0}$ 的一个基础解系. 证明：

(1) $\boldsymbol{\eta},\xi_1,\xi_2,\cdots,\xi_m$ 线性无关；

(2) $\boldsymbol{\eta},\boldsymbol{\eta}+\xi_1,\boldsymbol{\eta}+\xi_2,\cdots,\boldsymbol{\eta}+\xi_m$ 线性无关.

第二节　向量组的秩

一、向量组的秩和最大无关组

设 A 为 n 维向量组($A\neq\{\boldsymbol{0}\}$)，由本章第一节定理 3.1 的推论 3 知，向量组 A 的任一线性无关部分组所含向量个数不多于 n 个. 因此，必存在一个正整数 r，使得向量组 A 中有 r 个向量线性无关，而向量组 A 中任意多于 r 个向量(如果存在的话)线性相关. 我们称正整数 r 为向量组 A 的**秩**.

定义 3.4　如果向量组 A 中存在 r 个向量 $\boldsymbol{a}_1,\boldsymbol{a}_2,\cdots,\boldsymbol{a}_r$ 线性无关，而向量组 A 中任意 $r+1$ 个向量(如果存在的话)线性相关，那么称 r 为向量组 A 的**秩**，记作 $R(A)$，并称向量组 $\boldsymbol{a}_1,\boldsymbol{a}_2,\cdots,\boldsymbol{a}_r$ 为向量组 A 的一个**最大线性无关组**(简称**最大无关组**或**极大无关组**).

只由零向量组成的向量组没有最大无关组，规定其秩为 0.

设 $\boldsymbol{a}_1,\boldsymbol{a}_2,\cdots,\boldsymbol{a}_r$ 是向量组 A 的一个线性无关部分组. 如果 $\boldsymbol{a}_1,\boldsymbol{a}_2,\cdots,\boldsymbol{a}_r$ 为向量组 A 的一个最大无关组，则对向量组 A 中任一向量 $\boldsymbol{b}$，当 $\boldsymbol{b}$ 不是 $\boldsymbol{a}_1,\boldsymbol{a}_2,\cdots,\boldsymbol{a}_r$ 中的向量时，$\boldsymbol{a}_1,\boldsymbol{a}_2,\cdots,\boldsymbol{a}_r,\boldsymbol{b}$ 线性相关，于是由本章第一节定理 3.2 知 $\boldsymbol{b}$ 可由 $\boldsymbol{a}_1,\boldsymbol{a}_2,\cdots,\boldsymbol{a}_r$ 线性表示；而当 $\boldsymbol{b}$ 是 $\boldsymbol{a}_1,\boldsymbol{a}_2,\cdots,\boldsymbol{a}_r$ 中的某一向量时，显然 $\boldsymbol{b}$ 可由 $\boldsymbol{a}_1,\boldsymbol{a}_2,\cdots,\boldsymbol{a}_r$ 线性表示. 这样，我们就证明了以下定理的必要性.

定理 3.4　设 $\boldsymbol{a}_1,\boldsymbol{a}_2,\cdots,\boldsymbol{a}_r$ 为向量组 A 的一个线性无关部分组，则 $\boldsymbol{a}_1,\boldsymbol{a}_2,\cdots,\boldsymbol{a}_r$ 为向量组 A 的一个最大无关组的充分必要条件是向量组 A 中任一向量可由向量组 $\boldsymbol{a}_1,\boldsymbol{a}_2,\cdots,\boldsymbol{a}_r$ 线性表示.

证明 必要性已证明，现在证明充分性. 要证明 $\boldsymbol{a}_1,\cdots,\boldsymbol{a}_r$ 为向量组 A 的一个最大无关组，只需证明向量组 A 中任意多于 r 个向量（如果存在的话）线性相关. 因为向量组 A 中任一向量可由向量组 $\boldsymbol{a}_1,\boldsymbol{a}_2,\cdots,\boldsymbol{a}_r$ 线性表示，所以对向量组 A 中任意一组向量 $\boldsymbol{b}_1,\boldsymbol{b}_2,\cdots,\boldsymbol{b}_s(s>r)$，存在数 $k_{ij}(i=1,2,\cdots,r;j=1,2,\cdots,s)$，使

$$\boldsymbol{b}_j=k_{1j}\boldsymbol{a}_1+k_{2j}\boldsymbol{a}_2+\cdots+k_{rj}\boldsymbol{a}_r,(j=1,2,\cdots,s).$$

记 $\boldsymbol{A}=(\boldsymbol{a}_1,\boldsymbol{a}_2,\cdots,\boldsymbol{a}_r)$，$\boldsymbol{B}=(\boldsymbol{b}_1,\boldsymbol{b}_2,\cdots,\boldsymbol{b}_s)$，$\boldsymbol{K}=(k_{ij})_{r\times s}$，则 $\boldsymbol{B}=\boldsymbol{AK}$，于是

$$R(\boldsymbol{B})=R(\boldsymbol{AK})\leqslant R(\boldsymbol{A})\leqslant r<s,$$

因此向量组 $\boldsymbol{b}_1,\boldsymbol{b}_2,\cdots,\boldsymbol{b}_s$ 线性相关.

例 3.2.1 设 n 元齐次线性方程组 $\boldsymbol{Ax}=\boldsymbol{0}$ 的解集为 S，若 $\xi_1,\xi_2,\cdots,\xi_m$ 为方程组 $\boldsymbol{Ax}=\boldsymbol{0}$ 的一个基础解系，则向量组 $\xi_1,\xi_2,\cdots,\xi_m$ 线性无关，且解集 S 中的任一解向量可由向量组 $\xi_1,\xi_2,\cdots,\xi_m$ 线性表示. 因此，由定理 3.4 知向量组 $\xi_1,\xi_2,\cdots,\xi_m$ 为解集 S 的一个最大无关组. 由基础解系的性质知

$$R(S)=m=n-R(\boldsymbol{A}).$$

例 3.2.2 证明 $R(\boldsymbol{A}^{\mathrm{T}}\boldsymbol{A})=R(\boldsymbol{A})$.

证明 设 $\boldsymbol{A}$ 为 $m\times n$ 矩阵，$\boldsymbol{x}$ 为 n 维列向量.

若 $\boldsymbol{x}$ 满足 $\boldsymbol{Ax}=\boldsymbol{0}$，则 $\boldsymbol{A}^{\mathrm{T}}(\boldsymbol{Ax})=\boldsymbol{0}$，即 $(\boldsymbol{A}^{\mathrm{T}}\boldsymbol{A})\boldsymbol{x}=\boldsymbol{0}$；

若 $\boldsymbol{x}$ 满足 $(\boldsymbol{A}^{\mathrm{T}}\boldsymbol{A})\boldsymbol{x}=\boldsymbol{0}$，则 $\boldsymbol{x}^{\mathrm{T}}(\boldsymbol{A}^{\mathrm{T}}\boldsymbol{A})\boldsymbol{x}=0$，即 $(\boldsymbol{Ax})^{\mathrm{T}}(\boldsymbol{Ax})=0$，由此可知 $\boldsymbol{Ax}=\boldsymbol{0}$.

综上可知方程组 $\boldsymbol{Ax}=\boldsymbol{0}$ 与 $(\boldsymbol{A}^{\mathrm{T}}\boldsymbol{A})\boldsymbol{x}=\boldsymbol{0}$ 同解，设其解集为 S，则

$$R(\boldsymbol{A}^{\mathrm{T}}\boldsymbol{A})=R(\boldsymbol{A})=n-R(S).$$

下一定理给出了求有限向量组的最大无关组的一个解法，我们称之为**最大无关组的行最简形解法**.

定理 3.5 设 $n\times m$ 矩阵 $\boldsymbol{A}=(\boldsymbol{a}_1,\boldsymbol{a}_2,\cdots,\boldsymbol{a}_m)$ 的行最简形为

$$\begin{pmatrix}\boldsymbol{I}_r & \boldsymbol{B}\\ \boldsymbol{O} & \boldsymbol{O}\end{pmatrix},$$

则 r 为矩阵 $\boldsymbol{A}$ 的列向量组的秩，而 $\boldsymbol{a}_1,\boldsymbol{a}_2,\cdots,\boldsymbol{a}_r$ 为矩阵 $\boldsymbol{A}$ 的列向量组的一个最大无关组，且有

$$\boldsymbol{a}_{r+j}=b_{1j}\boldsymbol{a}_1+b_{2j}\boldsymbol{a}_2+\cdots+b_{rj}\boldsymbol{a}_r,(j=1,2,\cdots,m-r),$$

其中 $b_{1j},b_{2j},\cdots,b_{rj}$ 为矩阵 $\boldsymbol{B}$ 的第 j 列元素.

证明 记 $\boldsymbol{b}_j=(b_{1j},b_{2j},\cdots,b_{rj})^{\mathrm{T}}$，由所给条件知

$$(\boldsymbol{a}_1,\boldsymbol{a}_2,\cdots,\boldsymbol{a}_r)\xrightarrow{r}\begin{pmatrix}\boldsymbol{I}_r\\ \boldsymbol{O}\end{pmatrix},\tag{3.1}$$

$$(\boldsymbol{a}_1,\boldsymbol{a}_2,\cdots,\boldsymbol{a}_r,\boldsymbol{a}_{r+j})\xrightarrow{r}\begin{pmatrix}\boldsymbol{I}_r & \boldsymbol{b}_j\\ \boldsymbol{O} & \boldsymbol{0}\end{pmatrix},(j=1,2,\cdots,m-r).\tag{3.2}$$

由(3.1)知 $R(\boldsymbol{a}_1,\boldsymbol{a}_2,\cdots,\boldsymbol{a}_r)=r$，所以向量组 $\boldsymbol{a}_1,\boldsymbol{a}_2,\cdots,\boldsymbol{a}_r$ 线性无关. 由(3.2)知方程组

$$(\boldsymbol{a}_1,\boldsymbol{a}_2,\cdots,\boldsymbol{a}_r)\boldsymbol{x}=\boldsymbol{a}_{r+j},(j=1,2,\cdots,m-r)$$

的解为 $\boldsymbol{x}=\boldsymbol{b}_j$，即

$$\boldsymbol{a}_{r+j}=b_{1j}\boldsymbol{a}_1+b_{2j}\boldsymbol{a}_2+\cdots+b_{rj}\boldsymbol{a}_r,(j=1,2,\cdots,m-r).$$

因此，由定理 3.4 知 $\boldsymbol{a}_1,\boldsymbol{a}_2,\cdots,\boldsymbol{a}_r$ 为矩阵 $\boldsymbol{A}$ 的列向量组的一个最大无关组，从而 r 为矩阵

$\boldsymbol{A}$ 的列向量组的秩.

例 3.2.3 设

$$(\boldsymbol{a}_1,\boldsymbol{a}_2,\boldsymbol{a}_3,\boldsymbol{a}_4)\xrightarrow{r}\begin{pmatrix}1&0&2&3\\0&1&4&5\\0&0&0&0\end{pmatrix},$$

则由定理 3.5 知向量组 $\boldsymbol{a}_1,\boldsymbol{a}_2,\boldsymbol{a}_3,\boldsymbol{a}_4$ 的秩为 2,一个最大无关组为 $\boldsymbol{a}_1,\boldsymbol{a}_2$,且有

$$\boldsymbol{a}_3=2\boldsymbol{a}_1+4\boldsymbol{a}_2,\boldsymbol{a}_4=3\boldsymbol{a}_1+5\boldsymbol{a}_2.$$

例 3.2.4 设

$$(\boldsymbol{a}_1,\boldsymbol{a}_2,\boldsymbol{a}_3,\boldsymbol{a}_4,\boldsymbol{a}_5)=\begin{pmatrix}1&-2&-3&0&18\\1&1&3&8&-9\\2&-1&0&2&27\\-1&2&3&3&-27\end{pmatrix},$$

求向量组 $\boldsymbol{a}_1,\boldsymbol{a}_2,\boldsymbol{a}_3,\boldsymbol{a}_4,\boldsymbol{a}_5$ 的秩和一个最大无关组,并求其余向量在此最大无关组下的线性表示.

解 把矩阵$(\boldsymbol{a}_1,\boldsymbol{a}_2,\boldsymbol{a}_3,\boldsymbol{a}_4,\boldsymbol{a}_5)$化为行最简形:

$$(\boldsymbol{a}_1,\boldsymbol{a}_2,\boldsymbol{a}_3,\boldsymbol{a}_4,\boldsymbol{a}_5)=\begin{pmatrix}1&-2&-3&0&18\\1&1&3&8&-9\\2&-1&0&2&27\\-1&2&3&3&-27\end{pmatrix}$$

$$\xrightarrow[r_4+r_1]{\substack{r_2-r_1\\r_3-2r_1}}\begin{pmatrix}1&-2&-3&0&18\\0&3&6&8&-27\\0&3&6&2&-9\\0&0&0&3&-9\end{pmatrix}\xrightarrow{r_3-r_2}\begin{pmatrix}1&-2&-3&0&18\\0&3&6&8&-27\\0&0&0&-6&18\\0&0&0&3&-9\end{pmatrix}$$

$$\xrightarrow[r_2-8r_3]{\substack{-\frac{1}{6}r_3\\r_4-3r_3}}\begin{pmatrix}1&-2&-3&0&18\\0&3&6&0&-3\\0&0&0&1&-3\\0&0&0&0&0\end{pmatrix}\xrightarrow[r_1+2r_2]{\frac{1}{3}r_2}\begin{pmatrix}1&0&1&0&16\\0&1&2&0&-1\\0&0&0&1&-3\\0&0&0&0&0\end{pmatrix},$$

由此可知矩阵$(\boldsymbol{a}_1,\boldsymbol{a}_2,\boldsymbol{a}_4,\boldsymbol{a}_3,\boldsymbol{a}_5)$的行最简形为

$$\begin{pmatrix}1&0&0&1&16\\0&1&0&2&-1\\0&0&1&0&-3\\0&0&0&0&0\end{pmatrix}.$$

由定理 3.5 知向量组 $\boldsymbol{a}_1,\boldsymbol{a}_2,\boldsymbol{a}_3,\boldsymbol{a}_4,\boldsymbol{a}_5$ 的秩为 3,一个最大无关组为 $\boldsymbol{a}_1,\boldsymbol{a}_2,\boldsymbol{a}_4$,且有

$$\boldsymbol{a}_3=\boldsymbol{a}_1+2\boldsymbol{a}_2,\boldsymbol{a}_5=16\boldsymbol{a}_1-\boldsymbol{a}_2-3\boldsymbol{a}_4.$$

矩阵$(\boldsymbol{a}_1,\boldsymbol{a}_2,\cdots,\boldsymbol{a}_m)$的行最简形可能不是标准形式

$$\begin{pmatrix}\boldsymbol{I}_r&\boldsymbol{B}\\\boldsymbol{O}&\boldsymbol{O}\end{pmatrix},$$

但适当改换 $\boldsymbol{a}_1,\boldsymbol{a}_2,\cdots,\boldsymbol{a}_m$ 的次序化为 $\boldsymbol{b}_1,\boldsymbol{b}_2,\cdots,\boldsymbol{b}_m$ 后,$(\boldsymbol{b}_1,\boldsymbol{b}_2,\cdots,\boldsymbol{b}_m)$的行最简形是标准

形式. 由定理 3.5 可知，矩阵 $\boldsymbol{A}$ 的列向量组的秩(称为**列秩**)等于矩阵 $\boldsymbol{A}$ 的秩. 而矩阵 $\boldsymbol{A}$ 的行向量组的秩(称为**行秩**)等于矩阵 $\boldsymbol{A}^{\mathrm{T}}$ 的列秩，从而等于 $R(\boldsymbol{A}^{\mathrm{T}})$，也就等于 $R(\boldsymbol{A})$. 这样，我们就得到

定理 3.6 矩阵的行秩与列秩相等，等于矩阵的秩.

注 由定理 3.6 知，对于列向量组 $\boldsymbol{a}_1,\boldsymbol{a}_2,\cdots,\boldsymbol{a}_m$，记号 $R(\boldsymbol{a}_1,\boldsymbol{a}_2,\cdots,\boldsymbol{a}_m)$ 既可理解为向量组 $\boldsymbol{a}_1,\boldsymbol{a}_2,\cdots,\boldsymbol{a}_m$ 的秩，也可理解为矩阵 $(\boldsymbol{a}_1,\boldsymbol{a}_2,\cdots,\boldsymbol{a}_m)$ 的秩.

二、向量组间的线性关系

设 $\boldsymbol{A}=(\boldsymbol{a}_1,\boldsymbol{a}_2,\cdots,\boldsymbol{a}_m)$，$\boldsymbol{B}=(\boldsymbol{b}_1,\boldsymbol{b}_2,\cdots,\boldsymbol{b}_l)$. 矩阵方程 $\boldsymbol{AX}=\boldsymbol{B}$ 有解

$$\boldsymbol{X}=\boldsymbol{K}=\begin{pmatrix} k_{11} & k_{12} & \cdots & k_{1l} \\ k_{21} & k_{22} & \cdots & k_{2l} \\ \vdots & \vdots & & \vdots \\ k_{m1} & k_{m2} & \cdots & k_{ml} \end{pmatrix},$$

即

$$(\boldsymbol{a}_1,\boldsymbol{a}_2,\cdots,\boldsymbol{a}_m)\begin{pmatrix} k_{11} & k_{12} & \cdots & k_{1l} \\ k_{21} & k_{22} & \cdots & k_{2l} \\ \vdots & \vdots & & \vdots \\ k_{m1} & k_{m2} & \cdots & k_{ml} \end{pmatrix}=(\boldsymbol{b}_1,\boldsymbol{b}_2,\cdots,\boldsymbol{b}_l),$$

也即

$$\boldsymbol{b}_j=k_{1j}\boldsymbol{a}_1+k_{2j}\boldsymbol{a}_2+\cdots+k_{mj}\boldsymbol{a}_m,(j=1,2,\cdots,l).$$

由此可得

矩阵方程 $\boldsymbol{AX}=\boldsymbol{B}$ 有解的充分必要条件是矩阵 $\boldsymbol{B}$ 的任一列向量都可由矩阵 $\boldsymbol{A}$ 的列向量组线性表示.

定义 3.5 若向量组 B 中的任一向量都可由向量组 A 的部分组线性表示，就称**向量组 B 可由向量组 A 线性表示**；若向量组 A 也可由向量组 B 线性表示，就称**向量组 B 与向量组 A 等价**.

向量组的线性表示具有反身性与传递性：

(1) **反身性** 向量组 A 可由向量组 A 线性表示；

(2) **传递性** 若向量组 A 可由向量组 B 线性表示，而向量组 B 又可由向量组 C 线性表示，则向量组 A 也可由向量组 C 线性表示.

向量组的等价不但具有反身性与传递性，而且还具有对称性：

若向量组 A 与向量组 B 等价，则向量组 B 与向量组 A 也等价.

显然向量组 A 的任一部分组可由向量组 A 线性表示，而由定理 3.4 知，向量组 A 可由其任一最大无关组线性表示，因此**向量组与其任一最大无关组等价**.

设向量组 $A_0:\boldsymbol{a}_1,\boldsymbol{a}_2,\cdots,\boldsymbol{a}_r$ 为向量组 A 的一个最大无关组，则向量组 A 与向量组 A_0 等价. 如果向量组 B 可由向量组 A 线性表示，那么由线性表示的传递性知向量组 B 可由向量组 A_0 线性表示，所以向量组 $A\cup B$ 可由向量组 A_0 线性表示. 由定理 3.4 知向量组 A_0 为向量组 $A\cup B$ 的一个最大无关组，因此 $R(A\cup B)=r$. 反之，如果 $R(A\cup B)=r$，则向

量组 A_0 为向量组 $A\cup B$ 的一个最大无关组. 由定理 3.4 知向量组 B 可由向量组 A_0 线性表示，这表明向量组 B 可由向量组 A 线性表示. 这样，我们就得到

定理 3.7 向量组 B 可由向量组 A 线性表示的充分必要条件是

$$R(A)=R(A\cup B).$$

作为定理 3.7 的推论，我们有

定理 3.8 向量组 A 与向量组 B 等价的充分必要条件是

$$R(A)=R(B)=R(A\cup B).$$

例 3.2.5 设

$$\boldsymbol{a}_1=\begin{pmatrix}1\\-1\\1\end{pmatrix},\boldsymbol{a}_2=\begin{pmatrix}3\\1\\1\end{pmatrix},\boldsymbol{b}_1=\begin{pmatrix}2\\0\\1\end{pmatrix},\boldsymbol{b}_2=\begin{pmatrix}1\\1\\0\end{pmatrix},\boldsymbol{b}_3=\begin{pmatrix}3\\-1\\2\end{pmatrix},$$

证明向量组 $\boldsymbol{a}_1,\boldsymbol{a}_2$ 与向量组 $\boldsymbol{b}_1,\boldsymbol{b}_2,\boldsymbol{b}_3$ 等价.

证明 记 $\boldsymbol{A}=(\boldsymbol{a}_1,\boldsymbol{a}_2)$，$\boldsymbol{B}=(\boldsymbol{b}_1,\boldsymbol{b}_2,\boldsymbol{b}_3)$. 把矩阵$(\boldsymbol{A},\boldsymbol{B})$化为行阶梯形：

$$(\boldsymbol{A},\boldsymbol{B})=\left(\begin{array}{cc:ccc}1&3&2&1&3\\-1&1&0&1&-1\\1&1&1&0&2\end{array}\right)\xrightarrow[r_3-r_1]{r_2+r_1}\left(\begin{array}{cc:ccc}1&3&2&1&3\\0&4&2&2&2\\0&-2&-1&-1&-1\end{array}\right)$$

$$\xrightarrow[r_3+r_2]{\frac{1}{2}r_2}\left(\begin{array}{cc:ccc}1&3&2&1&3\\0&2&1&1&1\\0&0&0&0&0\end{array}\right).$$

由此可知 $R(\boldsymbol{A})=R(\boldsymbol{A},\boldsymbol{B})=2$. 易知 $\boldsymbol{b}_1,\boldsymbol{b}_2$ 线性无关，所以 $R(\boldsymbol{B})\geqslant 2$，再由

$$R(\boldsymbol{B})\leqslant R(\boldsymbol{A},\boldsymbol{B})=2,$$

可知 $R(\boldsymbol{B})=2$. 因此

$$R(\boldsymbol{A})=R(\boldsymbol{B})=R(\boldsymbol{A},\boldsymbol{B}),$$

由定理 3.8 知向量组 $\boldsymbol{a}_1,\boldsymbol{a}_2$ 与向量组 $\boldsymbol{b}_1,\boldsymbol{b}_2,\boldsymbol{b}_3$ 等价.

注 容易看出，两个非零向量 $\boldsymbol{a},\boldsymbol{b}$ 线性相关的充分必要条件是存在非零数 k，使得 $\boldsymbol{b}=k\boldsymbol{a}$. 由此易知例 3.2.5 中 $\boldsymbol{b}_1,\boldsymbol{b}_2$ 线性无关，$\boldsymbol{a}_1,\boldsymbol{a}_2$ 也线性无关.

我们知道，矩阵方程 $\boldsymbol{AX}=\boldsymbol{B}$ 有解的充分必要条件是矩阵 $\boldsymbol{B}$ 的列向量组可由矩阵 $\boldsymbol{A}$ 的列向量组线性表示，由定理 3.7 立即得到

定理 3.9 矩阵方程 $\boldsymbol{AX}=\boldsymbol{B}$ 有解的充分必要条件是 $R(\boldsymbol{A})=R(\boldsymbol{A},\boldsymbol{B})$.

例 3.2.6 设 $\boldsymbol{A}$ 为 $m\times n$ 矩阵，证明：矩阵方程 $\boldsymbol{AX}=\boldsymbol{I}_m$ 有解的充分必要条件是 $R(\boldsymbol{A})=m$.

证明 若矩阵方程 $\boldsymbol{AX}=\boldsymbol{I}_m$ 有解，则

$$R(\boldsymbol{A})=R(\boldsymbol{A},\boldsymbol{I}_m)\geqslant R(\boldsymbol{I}_m)=m.$$

又因 $R(\boldsymbol{A})\leqslant m$，所以 $R(\boldsymbol{A})=m$.

若 $R(\boldsymbol{A})=m$，则 $R(\boldsymbol{A},\boldsymbol{I}_m)\geqslant R(\boldsymbol{A})=m$. 又因 $R(\boldsymbol{A},\boldsymbol{I}_m)\leqslant m$，所以

$$R(\boldsymbol{A},\boldsymbol{I}_m)=m=R(\boldsymbol{A}),$$

从而方程 $\boldsymbol{AX}=\boldsymbol{I}_m$ 有解.

本例给出了矩阵 $\boldsymbol{A}$ 存在右逆矩阵的充分必要条件是矩阵 $\boldsymbol{A}$ 的秩等于矩阵 $\boldsymbol{A}$ 的行数.

考虑转置便知矩阵 $\boldsymbol{A}$ 存在左逆矩阵的充分必要条件是矩阵 $\boldsymbol{A}$ 的秩等于矩阵 $\boldsymbol{A}$ 的列数.

习题　3—2

1. 求下列向量组的秩和一个最大无关组,并把其余向量用该最大无关组线性表示.

(1) $(\boldsymbol{a}_1,\boldsymbol{a}_2,\boldsymbol{a}_3,\boldsymbol{a}_4)=\begin{pmatrix}2 & -3 & 8 & 2\\ 2 & 12 & -2 & 12\\ 1 & 3 & 1 & 4\end{pmatrix}$;

(2) $(\boldsymbol{a}_1,\boldsymbol{a}_2,\boldsymbol{a}_3,\boldsymbol{a}_4,\boldsymbol{a}_5)=\begin{pmatrix}1 & -2 & -1 & 0 & 2\\ -2 & 4 & 2 & 6 & -6\\ 2 & -1 & 0 & 2 & 3\\ 3 & 3 & 3 & 3 & 4\end{pmatrix}$.

2. 设矩阵 $\boldsymbol{A}=(\boldsymbol{a}_1,\boldsymbol{a}_2,\boldsymbol{a}_3,\boldsymbol{a}_4)$,其中 $\boldsymbol{a}_2,\boldsymbol{a}_3,\boldsymbol{a}_4$ 线性无关,$\boldsymbol{a}_1=2\boldsymbol{a}_2-\boldsymbol{a}_3$. 已知向量

$$\boldsymbol{b}=\boldsymbol{a}_1+\boldsymbol{a}_2+\boldsymbol{a}_3+\boldsymbol{a}_4,$$

求方程 $\boldsymbol{Ax}=\boldsymbol{b}$ 的通解.

3. 已知 3 阶矩阵 $\boldsymbol{A}$ 与 3 维列向量 $\boldsymbol{x}$ 满足 $\boldsymbol{A}^3\boldsymbol{x}=3\boldsymbol{Ax}-\boldsymbol{A}^2\boldsymbol{x}$,且向量组 $\boldsymbol{x},\boldsymbol{Ax},\boldsymbol{A}^2\boldsymbol{x}$ 线性无关.

(1) 记 $\boldsymbol{P}=(\boldsymbol{x},\boldsymbol{Ax},\boldsymbol{A}^2\boldsymbol{x})$,求 3 阶矩阵 $\boldsymbol{B}$,使 $\boldsymbol{AP}=\boldsymbol{PB}$;

(2) 求 $|\boldsymbol{A}|$.

4. 设 $(\boldsymbol{a}_1,\boldsymbol{a}_2,\boldsymbol{b}_1,\boldsymbol{b}_2)=\begin{pmatrix}1 & 3 & 1 & 4\\ 4 & 3 & 10 & 10\\ 5 & 6 & 11 & 14\end{pmatrix}$,问

(1) 向量组 $\boldsymbol{b}_1,\boldsymbol{b}_2$ 可否由向量组 $\boldsymbol{a}_1,\boldsymbol{a}_2$ 线性表示?若可以,写出线性表示式;

(2) 向量组 $\boldsymbol{b}_1,\boldsymbol{b}_2$ 与向量组 $\boldsymbol{a}_1,\boldsymbol{a}_2$ 是否等价?

5. 已知向量组

$$A:\boldsymbol{a}_1=(0,1,2,3),\boldsymbol{a}_2=(3,0,1,2),\boldsymbol{a}_3=(2,3,0,1);$$
$$B:\boldsymbol{b}_1=(2,1,1,2),\boldsymbol{b}_2=(0,-2,1,1),\boldsymbol{b}_3=(4,4,1,3).$$

证明 B 组能由 A 组线性表示,但 A 组不能由 B 组线性表示.

6. 设 $\boldsymbol{b}_1=\boldsymbol{a}_1,\boldsymbol{b}_2=\boldsymbol{a}_1+\boldsymbol{a}_2,\cdots,\boldsymbol{b}_r=\boldsymbol{a}_1+\cdots+\boldsymbol{a}_r$. 试证向量组 $\boldsymbol{a}_1,\cdots,\boldsymbol{a}_r$ 与 $\boldsymbol{b}_1,\cdots,\boldsymbol{b}_r$ 等价.

7. 设向量组 A 与向量组 B 的秩相等,且 A 组可由 B 组线性表示. 证明 A 组与 B 组等价.

8. 设向量组 $B:\boldsymbol{b}_1,\cdots,\boldsymbol{b}_r$ 能由向量组 $A:\boldsymbol{a}_1,\cdots,\boldsymbol{a}_s$ 线性表示为

$$(\boldsymbol{b}_1,\cdots,\boldsymbol{b}_r)=(\boldsymbol{a}_1,\cdots,\boldsymbol{a}_s)\boldsymbol{K},$$

其中 $\boldsymbol{K}$ 为 $s\times r$ 矩阵,且 A 组线性无关. 证明 B 组线性无关的充分必要条件是矩阵 $\boldsymbol{K}$ 的秩 $R(\boldsymbol{K})=r$.

第三节　向量空间

一、向量空间的概念

例 3.3.1　设Ⅱ为立体空间中的一个平面，O 为Ⅱ上一定点，用 V 表示起点在点 O 的Ⅱ上所有向量的集合．集合 V 中的向量具有如下性质：

若 $\boldsymbol{a}\in V,\boldsymbol{b}\in V,k\in\mathbf{R}$，则

$$\boldsymbol{a}+\boldsymbol{b}\in V,k\boldsymbol{a}\in V.$$

称 V 为一个**平面向量空间**.

如图 3—1 所示，设 V 中向量 $\boldsymbol{a}_1,\boldsymbol{a}_2$ 线性无关，即 $\boldsymbol{a}_1,\boldsymbol{a}_2$ 不是共线向量，那么，对 V 中任一向量 $\boldsymbol{a}$，存在唯一数对 k_1,k_2，使

$$\boldsymbol{a}=k_1\boldsymbol{a}_1+k_2\boldsymbol{a}_2.$$

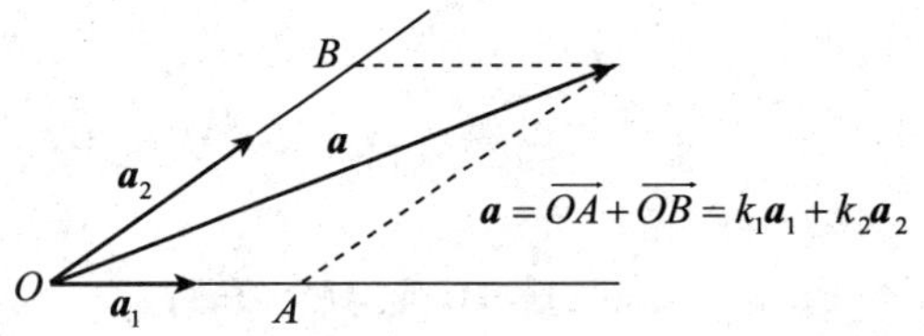

图 3—1

例 3.3.2　设齐次线性方程组 $\boldsymbol{Ax}=\mathbf{0}$的解集为 S，若 $\boldsymbol{\xi}\in S,\boldsymbol{\eta}\in S,k\in\mathbf{R}$，则

$$\boldsymbol{\xi}+\boldsymbol{\eta}\in S,k\boldsymbol{\xi}\in S.$$

称 S 为 $\boldsymbol{Ax}=\mathbf{0}$**的解空间**.

定义 3.6　设非空集 $V\subset\mathbf{R}^n$ 满足条件

(1) 若 $\boldsymbol{a}\in V,\boldsymbol{b}\in V$，则 $\boldsymbol{a}+\boldsymbol{b}\in V$；

(2) 若 $\boldsymbol{a}\in V,k\in\mathbf{R}$，则 $k\boldsymbol{a}\in V$.

那么，称 V 为一个**向量空间**(Vector Space).

当非空集 $V\subset\mathbf{R}^n$ 满足条件(1)，(2)时，称 **V 对线性运算封闭**.

向量空间必含零向量．只含零向量的单点集是一个向量空间，称**零空间**或**点空间**. $\mathbf{R}^n$ 本身是一个向量空间.

例 3.3.1 中 V 是一个向量空间，且

$$V=\{k_1\boldsymbol{a}_1+k_2\boldsymbol{a}_2\,|\,k_1,k_2\in\mathbf{R}\}.$$

设有向量组 $A:\boldsymbol{a}_1,\boldsymbol{a}_2,\cdots,\boldsymbol{a}_m$，记

$$L(A)=\{k_1\boldsymbol{a}_1+k_2\boldsymbol{a}_2+\cdots+k_m\boldsymbol{a}_m\,|\,k_1,k_2,\cdots,k_m\in\mathbf{R}\},$$

直接验证可知，$L(A)$对线性运算封闭，是一个向量空间．称 $L(A)$为由向量组 A 生成的向量空间，简称**生成空间**，并称 $\boldsymbol{a}_1,\boldsymbol{a}_2,\cdots,\boldsymbol{a}_m$ 为**生成元**．显然，向量 $\boldsymbol{a}$ 可由向量组 A 线性表示的充分必要条件为 $\boldsymbol{a}\in L(A)$.

例 3.3.3 设有向量组 $A: \boldsymbol{a}_1, \boldsymbol{a}_2, \cdots, \boldsymbol{a}_s$, $B: \boldsymbol{b}_1, \boldsymbol{b}_2, \cdots, \boldsymbol{b}_t$. 试证：

(1) 向量组 B 可由向量组 A 线性表示的充分必要条件是 $L(B) \subset L(A)$；

(2) 向量组 B 与向量组 A 等价的充分必要条件是 $L(B)=L(A)$.

证明 (1) 充分性的证明：

对任一 $\boldsymbol{b} \in L(B)$，$\boldsymbol{b}$ 可由向量组 B 线性表示，由向量组 B 可由向量组 A 线性表示知 $\boldsymbol{b}$ 也可由向量组 A 线性表示，所以 $\boldsymbol{b} \in L(A)$. 这样就证明了 $L(B) \subset L(A)$.

必要性的证明：

因 $\boldsymbol{b}_i \in L(B)(i=1,2,\cdots,t)$，由 $L(B) \subset L(\boldsymbol{A})$ 知 $\boldsymbol{b}_i \in L(A)$，即 $\boldsymbol{b}_i$ 可由向量组 A 线性表示. 这样就证明了向量组 B 可由向量组 A 线性表示.

(2) 作为(1)的推论，立即得到.

定义 3.7 设有向量空间 V_1 及 V_2，若 $V_1 \subset V_2$，就称 V_1 是 V_2 的**子空间**. 而当 $V_1 \neq V_2$ 时，就称 V_1 是 V_2 的**真子空间**.

由例 3.3.3 知，向量组 B 可由向量组 A 线性表示的充分必要条件是 $L(B)$ 为 $L(A)$ 的子空间；向量组 B 可由向量组 A 线性表示但不等价的充分必要条件是 $L(B)$ 为 $L(A)$ 的真子空间.

例 3.3.4 设 V_1 为由 $\boldsymbol{a}_1=(1,1,0,0)^{\mathrm{T}}$，$\boldsymbol{a}_2=(1,0,1,1)^{\mathrm{T}}$ 所生成的空间，而 V_2 为由 $\boldsymbol{b}_1=(2,-1,3,3)^{\mathrm{T}}$，$\boldsymbol{b}_2=(0,1,-1,-1)^{\mathrm{T}}$ 所生成的空间. 试证 $V_1=V_2$.

证明 用最大无关组的行最简形解法，直接求出 $\boldsymbol{b}_1, \boldsymbol{b}_2$ 在 $\boldsymbol{a}_1, \boldsymbol{a}_2$ 下的线性表示式：

$$(\boldsymbol{a}_1, \boldsymbol{a}_2, \boldsymbol{b}_1, \boldsymbol{b}_2)=\begin{pmatrix} 1 & 1 & 2 & 0 \\ 1 & 0 & -1 & 1 \\ 0 & 1 & 3 & -1 \\ 0 & 1 & 3 & -1 \end{pmatrix}$$

$$\xrightarrow{r_2-r_1}\begin{pmatrix} 1 & 1 & 2 & 0 \\ 0 & -1 & -3 & 1 \\ 0 & 1 & 3 & -1 \\ 0 & 1 & 3 & -1 \end{pmatrix} \xrightarrow[\substack{r_4+r_2 \\ -r_2}]{\substack{r_1+r_2 \\ r_3+r_2}}\begin{pmatrix} 1 & 0 & -1 & 1 \\ 0 & 1 & 3 & -1 \\ 0 & 0 & 0 & 0 \\ 0 & 0 & 0 & 0 \end{pmatrix},$$

因此

$$\boldsymbol{b}_1=-\boldsymbol{a}_1+3\boldsymbol{a}_2, \boldsymbol{b}_2=\boldsymbol{a}_1-\boldsymbol{a}_2.$$

由此又可得

$$\boldsymbol{a}_1=\frac{1}{2}\boldsymbol{b}_1+\frac{3}{2}\boldsymbol{b}_2, \boldsymbol{a}_2=\frac{1}{2}\boldsymbol{b}_1+\frac{1}{2}\boldsymbol{b}_2.$$

因 $\boldsymbol{a}_1, \boldsymbol{a}_2$ 与 $\boldsymbol{b}_1, \boldsymbol{b}_2$ 可相互线性表示，故 $\boldsymbol{a}_1, \boldsymbol{a}_2$ 与 $\boldsymbol{b}_1, \boldsymbol{b}_2$ 等价，从而 $V_1=V_2$.

二、向量空间的基和维数

一个向量空间 V，作为向量组，设其秩 $R(V)=r$，若 $\boldsymbol{a}_1, \boldsymbol{a}_2, \cdots, \boldsymbol{a}_r$ 为 V 的一个最大无关组，则向量空间 V 可表示为

$$V=L(\boldsymbol{a}_1, \boldsymbol{a}_2, \cdots, \boldsymbol{a}_r).$$

由此可知

$\mathbf{R}^n$ 的非零子空间都是生成空间，且可选取一个线性无关向量组作为该空间的生成元.

定义 3.8 设 V 为一个向量空间，我们称 V 中向量组 $\boldsymbol{a}_1,\boldsymbol{a}_2,\cdots,\boldsymbol{a}_r$ 为向量空间 V 的一个**基**，如果 $\boldsymbol{a}_1,\boldsymbol{a}_2,\cdots,\boldsymbol{a}_r$ 满足

(1) $\boldsymbol{a}_1,\boldsymbol{a}_2,\cdots,\boldsymbol{a}_r$ 线性无关；

(2) 向量空间 V 中任一向量 $\boldsymbol{a}$ 可由 $\boldsymbol{a}_1,\boldsymbol{a}_2,\cdots,\boldsymbol{a}_r$ 线性表示，即

$$V=L(\boldsymbol{a}_1,\boldsymbol{a}_2,\cdots,\boldsymbol{a}_r).$$

并且此时称 r 为向量空间 V 的**维数**(Dimension)，记作 $\dim V$.

例 3.3.5 单位坐标向量组 $\boldsymbol{e}_1,\boldsymbol{e}_2,\cdots,\boldsymbol{e}_n$ 为 $\mathbf{R}^n$ 的一个基，$\dim\mathbf{R}^n=n$.

例 3.3.6 例 3.3.1 中 $\boldsymbol{a}_1,\boldsymbol{a}_2$ 为平面向量空间 V 的一个基，平面向量空间 V 为 2 维向量空间.

例 3.3.7 设 n 元齐次线性方程组 $\boldsymbol{Ax}=\boldsymbol{0}$ 的解空间为 S，若 $\xi_1,\xi_2,\cdots,\xi_m$ 为方程组 $\boldsymbol{Ax}=\boldsymbol{0}$ 的一个基础解系，则解空间 S 可表示为

$$S=L(\xi_1,\xi_2,\cdots,\xi_m).$$

因此，基础解系 $\xi_1,\xi_2,\cdots,\xi_m$ 为解空间 S 的一个基，于是由基础解系的性质知

$$\dim S=m=n-R(\boldsymbol{A}).$$

设向量空间 V 为一个 r 维向量空间，则向量空间 V 中任意 r 个线性无关向量 $\boldsymbol{a}_1,\boldsymbol{a}_2,\cdots,\boldsymbol{a}_r$ 为向量空间 V 的一个基，且向量空间 V 可表示为

$$V=L(\boldsymbol{a}_1,\boldsymbol{a}_2,\cdots,\boldsymbol{a}_r).$$

在基 $\boldsymbol{a}_1,\boldsymbol{a}_2,\cdots,\boldsymbol{a}_r$ 下，向量空间 V 中任一向量 $\boldsymbol{a}$ 对应着唯一的一组数 $k_1,k_2,\cdots,k_r$ 使得

$$\boldsymbol{a}=k_1\boldsymbol{a}_1+k_2\boldsymbol{a}_2+\cdots+k_r\boldsymbol{a}_r=(\boldsymbol{a}_1,\boldsymbol{a}_2,\cdots,\boldsymbol{a}_r)\begin{pmatrix}k_1\\k_2\\\vdots\\k_r\end{pmatrix},$$

称 $(k_1,k_2,\cdots,k_r)^{\mathrm{T}}$ 为 $\boldsymbol{a}$ **在基 $\boldsymbol{a}_1,\boldsymbol{a}_2,\cdots,\boldsymbol{a}_r$ 下的坐标.**

例 3.3.8 验证 $\boldsymbol{a}_1=(1,-1,0)^{\mathrm{T}},\boldsymbol{a}_2=(0,1,3)^{\mathrm{T}},\boldsymbol{a}_3=(2,1,8)^{\mathrm{T}}$ 为 $\mathbf{R}^3$ 的一个基，并求 $\boldsymbol{b}_1=(5,0,12)^{\mathrm{T}},\boldsymbol{b}_2=(9,-7,8)^{\mathrm{T}},\boldsymbol{b}_3=(3,1,11)^{\mathrm{T}}$ 在这个基下的坐标.

解 用最大无关组的行最简形解法解此题. 对矩阵 $(\boldsymbol{a}_1,\boldsymbol{a}_2,\boldsymbol{a}_3,\boldsymbol{b}_1,\boldsymbol{b}_2,\boldsymbol{b}_3)$ 施行初等行变换，将它化为行最简形：

$$(\boldsymbol{a}_1,\boldsymbol{a}_2,\boldsymbol{a}_3,\boldsymbol{b}_1,\boldsymbol{b}_2,\boldsymbol{b}_3)=\begin{pmatrix}1&0&2&5&9&3\\-1&1&1&0&-7&1\\0&3&8&12&8&11\end{pmatrix}$$

$$\xrightarrow{r_2+r_1}\begin{pmatrix}1&0&2&5&9&3\\0&1&3&5&2&4\\0&3&8&12&8&11\end{pmatrix}\xrightarrow{r_3-3r_2}\begin{pmatrix}1&0&2&5&9&3\\0&1&3&5&2&4\\0&0&-1&-3&2&-1\end{pmatrix}$$

$$\xrightarrow[r_2-3r_3]{-r_3,r_1-2r_3}\begin{pmatrix}1&0&0&-1&13&1\\0&1&0&-4&8&1\\0&0&1&3&-2&1\end{pmatrix}.$$

由$(\boldsymbol{a}_1,\boldsymbol{a}_2,\boldsymbol{a}_3,\boldsymbol{b}_1,\boldsymbol{b}_2,\boldsymbol{b}_3)$的行最简形知，$\boldsymbol{a}_1,\boldsymbol{a}_2,\boldsymbol{a}_3$ 的秩为 3，从而 $\boldsymbol{a}_1,\boldsymbol{a}_2,\boldsymbol{a}_3$ 线性无关，为 $\mathbf{R}^3$ 的一个基；$\boldsymbol{b}_1,\boldsymbol{b}_2,\boldsymbol{b}_3$ 在基 $\boldsymbol{a}_1,\boldsymbol{a}_2,\boldsymbol{a}_3$ 下的坐标分别为

$$(-1,-4,3)^{\mathrm{T}},(13,8,-2)^{\mathrm{T}},(1,1,1)^{\mathrm{T}}.$$

注 设向量组 B：$\boldsymbol{b}_1,\boldsymbol{b}_2,\cdots,\boldsymbol{b}_s$ 可由向量组 A：$\boldsymbol{a}_1,\boldsymbol{a}_2,\cdots,\boldsymbol{a}_r$ 线性表示为

$$(\boldsymbol{b}_1,\boldsymbol{b}_2,\cdots,\boldsymbol{b}_s)=(\boldsymbol{a}_1,\boldsymbol{a}_2,\cdots,\boldsymbol{a}_r)\boldsymbol{B},$$

其中 $\boldsymbol{B}$ 为 $r\times s$ 矩阵，且向量组 A 线性无关. 可以证明(留作思考题)，向量组 B 与矩阵 $\boldsymbol{B}$ 的列向量组有相同的线性关系：

对任意给定的一组数 $k_1,k_2,\cdots,k_s$，如果

$$k_1\boldsymbol{b}_1+k_2\boldsymbol{b}_2+\cdots+k_s\boldsymbol{b}_s=\boldsymbol{0}$$

(不)成立，那么

$$k_1\boldsymbol{\beta}_1+k_2\boldsymbol{\beta}_2+\cdots+k_s\boldsymbol{\beta}_s=\boldsymbol{0}$$

也(不)成立.

例 3.3.9 设 $\boldsymbol{a}_1,\boldsymbol{a}_2,\boldsymbol{a}_3$ 为 3 维向量空间 V 的一个基，V 中向量 $\boldsymbol{b}_1,\boldsymbol{b}_2,\boldsymbol{b}_3$ 在基 $\boldsymbol{a}_1,\boldsymbol{a}_2,\boldsymbol{a}_3$ 下的坐标分别为

$$\boldsymbol{\beta}_1=\begin{pmatrix}1+t\\1\\1\end{pmatrix},\boldsymbol{\beta}_2=\begin{pmatrix}2\\2+t\\2\end{pmatrix},\boldsymbol{\beta}_3=\begin{pmatrix}3\\3\\3+t\end{pmatrix}.$$

问 t 为何值时，向量组 $\boldsymbol{b}_1,\boldsymbol{b}_2,\boldsymbol{b}_3$ 线性相关？求此时向量组的一个最大无关组，并把其余向量用该最大无关组线性表示.

解 由以上"注"知，向量组 $\boldsymbol{b}_1,\boldsymbol{b}_2,\boldsymbol{b}_3$ 与向量组 $\boldsymbol{\beta}_1,\boldsymbol{\beta}_2,\boldsymbol{\beta}_3$ 有相同的线性关系. 记 $\boldsymbol{B}=(\boldsymbol{\beta}_1,\boldsymbol{\beta}_2,\boldsymbol{\beta}_3)$，则

$$|\boldsymbol{B}|=\begin{vmatrix}1+t&2&3\\1&2+t&3\\1&2&3+t\end{vmatrix}=t^2(6+t),$$

当 $t=0$ 或 $t=-6$ 时，$|\boldsymbol{B}|=0$，因此向量组 $\boldsymbol{\beta}_1,\boldsymbol{\beta}_2,\boldsymbol{\beta}_3$ 线性相关，从而向量组 $\boldsymbol{b}_1,\boldsymbol{b}_2,\boldsymbol{b}_3$ 也线性相关.

当 $t=0$ 时，显然 $\boldsymbol{\beta}_2=2\boldsymbol{\beta}_1,\boldsymbol{\beta}_3=3\boldsymbol{\beta}_1$，从而有 $\boldsymbol{b}_2=2\boldsymbol{b}_1,\boldsymbol{b}_3=3\boldsymbol{b}_1$，由此可知向量组 $\boldsymbol{b}_1,\boldsymbol{b}_2,\boldsymbol{b}_3$ 的一个最大无关组为 $\boldsymbol{b}_1$.

当 $t=-6$ 时，可求得矩阵 $\boldsymbol{B}$ 的行最简形为

$$\begin{pmatrix}1&0&-1\\0&1&-1\\0&0&0\end{pmatrix},$$

由此可知向量组 $\boldsymbol{\beta}_1,\boldsymbol{\beta}_2,\boldsymbol{\beta}_3$ 的一个最大无组为 $\boldsymbol{\beta}_1,\boldsymbol{\beta}_2$，且有

$$\boldsymbol{\beta}_3=-\boldsymbol{\beta}_1-\boldsymbol{\beta}_2.$$

所以，向量组 $\boldsymbol{b}_1,\boldsymbol{b}_2,\boldsymbol{b}_3$ 的一个最大无组为 $\boldsymbol{b}_1,\boldsymbol{b}_2$，且有

$$\boldsymbol{b}_3=-\boldsymbol{b}_1-\boldsymbol{b}_2.$$

三、基变换与坐标变换

设 $\boldsymbol{a}_1,\boldsymbol{a}_2,\cdots,\boldsymbol{a}_r$ 及 $\boldsymbol{b}_1,\boldsymbol{b}_2,\cdots,\boldsymbol{b}_r$ 是向量空间 V 的两个基，则存在唯一的 r 阶方阵 $\boldsymbol{P}$，使

$$(\boldsymbol{b}_1,\boldsymbol{b}_2,\cdots,\boldsymbol{b}_r)=(\boldsymbol{a}_1,\boldsymbol{a}_2,\cdots,\boldsymbol{a}_r)\boldsymbol{P},$$

称这一关系式为**基变换**,并称方阵 $\boldsymbol{P}$ 为由基 $\boldsymbol{a}_1,\boldsymbol{a}_2,\cdots,\boldsymbol{a}_r$ 到基 $\boldsymbol{b}_1,\boldsymbol{b}_2,\cdots,\boldsymbol{b}_r$ 的**过渡矩阵**. 容易证明,过渡矩阵 $\boldsymbol{P}$ 是可逆的.

定理 3.10 设 $\boldsymbol{P}$ 为向量空间 V 中由基 $\boldsymbol{a}_1,\boldsymbol{a}_2,\cdots,\boldsymbol{a}_r$ 到基 $\boldsymbol{b}_1,\boldsymbol{b}_2,\cdots,\boldsymbol{b}_r$ 的过渡矩阵,V 中向量 $\boldsymbol{a}$ 在基 $\boldsymbol{a}_1,\boldsymbol{a}_2,\cdots,\boldsymbol{a}_r$ 下的坐标为 $(x_1,x_2,\cdots,x_r)^{\mathrm{T}}$,而在基 $\boldsymbol{b}_1,\boldsymbol{b}_2,\cdots,\boldsymbol{b}_r$ 下的坐标为 $(x_1',x_2',\cdots,x_r')^{\mathrm{T}}$,则有**坐标变换公式**

$$\begin{pmatrix}x_1\\x_2\\\vdots\\x_r\end{pmatrix}=\boldsymbol{P}\begin{pmatrix}x_1'\\x_2'\\\vdots\\x_r'\end{pmatrix}. \tag{3.3}$$

证明 由已知

$$\boldsymbol{a}=(\boldsymbol{b}_1,\boldsymbol{b}_2,\cdots,\boldsymbol{b}_r)\begin{pmatrix}x_1'\\x_2'\\\vdots\\x_r'\end{pmatrix}=(\boldsymbol{a}_1,\boldsymbol{a}_2,\cdots,\boldsymbol{a}_r)\boldsymbol{P}\begin{pmatrix}x_1'\\x_2'\\\vdots\\x_r'\end{pmatrix},$$

可见 $\boldsymbol{P}(x_1',x_2',\cdots,x_r')^{\mathrm{T}}$ 为向量 $\boldsymbol{a}$ 在基 $\boldsymbol{a}_1,\boldsymbol{a}_2,\cdots,\boldsymbol{a}_r$ 下的坐标,从而有(3.3).

例 3.3.10 平面坐标旋转变换

如图 3—2 所示,设平面直角坐标系 XOY 绕原点 O 按逆时针方向旋转 θ 角,得平面直角坐标系 $X'OY'$. 依次记 $\boldsymbol{i},\boldsymbol{j},\boldsymbol{i}',\boldsymbol{j}'$ 为 x 轴,y 轴,x' 轴,y' 轴的正向单位向量,则有基变换

$$(\boldsymbol{i}',\boldsymbol{j}')=(\boldsymbol{i},\boldsymbol{j})\begin{pmatrix}\cos\theta & -\sin\theta\\ \sin\theta & \cos\theta\end{pmatrix}.$$

设点 M 在坐标系 XOY 下的坐标为 (x,y),而在坐标系 $X'OY'$ 下的坐标为 (x',y'),也即向量 $\overrightarrow{OM}$ 在基 $\boldsymbol{i},\boldsymbol{j}$ 和基 $\boldsymbol{i}',\boldsymbol{j}'$ 下的线性表示式分别为

$$\overrightarrow{OM}=x\boldsymbol{i}+y\boldsymbol{j},\overrightarrow{OM}=x'\boldsymbol{i}'+y'\boldsymbol{j}'.$$

由定理 3.10 得坐标变换公式

$$\begin{pmatrix}x\\y\end{pmatrix}=\begin{pmatrix}\cos\theta & -\sin\theta\\ \sin\theta & \cos\theta\end{pmatrix}\begin{pmatrix}x'\\y'\end{pmatrix},$$

此式就是**平面坐标旋转变换公式**

$$\begin{cases}x=x'\cos\theta-y'\sin\theta,\\ y=x'\sin\theta+y'\cos\theta.\end{cases}$$

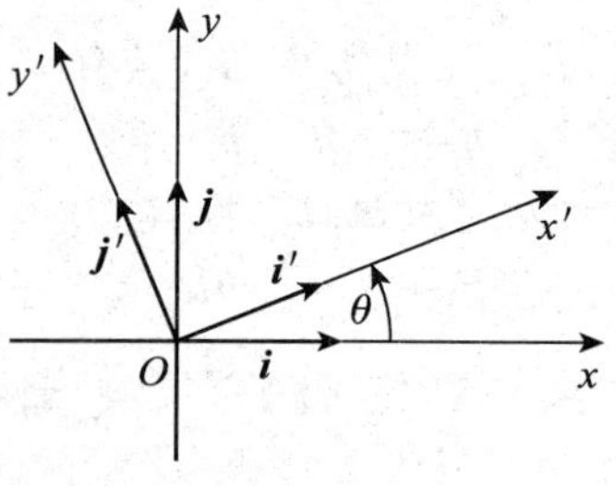

图 3—2

习题 3—3

1. 验证

$$a_1=(1,-1,0),a_2=(2,1,3),a_3=(3,1,2)$$

为 $\mathbf{R}^3$ 的一个基，并把

$$b_1=(5,0,7),b_2=(-9,-8,-13)$$

用这个基线性表示.

2. 已知 $\mathbf{R}^3$ 的两个基为

$$a_1=(1,1,1),a_2=(1,0,-1),a_3=(1,0,1);$$
$$b_1=(1,2,1),b_2=(2,3,4),b_3=(3,4,3).$$

求由基 a_1,a_2,a_3 到基 b_1,b_2,b_3 的过渡矩阵.

3. 设向量空间 V 的一个基为

$$a_1=(2,0,-1,3)^{\mathrm{T}},a_2=(3,-2,1,-1)^{\mathrm{T}},$$

验证

$$b_1=(-5,6,-5,9)^{\mathrm{T}},b_2=(4,-4,3,-5)^{\mathrm{T}}$$

也为 V 的一个基，并求从基 a_1,a_2 到基 b_1,b_2 的过渡矩阵.

4. 设 V 为 $\mathbf{R}^n$ 的一个子空间，$\boldsymbol{C}$ 为 n 阶可逆矩阵，记

$$V_C=\{\boldsymbol{y}=\boldsymbol{C}\boldsymbol{x}\mid\boldsymbol{x}\in V\}.$$

证明 V_C 为一个向量空间，且有

$$\dim V_C=\dim V.$$

5. 设 V_1,V_2 为 $\mathbf{R}^n$ 的两个子空间，记

$$V_1+V_2=\{\boldsymbol{x}_1+\boldsymbol{x}_2\mid\boldsymbol{x}_1\in V_1,\boldsymbol{x}_2\in V_2\}.$$

(1) 验证 V_1+V_2 是一个向量空间. 称 V_1+V_2 为 V_1 与 V_2 的**和空间**.

(2) 证明：当 $V_1\cap V_2=\{\mathbf{0}\}$ 时，以下**维数公式**成立：

$$\dim(V_1+V_2)=\dim V_1+\dim V_2.$$

第四节　欧氏空间

一、向量的内积

在空间解析几何中，向量 a 与 b 的数量积定义为

$$a\cdot b=|a|\cdot|b|\cos\theta,\tag{3.4}$$

其中 $|a|,|b|$ 分别为向量 a 与 b 的长度，而 θ 为向量 a 与 b 的夹角. 在直角坐标系中，向量 $a=(a_1,a_2,a_3)$ 与 $b=(b_1,b_2,b_3)$ 的数量积坐标计算公式为

$$a\cdot b=a_1b_1+a_2b_2+a_3b_3.$$

当 $n>3$ 时，n 维向量没有直观的长度和夹角的概念. 不过我们可以利用以上数量积

坐标计算公式的推广形式，首先定义两向量的数量积，然后根据(3.4)式便可定义向量的长度和两向量的夹角.

定义 3.9 设 n 维向量 $\boldsymbol{a}=(a_1,a_2,\cdots,a_n)^{\mathrm{T}}$，$\boldsymbol{b}=(b_1,b_2,\cdots,b_n)^{\mathrm{T}}$，称

$$\boldsymbol{a}^{\mathrm{T}}\boldsymbol{b}=a_1b_1+a_2b_2+\cdots+a_nb_n$$

为向量 $\boldsymbol{a}$ 与 $\boldsymbol{b}$ 的**内积**(数量积概念的抽象术语)，记作 $[\boldsymbol{a},\boldsymbol{b}]$.

内积的性质 设 $\boldsymbol{a},\boldsymbol{b},\boldsymbol{c}\in\mathbf{R}^n$，$k\in\mathbf{R}$，则有

(1) $[\boldsymbol{a},\boldsymbol{b}]=[\boldsymbol{b},\boldsymbol{a}]$；

(2) $[k\boldsymbol{a},\boldsymbol{b}]=k[\boldsymbol{a},\boldsymbol{b}]$；

(3) $[\boldsymbol{a}+\boldsymbol{b},\boldsymbol{c}]=[\boldsymbol{a},\boldsymbol{c}]+[\boldsymbol{b},\boldsymbol{c}]$；

(4) $[\boldsymbol{a},\boldsymbol{a}]\geqslant 0$，等号成立的充分必要条件是 $\boldsymbol{a}=\mathbf{0}$.

这些性质可根据内积定义直接验证. 向量空间带有内积运算，就称为欧几里得(Euclid)空间，简称**欧氏空间**.

注 这里介绍一个在一般意义下的欧氏空间. 考虑闭区间 $[a,b]$ 上的全体连续函数组成的集合，记作 $C[a,b]$. 按函数通常的运算，$C[a,b]$ 对线性运算封闭，是一个线性向量空间. 对连续函数 $f,g\in C[a,b]$，定义

$$[f,g]=\int_a^b f(x)g(x)\mathrm{d}x.$$

可以验证，$[f,g]$ 满足内积所具有的四条性质，$C[a,b]$ 是一个欧氏空间.

下文所述欧氏空间并不限于 $\mathbf{R}^n$ 及其子空间，泛指带有内积运算的一般线性向量空间. 即使线性向量空间概念未加定义，内积的具体形式也不知，但我们只需要知道内积所具有的四条性质，就可以讨论欧氏空间的一般性基础知识. 而对于 $\mathbf{R}^n$ 中的向量，内积默认由定义 3.9 的坐标计算公式给出.

由(3.4)式知，立体向量 $\boldsymbol{a}$ 的长度可由内积表示为

$$|\boldsymbol{a}|=\sqrt{\boldsymbol{a}\cdot\boldsymbol{a}}, \tag{3.5}$$

且对两个立体向量 $\boldsymbol{a},\boldsymbol{b}$，成立

$$|\boldsymbol{a}\cdot\boldsymbol{b}|\leqslant|\boldsymbol{a}|\cdot|\boldsymbol{b}|,$$

此式可写成

$$[\boldsymbol{a},\boldsymbol{b}]^2\leqslant[\boldsymbol{a},\boldsymbol{a}]\cdot[\boldsymbol{b},\boldsymbol{b}]. \tag{3.6}$$

对于欧氏空间中的向量，(3.6)式一般地成立. 事实上，我们有

定理 3.11 对欧氏空间中的向量 $\boldsymbol{a},\boldsymbol{b}$，以下不等式(Schwarz 不等式)成立：

$$[\boldsymbol{a},\boldsymbol{b}]^2\leqslant[\boldsymbol{a},\boldsymbol{a}]\cdot[\boldsymbol{b},\boldsymbol{b}].$$

证明 当 $\boldsymbol{a}=\mathbf{0}$ 时，Schwarz 不等式取等号.

当 $\boldsymbol{a}\neq\mathbf{0}$ 时，我们引入一个辅助函数

$$f(t)=[t\boldsymbol{a}+\boldsymbol{b},t\boldsymbol{a}+\boldsymbol{b}].$$

根据内积的性质直接计算，有

$$\begin{aligned}f(t)&=[t\boldsymbol{a}+\boldsymbol{b},t\boldsymbol{a}+\boldsymbol{b}]=[t\boldsymbol{a},t\boldsymbol{a}+\boldsymbol{b}]+[\boldsymbol{b},t\boldsymbol{a}+\boldsymbol{b}]\\&=[t\boldsymbol{a},t\boldsymbol{a}]+[t\boldsymbol{a},\boldsymbol{b}]+[\boldsymbol{b},t\boldsymbol{a}]+[\boldsymbol{b},\boldsymbol{b}]\\&=[\boldsymbol{a},\boldsymbol{a}]t^2+2[\boldsymbol{a},\boldsymbol{b}]t+[\boldsymbol{b},\boldsymbol{b}],\end{aligned}$$

于是 $f(t)$ 为 t 的二次函数. 又由内积的性质知 $f(t)\geqslant 0$,所以 $f(t)$ 的判别式

$$\Delta=4[\boldsymbol{a},\boldsymbol{b}]^2-4[\boldsymbol{a},\boldsymbol{a}]\cdot[\boldsymbol{b},\boldsymbol{b}]\leqslant 0,$$

由此立即得到 Schwarz 不等式.

注 Schwarz 不等式的代数形式就是著名的 **Cauchy** 不等式

$$(a_1b_1+a_2b_2+\cdots+a_nb_n)^2\leqslant(a_1^2+a_2^2+\cdots+a_n^2)(b_1^2+b_2^2+\cdots+b_n^2).$$

对于闭区间 $[a,b]$ 上的连续函数 f,g,由 Schwarz 不等式,我们有

$$\left[\int_a^b f(x)g(x)\mathrm{d}x\right]^2\leqslant\int_a^b[f(x)]^2\mathrm{d}x\cdot\int_a^b[g(x)]^2\mathrm{d}x.$$

将立体向量的长度表示式(3.5)作为欧氏空间中向量的长度定义式,便有

定义 3.10 对欧氏空间中的向量 $\boldsymbol{a}$,称 $\sqrt{[\boldsymbol{a},\boldsymbol{a}]}$ 为向量 $\boldsymbol{a}$ 的**范数**(长度概念的抽象术语),记作 $\|\boldsymbol{a}\|$.

n 维向量 $\boldsymbol{a}=(a_1,a_2,\cdots,a_n)$ 的**范数坐标计算公式**为

$$\|\boldsymbol{a}\|=\sqrt{a_1^2+a_2^2+\cdots+a_n^2}.$$

范数的性质 设 $\boldsymbol{a},\boldsymbol{b}$ 为欧氏空间中的向量,$k\in\mathbf{R}$,则有

(1) **非负性** $\|\boldsymbol{a}\|\geqslant 0$,等号成立的充分必要条件是 $\boldsymbol{a}=\mathbf{0}$;

(2) **齐次性** $\|k\boldsymbol{a}\|=|k|\cdot\|\boldsymbol{a}\|$;

(3) **三角不等式** $\|\boldsymbol{a}+\boldsymbol{b}\|\leqslant\|\boldsymbol{a}\|+\|\boldsymbol{b}\|$.

范数的非负性与齐次性是容易证明的. 就立体向量而言,三角不等式的几何意义是明显的,就是我们熟知的"**三角形两边的长度之和大于第三边的长度**",这也是之所以称为三角不等式的原由.

三角不等式的证明 根据内积的性质直接计算,有

$$\|\boldsymbol{a}+\boldsymbol{b}\|^2=\|\boldsymbol{a}\|^2+2[\boldsymbol{a},\boldsymbol{b}]+\|\boldsymbol{b}\|^2,$$

由 Schwarz 不等式得

$$\|\boldsymbol{a}+\boldsymbol{b}\|^2\leqslant\|\boldsymbol{a}\|^2+2\|\boldsymbol{a}\|\cdot\|\boldsymbol{b}\|+\|\boldsymbol{b}\|^2=(\|\boldsymbol{a}\|+\|\boldsymbol{b}\|)^2,$$

因此三角不等式成立.

由(3.4)式知,非零立体向量 $\boldsymbol{a}$ 与 $\boldsymbol{b}$ 的夹角为

$$\theta=\arccos\frac{\boldsymbol{a}\cdot\boldsymbol{b}}{|\boldsymbol{a}|\cdot|\boldsymbol{b}|},$$

即

$$\theta=\arccos\frac{[\boldsymbol{a},\boldsymbol{b}]}{\|\boldsymbol{a}\|\cdot\|\boldsymbol{b}\|}.\tag{3.7}$$

由 Schwarz 不等式知,(3.7)式对欧氏空间中的非零向量 $\boldsymbol{a},\boldsymbol{b}$ 一般地有意义. 于是我们有

定义 3.11 对欧氏空间中的非零向量 $\boldsymbol{a},\boldsymbol{b}$,称

$$\theta=\arccos\frac{[\boldsymbol{a},\boldsymbol{b}]}{\|\boldsymbol{a}\|\cdot\|\boldsymbol{b}\|}$$

为向量 $\boldsymbol{a}$ 与 $\boldsymbol{b}$ 的**夹角**. 规定零向量与任一向量成任意角.

当向量 $\boldsymbol{a}$ 与 $\boldsymbol{b}$ 的夹角为 $\pi/2$ 时,称 $\boldsymbol{a}$ 与 $\boldsymbol{b}$ **正交**(垂直概念的抽象术语). 显然,向量 $\boldsymbol{a}$ 与 $\boldsymbol{b}$ 正交,当且仅当 $\boldsymbol{a}$ 与 $\boldsymbol{b}$ 的内积 $[\boldsymbol{a},\boldsymbol{b}]=0$.

当向量 $\boldsymbol{a}$ 与 $\boldsymbol{b}$ 的夹角为 0 时,称 $\boldsymbol{a}$ 与 $\boldsymbol{b}$ **同向**. 可以证明(请读者自己证明),向量 $\boldsymbol{b}$ 与

非零向量 $\boldsymbol{a}$ 同向，当且仅当

$$\boldsymbol{b}=\frac{\|\boldsymbol{b}\|}{\|\boldsymbol{a}\|}\boldsymbol{a}. \tag{3.8}$$

称范数等于 1 的向量为**单位向量**. 由(3.8)式知，与非零向量 $\boldsymbol{a}$ 同向的单位向量为

$$\boldsymbol{a}^0=\frac{1}{\|\boldsymbol{a}\|}\boldsymbol{a},$$

称$\boldsymbol{a}^0$ 为非零向量 $\boldsymbol{a}$ 的**单位化**或**规范化向量**.

例 3.4.1 求与 $\boldsymbol{a}_1=(1,1,1)$，$\boldsymbol{a}_2=(1,-2,1)$同时正交的单位向量.

解 设非零向量 $\boldsymbol{x}=(x_1,x_2,x_3)$与 $\boldsymbol{a}_1,\boldsymbol{a}_2$ 同时正交，则

$$\begin{pmatrix}1&1&1\\1&-2&1\end{pmatrix}\begin{pmatrix}x_1\\x_2\\x_3\end{pmatrix}=\begin{pmatrix}0\\0\end{pmatrix},$$

解得 $\boldsymbol{x}=(-k,0,k)$，$(k\neq0)$. 单位化得所求单位向量为$\pm\frac{1}{\sqrt{2}}(-1,0,1)$.

二、规范正交基

在空间直角坐标系中，x 轴，y 轴和 z 轴的正向单位向量分别记为$\boldsymbol{i},\boldsymbol{j},\boldsymbol{k}$，则单位向量$\boldsymbol{i},\boldsymbol{j},\boldsymbol{k}$ 两两正交，且为 $\mathbf{R}^3$ 的一个基. 在基 $\boldsymbol{i},\boldsymbol{j},\boldsymbol{k}$ 下，向量 $\boldsymbol{a}=(a_1,a_2,a_3)$有坐标分解式

$$\boldsymbol{a}=a_1\boldsymbol{i}+a_2\boldsymbol{j}+a_3\boldsymbol{k},$$

且有

$$a_1=\boldsymbol{a}\cdot\boldsymbol{i},a_2=\boldsymbol{a}\cdot\boldsymbol{j},a_3=\boldsymbol{a}\cdot\boldsymbol{k}.$$

一般地，我们有

定理 3.12 设$\boldsymbol{e}_1,\boldsymbol{e}_2,\cdots,\boldsymbol{e}_r$ 为 r 维欧氏空间 V 中一组两两正交的单位向量，则$\boldsymbol{e}_1,\boldsymbol{e}_2,\cdots,\boldsymbol{e}_r$ 为 V 的一个基，且对 V 中任一向量$\boldsymbol{a}$，有**坐标分解式**

$$\boldsymbol{a}=[\boldsymbol{a},\boldsymbol{e}_1]\boldsymbol{e}_1+[\boldsymbol{a},\boldsymbol{e}_2]\boldsymbol{e}_2+\cdots+[\boldsymbol{a},\boldsymbol{e}_r]\boldsymbol{e}_r.$$

证明 对于向量 $\boldsymbol{a}=a_1\boldsymbol{e}_1+a_2\boldsymbol{e}_2+\cdots+a_r\boldsymbol{e}_r$，我们有

$$[\boldsymbol{a},\boldsymbol{e}_i]=a_1[\boldsymbol{e}_1,\boldsymbol{e}_i]+a_2[\boldsymbol{e}_2,\boldsymbol{e}_i]+\cdots+a_r[\boldsymbol{e}_r,\boldsymbol{e}_i]=a_i,(i=1,2,\cdots,r),$$

于是向量 $\boldsymbol{a}$ 可唯一地表示为

$$\boldsymbol{a}=[\boldsymbol{a},\boldsymbol{e}_1]\boldsymbol{e}_1+[\boldsymbol{a},\boldsymbol{e}_2]\boldsymbol{e}_2+\cdots+[\boldsymbol{a},\boldsymbol{e}_r]\boldsymbol{e}_r,$$

所以向量组$\boldsymbol{e}_1,\boldsymbol{e}_2,\cdots,\boldsymbol{e}_r$ 线性无关，从而为 V 的一个基.

定义 3.12 设$\boldsymbol{e}_1,\boldsymbol{e}_2,\cdots,\boldsymbol{e}_r$ 为欧氏空间 V 的一个基，如果$\boldsymbol{e}_1,\boldsymbol{e}_2,\cdots,\boldsymbol{e}_r$ 都是单位向量且两两正交，则称$\boldsymbol{e}_1,\boldsymbol{e}_2,\cdots,\boldsymbol{e}_r$ 为 V 的一个**规范正交基**.

由定理 3.12 知，r 维欧氏空间 V 中任何 r 个两两正交的单位向量都是 V 的一个规范正交基.

设 V 为欧氏空间 V_0 的真子空间，$\boldsymbol{e}_1,\boldsymbol{e}_2,\cdots,\boldsymbol{e}_r$ 为 V 的一个规范正交基，对任何向量$\boldsymbol{a}\in V_0$，我们可以确定一个相应的向量

$$\boldsymbol{a}'=[\boldsymbol{a},\boldsymbol{e}_1]\boldsymbol{e}_1+[\boldsymbol{a},\boldsymbol{e}_2]\boldsymbol{e}_2+\cdots+[\boldsymbol{a},\boldsymbol{e}_r]\boldsymbol{e}_r.$$

由定理 3.12 知，当 $\boldsymbol{a}\in V$ 时，$\boldsymbol{a}'=\boldsymbol{a}$. 而当 $\boldsymbol{a}\notin V$ 时，显然 $\boldsymbol{a}'\neq\boldsymbol{a}$. 究竟向量 $\boldsymbol{a}'$与向量$\boldsymbol{a}$ 在几何上有何关系？让我们看一个例子.

例 3.4.2 如图 3—3 所示，设 $V_0=\mathbf{R}^3$，$\boldsymbol{e}_1,\boldsymbol{e}_2,\boldsymbol{e}_3$ 为 V_0 的一个规范正交基，子空间$V=L(\boldsymbol{e}_1,\boldsymbol{e}_2)$，向量 $\boldsymbol{a}=\overrightarrow{OA}\notin V$，且有

$$\overrightarrow{OP}=[\boldsymbol{a},\boldsymbol{e}_1]\boldsymbol{e}_1,\overrightarrow{OQ}=[\boldsymbol{a},\boldsymbol{e}_2]\boldsymbol{e}_2,\overrightarrow{OR}=[\boldsymbol{a},\boldsymbol{e}_3]\boldsymbol{e}_3.$$

记向量$\overrightarrow{OA'}$为向量 $\boldsymbol{a}=\overrightarrow{OA}$在平面 POQ 上的正交投影向量，即向量$\overrightarrow{A'A}$与平面 POQ 正交. 现在考虑向量 $\boldsymbol{a}'=[\boldsymbol{a},\boldsymbol{e}_1]\boldsymbol{e}_1+[\boldsymbol{a},\boldsymbol{e}_2]\boldsymbol{e}_2$，我们有

$$\boldsymbol{a}'=[\boldsymbol{a},\boldsymbol{e}_1]\boldsymbol{e}_1+[\boldsymbol{a},\boldsymbol{e}_2]\boldsymbol{e}_2=\overrightarrow{OP}+\overrightarrow{OQ}=\overrightarrow{OA'},$$
$$\boldsymbol{a}-\boldsymbol{a}'=\overrightarrow{OA}-\overrightarrow{OA'}=\overrightarrow{A'A},$$

所以向量 $\boldsymbol{a}'$就是向量 $\boldsymbol{a}$ 在子空间 V 上的正交投影向量，且向量 $\boldsymbol{a}-\boldsymbol{a}'$与 V 中每个向量正交.

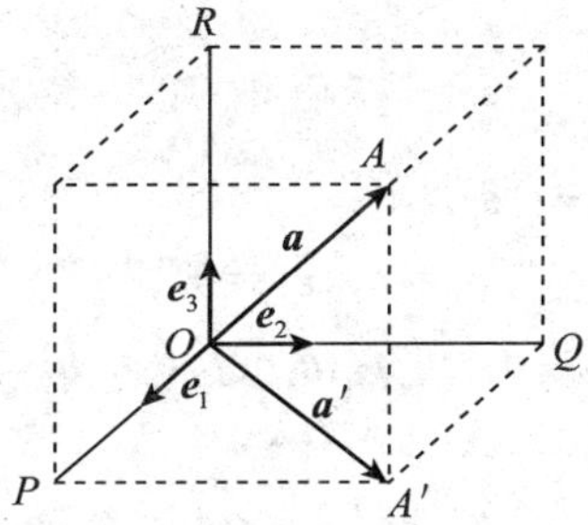

图 3—3

定理 3.13 设 V 是欧氏空间 V_0 的一个真子空间，$\boldsymbol{e}_1,\boldsymbol{e}_2,\cdots,\boldsymbol{e}_r$ 是 V 的一个规范正交基，对 V_0 中任一向量 $\boldsymbol{a}$，记

$$\boldsymbol{a}'=[\boldsymbol{a},\boldsymbol{e}_1]\boldsymbol{e}_1+[\boldsymbol{a},\boldsymbol{e}_2]\boldsymbol{e}_2+\cdots+[\boldsymbol{a},\boldsymbol{e}_r]\boldsymbol{e}_r,$$

则向量 $\boldsymbol{a}-\boldsymbol{a}'$与子空间 V 正交(意指 $\boldsymbol{a}-\boldsymbol{a}'$与 V 中每个向量正交).

证明 显然 $\boldsymbol{a}'\in V$，于是由定理 3.12 知

$$\boldsymbol{a}'=[\boldsymbol{a}',\boldsymbol{e}_1]\boldsymbol{e}_1+[\boldsymbol{a}',\boldsymbol{e}_2]\boldsymbol{e}_2+\cdots+[\boldsymbol{a}',\boldsymbol{e}_r]\boldsymbol{e}_r,$$

因为在基下的坐标是唯一的，所以

$$[\boldsymbol{a}',\boldsymbol{e}_i]=[\boldsymbol{a},\boldsymbol{e}_i],(i=1,2,\cdots,r),$$

从而

$$[\boldsymbol{a}-\boldsymbol{a}',\boldsymbol{e}_i]=[\boldsymbol{a},\boldsymbol{e}_i]-[\boldsymbol{a}',\boldsymbol{e}_i]=0,(i=1,2,\cdots,r).$$

对子空间 V 中任一向量 $\boldsymbol{x}=x_1\boldsymbol{e}_1+x_2\boldsymbol{e}_2+\cdots+x_r\boldsymbol{e}_r$，由于

$$[\boldsymbol{a}-\boldsymbol{a}',\boldsymbol{x}]=x_1[\boldsymbol{a}-\boldsymbol{a}',\boldsymbol{e}_1]+x_2[\boldsymbol{a}-\boldsymbol{a}',\boldsymbol{e}_2]+\cdots+x_r[\boldsymbol{a}-\boldsymbol{a}',\boldsymbol{e}_r]=0,$$

所以 $\boldsymbol{a}-\boldsymbol{a}'$与 $\boldsymbol{x}$ 正交，这意味着 $\boldsymbol{a}-\boldsymbol{a}'$与子空间 V 正交.

定理 3.13 中的向量 $\boldsymbol{a}'$称为向量 $\boldsymbol{a}$ 在子空间 V 上的**正交投影向量**. 可以证明(请读者自己证明)，向量 $\boldsymbol{a}$ 在子空间 V 上的正交投影向量是唯一的，也就是说，它不依赖于子空间 V 的规范正交基的选择.

下面考虑如下问题：设欧氏空间 V 是由基 $\boldsymbol{a}_1,\boldsymbol{a}_2,\cdots,\boldsymbol{a}_r$ 所生成的空间，我们要求 V 的一个规范正交基$\boldsymbol{e}_1,\boldsymbol{e}_2,\cdots,\boldsymbol{e}_r$. 求解这样一个问题，称为把线性无关向量组 $\boldsymbol{a}_1,\boldsymbol{a}_2,\cdots,\boldsymbol{a}_r$ **规范正交化**.

记 $V_k=L(\boldsymbol{a}_1,\boldsymbol{a}_2,\cdots,\boldsymbol{a}_k),(k=1,2,\cdots,r)$. 设 $\boldsymbol{a}'_k(k>1)$ 为 $\boldsymbol{a}_k$ 在 V_{k-1} 上的正交投影向量，令

$$\boldsymbol{b}_1=\boldsymbol{a}_1,\boldsymbol{b}_k=\boldsymbol{a}_k-\boldsymbol{a}'_k,(k=2,3,\cdots,r),$$

由定理 3.13 知，$\boldsymbol{b}_k(k>1)$ 与 V_{k-1} 正交. 由此可知 $\boldsymbol{b}_1,\boldsymbol{b}_2,\cdots,\boldsymbol{b}_r$ 两两正交，再将它们单位化就得到 $\boldsymbol{a}_1,\boldsymbol{a}_2,\cdots,\boldsymbol{a}_r$ 的规范正交化 $\boldsymbol{e}_1,\boldsymbol{e}_2,\cdots,\boldsymbol{e}_r$. 注意，这样确定的 $\boldsymbol{e}_1,\boldsymbol{e}_2,\cdots,\boldsymbol{e}_r$ 还满足性质：

对任何 $k(1\leqslant k\leqslant r)$，$\boldsymbol{e}_1,\boldsymbol{e}_2,\cdots,\boldsymbol{e}_k$ 为 V_k 的一个规范正交基.

因此，由定理 3.13 知

$$\boldsymbol{a}'_k=[\boldsymbol{a}_k,\boldsymbol{e}_1]\boldsymbol{e}_1+[\boldsymbol{a}_k,\boldsymbol{e}_2]\boldsymbol{e}_2+\cdots+[\boldsymbol{a}_k,\boldsymbol{e}_{k-1}]\boldsymbol{e}_{k-1}.$$

这样一来，我们就可以更具体地写出把 $\boldsymbol{a}_1,\boldsymbol{a}_2,\cdots,\boldsymbol{a}_r$ 规范正交化的一个算法，称之为 Schmidt 正交化过程.

Schmidt 正交化过程：

设有线性无关向量组 $\boldsymbol{a}_1,\boldsymbol{a}_2,\cdots,\boldsymbol{a}_r$. 取

$$\boldsymbol{b}_1=\boldsymbol{a}_1,\boldsymbol{e}_1=\boldsymbol{b}_1^0,$$

$$\boldsymbol{b}_2=\boldsymbol{a}_2-[\boldsymbol{a}_2,\boldsymbol{e}_1]\boldsymbol{e}_1,\boldsymbol{e}_2=\boldsymbol{b}_2^0,$$

$$\cdots\cdots$$

$$\boldsymbol{b}_r=\boldsymbol{a}_r-([\boldsymbol{a}_r,\boldsymbol{e}_1]\boldsymbol{e}_1+[\boldsymbol{a}_r,\boldsymbol{e}_2]\boldsymbol{e}_2+\cdots+[\boldsymbol{a}_r,\boldsymbol{e}_{r-1}]\boldsymbol{e}_{r-1}),\boldsymbol{e}_r=\boldsymbol{b}_r^0,$$

则 $\boldsymbol{e}_1,\boldsymbol{e}_2,\cdots,\boldsymbol{e}_r$ 就是 $\boldsymbol{a}_1,\boldsymbol{a}_2,\cdots,\boldsymbol{a}_r$ 的规范正交化.

例 3.4.3 设 $\boldsymbol{a}_1=(1,2,-1),\boldsymbol{a}_2=(-1,3,1),\boldsymbol{a}_3=(4,-1,0)$，试用 Schmidt 正交化过程把这组向量规范正交化.

解 按 Schmidt 正交化过程作计算：

$$\boldsymbol{b}_1=\boldsymbol{a}_1,\boldsymbol{e}_1=\boldsymbol{b}_1^0=\frac{1}{\sqrt{6}}(1,2,-1),$$

$$\boldsymbol{b}_2=\boldsymbol{a}_2-[\boldsymbol{a}_2,\boldsymbol{e}_1]\boldsymbol{e}_1=\frac{5}{3}(-1,1,1),\boldsymbol{e}_2=\boldsymbol{b}_2^0=\frac{1}{\sqrt{3}}(-1,1,1),$$

$$\boldsymbol{b}_3=\boldsymbol{a}_3-[\boldsymbol{a}_3,\boldsymbol{e}_1]\boldsymbol{e}_1-[\boldsymbol{a}_3,\boldsymbol{e}_2]\boldsymbol{e}_2=(2,0,2),\boldsymbol{e}_3=\boldsymbol{b}_3^0=\frac{1}{\sqrt{2}}(1,0,1),$$

$\boldsymbol{e}_1,\boldsymbol{e}_2,\boldsymbol{e}_3$ 即为所求.

三、正交矩阵与正交变换

我们知道，坐标旋转变换

$$\begin{cases}x=x'\cos\theta-y'\sin\theta,\\ y=x'\sin\theta+y'\cos\theta\end{cases}$$

具有保持几何形状不变的优点. 而直接验证知，坐标旋转变换的系数矩阵

$$\boldsymbol{P}=\begin{pmatrix}\cos\theta & -\sin\theta\\ \sin\theta & \cos\theta\end{pmatrix}$$

满足 $\boldsymbol{P}^{\mathrm{T}}\boldsymbol{P}=\boldsymbol{I}$. 利用此式，我们可以推广坐标旋转变换及其系数矩阵的概念.

定义 3.13 若方阵 $\boldsymbol{P}$ 满足 $\boldsymbol{P}^{\mathrm{T}}\boldsymbol{P}=\boldsymbol{I}$，即 $\boldsymbol{P}^{-1}=\boldsymbol{P}^{\mathrm{T}}$，则称 $\boldsymbol{P}$ 为**正交矩阵**.

定义 3.14 若 $\boldsymbol{P}$ 为正交矩阵，则称线性变换 $\boldsymbol{y}=\boldsymbol{P}\boldsymbol{x}$ 为**正交变换**.

定理 3.14 正交变换保持向量的内积不变，从而保持范数和夹角不变.

证明 设 $\boldsymbol{y}=\boldsymbol{P}\boldsymbol{x}$ 为正交变换，$\boldsymbol{y}_1=\boldsymbol{P}\boldsymbol{x}_1$，$\boldsymbol{y}_2=\boldsymbol{P}\boldsymbol{x}_2$，则有

$$\boldsymbol{y}_1^{\mathrm{T}}\boldsymbol{y}_2=(\boldsymbol{P}\boldsymbol{x}_1)^{\mathrm{T}}\boldsymbol{P}\boldsymbol{x}_2=\boldsymbol{x}_1^{\mathrm{T}}\boldsymbol{P}^{\mathrm{T}}\boldsymbol{P}\boldsymbol{x}_2=\boldsymbol{x}_1^{\mathrm{T}}\boldsymbol{x}_2,$$

因此，正交变换保持内积不变，从而保持范数和夹角不变.

定理 3.15 方阵 $\boldsymbol{P}$ 为 n 阶正交矩阵的充分必要条件是 $\boldsymbol{P}$ 的列(行)向量组是 $\mathbf{R}^n$ 的一个规范正交基.

证明 记方阵 $\boldsymbol{P}=(\boldsymbol{p}_1,\boldsymbol{p}_2,\cdots,\boldsymbol{p}_n)$，按矩阵的分块运算知，$\boldsymbol{P}^{\mathrm{T}}\boldsymbol{P}=\boldsymbol{I}$ 等价于

$$\boldsymbol{p}_i^{\mathrm{T}}\boldsymbol{p}_j=\begin{cases}1, & i=j,\\ 0, & i\neq j\end{cases}\quad (i,j=1,2,\cdots,n).$$

由此可知，$\boldsymbol{P}$ 为 n 阶正交矩阵的充分必要条件是 $\boldsymbol{P}$ 的列向量都是单位向量，且两两正交，亦即 $\boldsymbol{P}$ 的列向量组是 $\mathbf{R}^n$ 的一个规范正交基.

易知 $\boldsymbol{P}$ 为正交矩阵，等价于$\boldsymbol{P}^{\mathrm{T}}$ 为正交矩阵，而 $\boldsymbol{P}$ 的行向量组即$\boldsymbol{P}^{\mathrm{T}}$ 的列向量组. 因此，对行向量组定理也成立.

定理 3.15 表明了术语正交矩阵中“正交”的真正含义.

习题 3—4

1. 求向量 $\boldsymbol{a}$ 与 $\boldsymbol{b}$ 的夹角.

(1) $\boldsymbol{a}=(2,1,3,2)$，$\boldsymbol{b}=(1,2,-2,1)$；

(2) $\boldsymbol{a}=(1,2,2,3)$，$\boldsymbol{b}=(3,1,5,1)$.

2. 在 $\mathbf{R}^4$ 中求一个单位向量与

$$\boldsymbol{a}_1=(1,1,-1,1),\boldsymbol{a}_2=(1,-1,-1,1),\boldsymbol{a}_3=(2,1,1,3)$$

同时正交.

3. 已知

$$(\boldsymbol{a}_1,\boldsymbol{a}_2,\boldsymbol{a}_3)=\begin{pmatrix}1 & 1 & -1\\ 0 & -1 & 1\\ -1 & 0 & 1\\ 1 & 1 & 0\end{pmatrix},$$

试用 Schmidt 法把向量组 $\boldsymbol{a}_1,\boldsymbol{a}_2,\boldsymbol{a}_3$ 规范正交化.

4. 设 $\boldsymbol{A}$ 为正交矩阵，证明

(1) $|\boldsymbol{A}|=\pm 1$；

(2) 当 $|\boldsymbol{A}|=-1$ 时，$|\boldsymbol{I}+\boldsymbol{A}|=0$.

5. 设 $\boldsymbol{A},\boldsymbol{B}$ 为 n 阶正交矩阵，证明 $\boldsymbol{AB}$ 也为正交矩阵.

6. 设 $\boldsymbol{A}$ 与 $\boldsymbol{B}$ 都是正交矩阵，证明 $\begin{pmatrix}\boldsymbol{A} & \boldsymbol{O}\\ \boldsymbol{O} & \boldsymbol{B}\end{pmatrix}$ 也是正交矩阵.

第四章　特征值与二次型

二次型的系统研究是从18世纪开始的，它起源于对二次曲线和二次曲面的分类问题的讨论. 将二次曲线和二次曲面的方程变形，选有主轴方向的轴作为坐标轴以简化方程的形式，这个问题及其进一步研究涉及对称矩阵的特征值与特征向量的理论.

数学中诸如方阵多项式的计算、微分方程组的求解等问题，都利用方阵的相似对角化以简化算法. 方阵的相似对角化问题是矩阵论中的一个重要问题，这一问题要用到特征值与特征向量的理论. 工程技术中的一些问题，如振动问题和稳定性问题，常可归结为求一个方阵的特征值和特征向量的问题.

本章介绍方阵的特征值与特征向量的概念、性质及计算；导出方阵相似对角化的条件与求法；系统地讨论对称矩阵与二次型.

第一节　方阵的特征值

一、方阵的相似对角化问题

对于方阵 $\boldsymbol{A}$，考虑与它等价的特殊形式的矩阵 $\boldsymbol{B}=\boldsymbol{P}^{-1}\boldsymbol{A}\boldsymbol{P}$. 我们有

$$\boldsymbol{B}^2=\boldsymbol{P}^{-1}\boldsymbol{A}\boldsymbol{P}(\boldsymbol{P}^{-1}\boldsymbol{A}\boldsymbol{P})=\boldsymbol{P}^{-1}\boldsymbol{A}^2\boldsymbol{P},$$

$$\cdots\cdots,$$

$$\boldsymbol{B}^n=\boldsymbol{P}^{-1}\boldsymbol{A}^n\boldsymbol{P}.$$

更一般地，对于多项式 $f(x)=a_nx^n+\cdots+a_1x+a_0$，我们有

$$\begin{aligned}f(\boldsymbol{B})&=a_n\boldsymbol{B}^n+\cdots+a_1\boldsymbol{B}+a_0\boldsymbol{I}\\&=a_n\boldsymbol{P}^{-1}\boldsymbol{A}^n\boldsymbol{P}+\cdots+a_1\boldsymbol{P}^{-1}\boldsymbol{A}\boldsymbol{P}+a_0\boldsymbol{I}\\&=\boldsymbol{P}^{-1}(a_n\boldsymbol{A}^n+\cdots+a_1\boldsymbol{A}+a_0\boldsymbol{I})\boldsymbol{P}\\&=\boldsymbol{P}^{-1}f(\boldsymbol{A})\boldsymbol{P}.\end{aligned}$$

以上推导表明：如果方阵 $\boldsymbol{A}$ 与 $\boldsymbol{B}$ 有关系式 $\boldsymbol{B}=\boldsymbol{P}^{-1}\boldsymbol{A}\boldsymbol{P}$，则 $f(\boldsymbol{A})$ 与 $f(\boldsymbol{B})$ 就有关系式 $f(\boldsymbol{B})=\boldsymbol{P}^{-1}f(\boldsymbol{A})\boldsymbol{P}$. 显然，这两个关系式的代数结构十分相似. 也许是由于这一代数结构上的相似性的缘故，我们称 $\boldsymbol{B}=\boldsymbol{P}^{-1}\boldsymbol{A}\boldsymbol{P}$ 为方阵 $\boldsymbol{A}$ 的相似矩阵.

定义 4.1　设 $\boldsymbol{A},\boldsymbol{B}$ 为 n 阶方阵，若存在可逆方阵 $\boldsymbol{P}$，使

$$\boldsymbol{P}^{-1}\boldsymbol{A}\boldsymbol{P}=\boldsymbol{B},$$

则称 $\boldsymbol{A}$ 与 $\boldsymbol{B}$ 相似，称 $\boldsymbol{B}$ 是 $\boldsymbol{A}$ 的**相似矩阵**，并称可逆方阵 $\boldsymbol{P}$ 为把 $\boldsymbol{A}$ 变成 $\boldsymbol{B}$ 的**相似变换**

矩阵.

容易看出,**矩阵的相似具有反身性、对称性和传递性**.

如果存在可逆矩阵 $\boldsymbol{P}$,使 $\boldsymbol{P}^{-1}\boldsymbol{AP}$ 为对角矩阵 $\boldsymbol{\Lambda}$,那么称方阵 $\boldsymbol{A}$ **可相似对角化**. 此时,我们有

$$\boldsymbol{A}=\boldsymbol{P\Lambda P}^{-1},\boldsymbol{A}^k=\boldsymbol{P\Lambda}^k\boldsymbol{P}^{-1}(k=2,3,\cdots),$$

$$f(\boldsymbol{A})=\boldsymbol{P}f(\boldsymbol{\Lambda})\boldsymbol{P}^{-1}(f\text{ 为多项式}).$$

而对于对角矩阵 $\boldsymbol{\Lambda}=\mathrm{diag}(\lambda_1,\lambda_2,\cdots,\lambda_n)$,我们有

$$\boldsymbol{\Lambda}^k=\mathrm{diag}(\lambda_1^k,\lambda_2^k,\cdots,\lambda_n^k),$$

$$f(\boldsymbol{\Lambda})=\mathrm{diag}(f(\lambda_1),f(\lambda_2),\cdots,f(\lambda_n)).$$

因此,当方阵 $\boldsymbol{A}$ 可相似对角化时,利用它的相似对角矩阵就可使方阵 $\boldsymbol{A}$ 的多项式计算变得简便.

下面分析方阵可相似对角化的条件.

设 n 阶方阵 $\boldsymbol{A}$ 与对角矩阵 $\boldsymbol{\Lambda}=\mathrm{diag}(\lambda_1,\lambda_2,\cdots,\lambda_n)$ 相似,其中相似变换矩阵为可逆矩阵 $\boldsymbol{P}$. 因为 $\boldsymbol{P}^{-1}\boldsymbol{AP}=\boldsymbol{\Lambda}$,所以 $\boldsymbol{AP}=\boldsymbol{P\Lambda}$. 将矩阵 $\boldsymbol{P}$ 按列分块为

$$\boldsymbol{P}=(\boldsymbol{p}_1,\boldsymbol{p}_2,\cdots,\boldsymbol{p}_n),$$

按矩阵的分块运算,

$$\boldsymbol{AP}=\boldsymbol{A}(\boldsymbol{p}_1,\boldsymbol{p}_2,\cdots,\boldsymbol{p}_n)=(\boldsymbol{Ap}_1,\boldsymbol{Ap}_2,\cdots,\boldsymbol{Ap}_n),$$

$$\boldsymbol{P\Lambda}=(\boldsymbol{p}_1,\boldsymbol{p}_2,\cdots,\boldsymbol{p}_n)\begin{pmatrix}\lambda_1 & & & \\ & \lambda_2 & & \\ & & \ddots & \\ & & & \lambda_n\end{pmatrix}=(\lambda_1\boldsymbol{p}_1,\lambda_2\boldsymbol{p}_2,\cdots,\lambda_n\boldsymbol{p}_n),$$

由 $\boldsymbol{AP}=\boldsymbol{P\Lambda}$,我们有

$$\boldsymbol{Ap}_i=\lambda_i\boldsymbol{p}_i,(i=1,2,\cdots,n).$$

注意 $\boldsymbol{P}$ 可逆,所以 $\boldsymbol{p}_1,\boldsymbol{p}_2,\cdots,\boldsymbol{p}_n$ 线性无关.

反之,如果存在线性无关向量组 $\boldsymbol{p}_1,\boldsymbol{p}_2,\cdots,\boldsymbol{p}_n$ 满足关系式

$$\boldsymbol{Ap}_i=\lambda_i\boldsymbol{p}_i,(i=1,2,\cdots,n),$$

则 $\boldsymbol{P}=(\boldsymbol{p}_1,\boldsymbol{p}_2,\cdots,\boldsymbol{p}_n)$ 可逆,且 $\boldsymbol{AP}=\boldsymbol{P\Lambda}$,从而 $\boldsymbol{P}^{-1}\boldsymbol{AP}=\boldsymbol{\Lambda}$.

这样,我们就得到了

定理 4.1 n 阶方阵 $\boldsymbol{A}$ 与对角矩阵 $\boldsymbol{\Lambda}=\mathrm{diag}(\lambda_1,\lambda_2,\cdots,\lambda_n)$ 相似的充分必要条件是存在线性无关向量组 $\boldsymbol{p}_1,\boldsymbol{p}_2,\cdots,\boldsymbol{p}_n$ 满足关系式

$$\boldsymbol{Ap}_i=\lambda_i\boldsymbol{p}_i,(i=1,2,\cdots,n).$$

二、方阵的特征值与特征向量

定义 4.2 对于方阵 $\boldsymbol{A}$,若存在数 λ 和非零向量 $\boldsymbol{p}$,使

$$\boldsymbol{Ap}=\lambda\boldsymbol{p},$$

则称数 λ 为 $\boldsymbol{A}$ 的**特征值**,称非零向量 $\boldsymbol{p}$ 为 $\boldsymbol{A}$ 对应于特征值 λ 的**特征向量**.

容易看出,方阵 $\boldsymbol{A}$ 对应于特征值 λ 的特征向量就是齐次线性方程组 $(\lambda\boldsymbol{I}-\boldsymbol{A})\boldsymbol{x}=\boldsymbol{0}$ 的一个非零解. 我们称齐次线性方程组 $(\lambda\boldsymbol{I}-\boldsymbol{A})\boldsymbol{x}=\boldsymbol{0}$ 的一个基础解系为**属于特征值 λ 的最大**

无关特征向量组，其所含有的向量个数称为特征值 λ 的**几何重数**. 由基础解系的性质知，n 阶方阵 $\boldsymbol{A}$ 的特征值 λ 的几何重数等于 $n-R(\lambda\boldsymbol{I}-\boldsymbol{A})$.

我们知道，齐次线性方程组 $(\lambda\boldsymbol{I}-\boldsymbol{A})\boldsymbol{x}=\boldsymbol{0}$ 有非零解的充分必要条件是它的系数行列式 $|\lambda\boldsymbol{I}-\boldsymbol{A}|=0$. 设 $\boldsymbol{A}=(a_{ij})$ 为 n 阶方阵，将 $|\lambda\boldsymbol{I}-\boldsymbol{A}|$ 完全展开，我们有

$$|\lambda\boldsymbol{I}-\boldsymbol{A}|=\lambda^n+c_{n-1}\lambda^{n-1}+\cdots+c_1\lambda+c_0,$$

其中系数

$$c_{n-1}=-(a_{11}+a_{22}+\cdots+a_{nn}),\tag{4.1}$$

其余各系数的具体表达式从略. 可见 $|\lambda\boldsymbol{I}-\boldsymbol{A}|$ 是一个关于变元 λ 的 n 次多项式，称此多项式为方阵 $\boldsymbol{A}$ 的**特征多项式**，而称方程 $|\lambda\boldsymbol{I}-\boldsymbol{A}|=0$ 为方阵 $\boldsymbol{A}$ 的**特征方程**. 方阵 $\boldsymbol{A}$ 的特征值就是它的特征方程的根. 如果特征值 λ 是特征方程的 k 重根（简称 k **重特征值**），则称重数 k 为特征值 λ 的**代数重数**.

注 方阵 $\boldsymbol{A}$ 的特征多项式也记作 $|\boldsymbol{A}-\lambda\boldsymbol{I}|$，除了可能相差一个负号外，与 $|\lambda\boldsymbol{I}-\boldsymbol{A}|$ 并无本质性的差异.

在复数范围内，n 次方程有 n 个根（重根按重数计算），因此，n 阶方阵有 n 个（复）特征值. 设 n 阶方阵 $\boldsymbol{A}=(a_{ij})$ 的 n 个（复）特征值为 $\lambda_1,\lambda_2,\cdots,\lambda_n$，则

$$|\lambda\boldsymbol{I}-\boldsymbol{A}|=(\lambda-\lambda_1)(\lambda-\lambda_2)\cdots(\lambda-\lambda_n).\tag{4.2}$$

由(4.1)式和(4.2)式，根据 Viete 定理，我们就得到**特征值的性质**：

(1) $\lambda_1\lambda_2\cdots\lambda_n=|\boldsymbol{A}|$；

(2) $\lambda_1+\lambda_2+\cdots+\lambda_n=a_{11}+a_{22}+\cdots+a_{nn}$.

注 n 阶方阵 $\boldsymbol{A}$ 的对角元素之和

$$\sum_{i=1}^{n}a_{ii}=a_{11}+a_{22}+\cdots+a_{nn}$$

称为**方阵 $\boldsymbol{A}$ 的迹**，记作 $\mathrm{tr}(\boldsymbol{A})$.

例 4.1.1 设 λ 为方阵 $\boldsymbol{A}$ 的一个特征值，试证 λ^2 为 $\boldsymbol{A}^2$ 的一个特征值.

证明 存在非零向量 $\boldsymbol{p}$，使 $\boldsymbol{A}\boldsymbol{p}=\lambda\boldsymbol{p}$，于是

$$\boldsymbol{A}^2\boldsymbol{p}=\boldsymbol{A}(\boldsymbol{A}\boldsymbol{p})=\boldsymbol{A}(\lambda\boldsymbol{p})=\lambda(\boldsymbol{A}\boldsymbol{p})=\lambda^2\boldsymbol{p},$$

因此 λ^2 为 $\boldsymbol{A}^2$ 的一个特征值.

本例的结果可以推广，事实上，我们可以证明如下结果：

设 $f(x)$ 为一个多项式，如果 λ 为方阵 $\boldsymbol{A}$ 的特征值，则 $f(\lambda)$ 为方阵 $f(\boldsymbol{A})$ 的特征值.

例 4.1.2 设方阵

$$\boldsymbol{A}=\begin{pmatrix}3 & -2\\ 2 & -2\end{pmatrix},$$

计算 $|\boldsymbol{A}^{10}-32\boldsymbol{A}^5-10\boldsymbol{I}|$.

解 方阵 $\boldsymbol{A}$ 的特征多项式为

$$|\lambda\boldsymbol{I}-\boldsymbol{A}|=\begin{vmatrix}\lambda-3 & 2\\ -2 & \lambda+2\end{vmatrix}=(\lambda+1)(\lambda-2),$$

所以方阵 $\boldsymbol{A}$ 的特征值为 $\lambda_1=-1,\lambda_2=2$.

设 $f(x)=x^{10}-32x^5-10$，则 $f(\boldsymbol{A})$ 的特征值为

$$f(\lambda_1)=23, f(\lambda_2)=-10,$$

于是

$$|\boldsymbol{A}^{10}-32\boldsymbol{A}^5-10\boldsymbol{I}|=|f(\boldsymbol{A})|=f(\lambda_1)f(\lambda_2)=-230.$$

例 4.1.3 求方阵

$$\boldsymbol{A}=\begin{pmatrix} 4 & 6 & 0 \\ -3 & -5 & 0 \\ -3 & -6 & 1 \end{pmatrix}$$

的特征值和特征向量.

解 方阵 $\boldsymbol{A}$ 的特征多项式为

$$|\lambda\boldsymbol{I}-\boldsymbol{A}|=\begin{vmatrix} \lambda-4 & -6 & 0 \\ 3 & \lambda+5 & 0 \\ 3 & 6 & \lambda-1 \end{vmatrix}=(\lambda+2)(\lambda-1)^2,$$

所以方阵 $\boldsymbol{A}$ 的特征值为 $\lambda_1=-2, \lambda_2=\lambda_3=1$.

当 $\lambda_1=-2$ 时,解方程组 $(-2\boldsymbol{I}-\boldsymbol{A})\boldsymbol{x}=\boldsymbol{0}$,得基础解系

$$\boldsymbol{p}_1=\begin{pmatrix} -1 \\ 1 \\ 1 \end{pmatrix},$$

所以方阵 $\boldsymbol{A}$ 对应于 $\lambda_1=-2$ 的全部特征向量为 $k_1\boldsymbol{p}_1$,$(k_1\neq 0)$.

当 $\lambda_2=\lambda_3=1$ 时,解方程组 $(\boldsymbol{I}-\boldsymbol{A})\boldsymbol{x}=\boldsymbol{0}$,得基础解系

$$\boldsymbol{p}_2=\begin{pmatrix} -2 \\ 1 \\ 0 \end{pmatrix}, \boldsymbol{p}_3=\begin{pmatrix} 0 \\ 0 \\ 1 \end{pmatrix},$$

所以方阵 $\boldsymbol{A}$ 对应于 $\lambda_2=\lambda_3=1$ 的全部特征向量为

$$k_2\boldsymbol{p}_2+k_3\boldsymbol{p}_3, (k_2, k_3 \text{ 不同时为零}).$$

例 4.1.4 求方阵

$$\boldsymbol{A}=\begin{pmatrix} -1 & 1 & 0 \\ -4 & 3 & 0 \\ 1 & 0 & 2 \end{pmatrix}$$

的特征值和特征向量.

解 方阵 $\boldsymbol{A}$ 的特征多项式为

$$|\lambda\boldsymbol{I}-\boldsymbol{A}|=\begin{vmatrix} \lambda+1 & -1 & 0 \\ 4 & \lambda-3 & 0 \\ -1 & 0 & \lambda-2 \end{vmatrix}=(\lambda-2)(\lambda-1)^2,$$

所以方阵 $\boldsymbol{A}$ 的特征值为 $\lambda_1=2, \lambda_2=\lambda_3=1$.

当 $\lambda_1=2$ 时,解方程组 $(2\boldsymbol{I}-\boldsymbol{A})\boldsymbol{x}=\boldsymbol{0}$,得基础解系

$$\boldsymbol{p}_1=\begin{pmatrix} 0 \\ 0 \\ 1 \end{pmatrix},$$

所以方阵 $\boldsymbol{A}$ 对应于 $\lambda_1=2$ 的全部特征向量为 $k_1\boldsymbol{p}_1$，$(k_1\neq 0)$.

当 $\lambda_2=\lambda_3=1$ 时，解方程组 $(\boldsymbol{I}-\boldsymbol{A})\boldsymbol{x}=\boldsymbol{0}$，得基础解系

$$\boldsymbol{p}_2=\begin{pmatrix}-1\\-2\\1\end{pmatrix},$$

所以方阵 $\boldsymbol{A}$ 对应于 $\lambda_2=\lambda_3=1$ 的全部特征向量为 $k_2\boldsymbol{p}_2$，$(k_2\neq 0)$.

下面我们介绍关于方阵的特征值与特征向量的一些结果.

定理 4.2 相似矩阵有相同的特征多项式，从而有相同的特征值.

证明 设方阵 $\boldsymbol{A}$ 与 $\boldsymbol{B}$ 相似，则存在可逆矩阵 $\boldsymbol{P}$，使 $\boldsymbol{B}=\boldsymbol{P}^{-1}\boldsymbol{A}\boldsymbol{P}$，于是

$$\begin{aligned}|\lambda\boldsymbol{I}-\boldsymbol{B}|&=|\lambda\boldsymbol{I}-\boldsymbol{P}^{-1}\boldsymbol{A}\boldsymbol{P}|=|\boldsymbol{P}^{-1}(\lambda\boldsymbol{I}-\boldsymbol{A})\boldsymbol{P}|\\&=|\boldsymbol{P}^{-1}|\cdot|\lambda\boldsymbol{I}-\boldsymbol{A}|\cdot|\boldsymbol{P}|=|\lambda\boldsymbol{I}-\boldsymbol{A}|,\end{aligned}$$

因此方阵 $\boldsymbol{A}$ 与 $\boldsymbol{B}$ 有相同的特征多项式，从而有相同的特征值.

显然，对角矩阵以对角元素为其特征值. 由定理 4.2 立即得到

推论 若对角矩阵 $\boldsymbol{\Lambda}$ 是 $\boldsymbol{A}$ 的相似矩阵，则 $\boldsymbol{\Lambda}$ 以 $\boldsymbol{A}$ 的特征值为对角元素.

定理 4.3 设 $\lambda_1,\lambda_2,\cdots,\lambda_m$ 是方阵 $\boldsymbol{A}$ 的 m 个互不相等的特征值，$\boldsymbol{p}_i$ 为属于 λ_i 的特征向量 $(i=1,2,\cdots,m)$，则 $\boldsymbol{p}_1,\boldsymbol{p}_2,\cdots,\boldsymbol{p}_m$ 线性无关.

证明 用数学归纳法证明.

当 $m=1$ 时，由于特征向量不为零向量，因此定理成立.

假设 $m=s-1$ 时，定理成立，考虑 $m=s$ 的情形. 设存在一组数 $k_1,k_2,\cdots,k_s$，使

$$k_1\boldsymbol{p}_1+k_2\boldsymbol{p}_2+\cdots+k_{s-1}\boldsymbol{p}_{s-1}+k_s\boldsymbol{p}_s=\boldsymbol{0},\tag{4.3}$$

用方阵 $\boldsymbol{A}$ 左乘(4.3)式两边，由 $\boldsymbol{A}\boldsymbol{p}_i=\lambda_i\boldsymbol{p}_i(i=1,2,\cdots,s)$，整理而得

$$k_1\lambda_1\boldsymbol{p}_1+k_2\lambda_2\boldsymbol{p}_2+\cdots+k_{s-1}\lambda_{s-1}\boldsymbol{p}_{s-1}+k_s\lambda_s\boldsymbol{p}_s=\boldsymbol{0}.\tag{4.4}$$

由(4.3)，(4.4)二式消去 $\boldsymbol{p}_s$，得

$$k_1(\lambda_1-\lambda_s)\boldsymbol{p}_1+k_2(\lambda_2-\lambda_s)\boldsymbol{p}_2+\cdots+k_{s-1}(\lambda_{s-1}-\lambda_s)\boldsymbol{p}_{s-1}=\boldsymbol{0}.$$

由归纳假设，$\boldsymbol{p}_1,\cdots,\boldsymbol{p}_{s-1}$ 线性无关，于是

$$k_i(\lambda_i-\lambda_s)=0,(i=1,2,\cdots,s-1).$$

因为 $\lambda_i-\lambda_s\neq 0(i=1,2,\cdots,s-1)$，所以 $k_i=0(i=1,\cdots,s-1)$. 于是(4.3)式化为 $k_s\boldsymbol{p}_s=\boldsymbol{0}$，因为 $\boldsymbol{p}_s\neq\boldsymbol{0}$，所以 $k_s=0$. 因此 $\boldsymbol{p}_1,\boldsymbol{p}_2,\cdots,\boldsymbol{p}_s$ 线性无关，即 $m=s$ 时，定理也成立.

定理 4.3 可加强为

定理 4.4 设 $\lambda_1,\lambda_2,\cdots,\lambda_m$ 是方阵 $\boldsymbol{A}$ 的 m 个不同的特征值，A_i 为属于 λ_i 的最大无关特征向量组 $(i=1,2,\cdots,m)$，则由 $A_1,A_2,\cdots,A_m$ 的并集构成的向量组线性无关.

证明 设 $A_i:\boldsymbol{p}_{i,1},\boldsymbol{p}_{i,2},\cdots,\boldsymbol{p}_{i,n_i}(i=1,2,\cdots,m)$. 考虑方程

$$\begin{aligned}&(x_{1,1}\boldsymbol{p}_{1,1}+x_{1,2}\boldsymbol{p}_{1,2}+\cdots+x_{1,n_1}\boldsymbol{p}_{1,n_1})+\cdots\\&+(x_{m,1}\boldsymbol{p}_{m,1}+x_{m,2}\boldsymbol{p}_{m,2}+\cdots+x_{m,n_m}\boldsymbol{p}_{m,n_m})=\boldsymbol{0}.\end{aligned}\tag{4.5}$$

注意，$x_{i,1}\boldsymbol{p}_{i,1}+x_{i,2}\boldsymbol{p}_{i,2}+\cdots+x_{i,n_i}\boldsymbol{p}_{i,n_i}(i=1,2,\cdots,m)$ 要么为属于 λ_i 的特征向量，要么为零向量. 根据定理 4.3，若(4.5)式成立，则

$$x_{i,1}\boldsymbol{p}_{i,1}+x_{i,2}\boldsymbol{p}_{i,2}+\cdots+x_{i,n_i}\boldsymbol{p}_{i,n_i}=\boldsymbol{0}(i=1,2,\cdots,m),$$

因 $\boldsymbol{p}_{i,1},\boldsymbol{p}_{i,2},\cdots,\boldsymbol{p}_{i,n_i}$ 线性无关，所以 $x_{i,1}=x_{i,2}=\cdots=x_{i,n_i}=0(i=1,2,\cdots,m)$. 这样，我们就证明了方程(4.5)只有零解，从而 $\boldsymbol{p}_{1,1},\cdots,\boldsymbol{p}_{1,n_1},\cdots,\boldsymbol{p}_{m,1},\cdots,\boldsymbol{p}_{m,n_m}$ 线性无关.

定理 4.5 方阵 $\boldsymbol{A}$ 的每一特征值的几何重数不大于代数重数.

证明 设 λ_0 为 n 阶方阵 $\boldsymbol{A}$ 的特征值,记 $r=R(\lambda_0\boldsymbol{I}-\boldsymbol{A})$,则存在可逆矩阵 $\boldsymbol{P},\boldsymbol{Q}$,使

$$\lambda_0\boldsymbol{I}-\boldsymbol{A}=\boldsymbol{P}\begin{pmatrix}\boldsymbol{I}_r & \boldsymbol{O}\\ \boldsymbol{O} & \boldsymbol{O}\end{pmatrix}\boldsymbol{Q}.$$

将 $\boldsymbol{QP}$ 分块为

$$\boldsymbol{QP}=\begin{pmatrix}\boldsymbol{B}_1 & \boldsymbol{B}_2\\ \boldsymbol{B}_3 & \boldsymbol{B}_4\end{pmatrix},$$

其中 $\boldsymbol{B}_1$ 为 r 阶矩阵,我们有

$$\boldsymbol{P}^{-1}(\lambda_0\boldsymbol{I}-\boldsymbol{A})\boldsymbol{P}=\begin{pmatrix}\boldsymbol{I}_r & \boldsymbol{O}\\ \boldsymbol{O} & \boldsymbol{O}\end{pmatrix}\boldsymbol{QP}=\begin{pmatrix}\boldsymbol{B}_1 & \boldsymbol{B}_2\\ \boldsymbol{O} & \boldsymbol{O}\end{pmatrix}.$$

方阵 $\boldsymbol{A}$ 的特征多项式

$$\begin{aligned}|\lambda\boldsymbol{I}-\boldsymbol{A}|&=|(\lambda-\lambda_0)\boldsymbol{I}+(\lambda_0\boldsymbol{I}-\boldsymbol{A})|\\&=|(\lambda-\lambda_0)\boldsymbol{I}+\boldsymbol{P}^{-1}(\lambda_0\boldsymbol{I}-\boldsymbol{A})\boldsymbol{P}|\\&=\begin{vmatrix}(\lambda-\lambda_0)\boldsymbol{I}_r+\boldsymbol{B}_1 & \boldsymbol{B}_2\\ \boldsymbol{O} & (\lambda-\lambda_0)\boldsymbol{I}_{n-r}\end{vmatrix}\\&=(\lambda-\lambda_0)^{n-r}|(\lambda-\lambda_0)\boldsymbol{I}_r+\boldsymbol{B}_1|.\end{aligned}$$

由此可知,λ_0 的代数重数不小于几何重数 $n-r$.

三、方阵相似对角化的条件

引入特征向量的术语,定理 4.1 就改写为

定理 4.6 n 阶方阵 $\boldsymbol{A}$ 可相似对角化的充分必要条件是 $\boldsymbol{A}$ 有 n 个线性无关的特征向量.

由定理 4.3 和定理 4.6 立即得到

推论 若 n 阶方阵 $\boldsymbol{A}$ 的 n 个特征值互不相等,则 $\boldsymbol{A}$ 可相似对角化.

当矩阵 $\boldsymbol{A}$ 的每一特征值的几何重数等于代数重数时,由定理 4.4 可推知矩阵 $\boldsymbol{A}$ 有 n 个线性无关的特征向量,因此由定理 4.6 知矩阵 $\boldsymbol{A}$ 可相似对角化. 这样,我们就得到如下定理的充分性.

定理 4.7 方阵 $\boldsymbol{A}$ 可相似对角化的充分必要条件是 $\boldsymbol{A}$ 的每一特征值的几何重数等于代数重数.

证明 我们只需证明必要性.

设 $\boldsymbol{A}$ 与对角矩阵 $\boldsymbol{\Lambda}=\mathrm{diag}(\lambda_1,\lambda_2,\cdots,\lambda_n)$ 相似,则 $\lambda\boldsymbol{I}-\boldsymbol{A}$ 与对角矩阵

$$\lambda\boldsymbol{I}-\boldsymbol{\Lambda}=\mathrm{diag}(\lambda-\lambda_1,\lambda-\lambda_2,\cdots,\lambda-\lambda_n)$$

相似,因此 $R(\lambda\boldsymbol{I}-\boldsymbol{A})=R(\lambda\boldsymbol{I}-\boldsymbol{\Lambda})$. 设 λ 是 $\boldsymbol{A}$ 的 k 重特征值,那么由定理 4.2 知 $\lambda\boldsymbol{I}-\boldsymbol{\Lambda}$ 的对角元素恰有 k 个等于 0,于是 $R(\lambda\boldsymbol{I}-\boldsymbol{\Lambda})=n-k$,从而

$$k=n-R(\lambda\boldsymbol{I}-\boldsymbol{\Lambda})=n-R(\lambda\boldsymbol{I}-\boldsymbol{A}).$$

由定理 4.5 知,如果方阵的一个特征值的代数重数为 1,则其几何重数一定也为 1. 因此,在应用定理 4.7 判断方阵可否相似对角化时,我们只需考虑代数重数大于 1 的特征值,看它们的几何重数是否等于代数重数即可.

对于例 4.1.3 中的矩阵 $\boldsymbol{A}$,因为特征值 $\lambda_2=\lambda_3=1$ 的几何重数为 2,等于代数重数 2,

所以矩阵 $\boldsymbol{A}$ 可相似对角化.

对于例 4.1.4 中的矩阵 $\boldsymbol{A}$,因为特征值 $\lambda_2=\lambda_3=1$ 的几何重数为 1,小于代数重数 2,所以矩阵 $\boldsymbol{A}$ 不可相似对角化.

例 4.1.5 已知方阵

$$\boldsymbol{A}=\begin{pmatrix}-1&0&1\\2&1&y\\-6&0&4\end{pmatrix}$$

与对角矩阵 $\boldsymbol{\Lambda}=\mathrm{diag}(1,2,x)$ 相似,求 x 和 y.

解 因为方阵 $\boldsymbol{A}$ 与对角矩阵 $\boldsymbol{\Lambda}$ 相似,所以方阵 $\boldsymbol{A}$ 的特征值为 $\lambda_1=1$, $\lambda_2=2$, $\lambda_3=x$. 由特征值的性质知

$$\lambda_1+\lambda_2+\lambda_3=\mathrm{tr}(\boldsymbol{A}),$$

得 $3+x=4$,所以 $x=1$. 因为方阵 $\boldsymbol{A}$ 可相似对角化,所以特征值 $\lambda_1=\lambda_3=1$ 的几何重数等于代数重数,即 $3-R(\boldsymbol{I}-\boldsymbol{A})=2$,从而 $R(\boldsymbol{I}-\boldsymbol{A})=1$. 由

$$\boldsymbol{I}-\boldsymbol{A}=\begin{pmatrix}2&0&-1\\-2&0&-y\\6&0&-3\end{pmatrix}\sim\begin{pmatrix}2&0&-1\\0&0&-y-1\\0&0&0\end{pmatrix}$$

可知,当且仅当 $y=-1$ 时,$R(\boldsymbol{I}-\boldsymbol{A})=1$.

当方阵可相似对角化时,根据定理 4.1,我们有

方阵相似对角化的算法:

(1) 求出方阵 $\boldsymbol{A}$ 的所有特征值;

(2) 对每一特征值,求出属于它的最大无关特征向量组;

(3) 将求出的所有特征向量排成一个矩阵 $\boldsymbol{P}$,则 $\boldsymbol{P}^{-1}\boldsymbol{A}\boldsymbol{P}$ 为对角矩阵.

不妨设 $\boldsymbol{P}=(\boldsymbol{p}_1,\boldsymbol{p}_2,\cdots,\boldsymbol{p}_n)$,$\boldsymbol{A}\boldsymbol{p}_i=\lambda_i\boldsymbol{p}_i(i=1,2,\cdots,n)$,则

$$\boldsymbol{P}^{-1}\boldsymbol{A}\boldsymbol{P}=\mathrm{diag}(\lambda_1,\lambda_2,\cdots,\lambda_n).$$

注意,$\boldsymbol{\lambda_i}$ 与 $\boldsymbol{p}_i$ 的位置次序一定要相应.

例如,对于例 4.1.3 中的矩阵 $\boldsymbol{A}$,取

$$\boldsymbol{P}=(\boldsymbol{p}_1,\boldsymbol{p}_2,\boldsymbol{p}_3)=\begin{pmatrix}-1&-2&0\\1&1&0\\1&0&1\end{pmatrix},$$

我们有

$$\boldsymbol{P}^{-1}\boldsymbol{A}\boldsymbol{P}=\begin{pmatrix}-2&0&0\\0&1&0\\0&0&1\end{pmatrix}.$$

而取

$$\boldsymbol{Q}=(\boldsymbol{p}_2+\boldsymbol{p}_3,\boldsymbol{p}_1,\boldsymbol{p}_2-\boldsymbol{p}_3)=\begin{pmatrix}-2&-1&-2\\1&1&1\\1&1&-1\end{pmatrix},$$

我们又有

$$Q^{-1}AQ=\begin{pmatrix}1&0&0\\0&-2&0\\0&0&1\end{pmatrix}.$$

由此可见,化矩阵为对角矩阵,所用的相似变换矩阵并不唯一.

例 4.1.6 已知矩阵

$$\boldsymbol{A}=\begin{pmatrix}4&3\\-2&-1\end{pmatrix},$$

求$\boldsymbol{A}^n$.

解 矩阵 $\boldsymbol{A}$ 的特征多项式为

$$|\lambda\boldsymbol{I}-\boldsymbol{A}|=\begin{vmatrix}\lambda-4&-3\\2&\lambda+1\end{vmatrix}=(\lambda-1)(\lambda-2),$$

所以矩阵 $\boldsymbol{A}$ 的特征值为$\lambda_1=1,\lambda_2=2$.

当 $\lambda_1=1$ 时,解方程组$(\boldsymbol{I}-\boldsymbol{A})\boldsymbol{x}=\boldsymbol{0}$,得特征向量 $\boldsymbol{p}_1=(-1,1)^{\mathrm{T}}$.

当 $\lambda_2=2$ 时,解方程组$(2\boldsymbol{I}-\boldsymbol{A})\boldsymbol{x}=\boldsymbol{0}$,得特征向量 $\boldsymbol{p}_2=(-3,2)^{\mathrm{T}}$.

取

$$\boldsymbol{P}=(\boldsymbol{p}_1,\boldsymbol{p}_2)=\begin{pmatrix}-1&-3\\1&2\end{pmatrix},$$

则

$$\boldsymbol{P}^{-1}\boldsymbol{A}\boldsymbol{P}=\boldsymbol{\Lambda}=\begin{pmatrix}1&0\\0&2\end{pmatrix},$$

于是 $\boldsymbol{A}=\boldsymbol{P}\boldsymbol{\Lambda}\boldsymbol{P}^{-1}$,所以

$$\boldsymbol{A}^n=\boldsymbol{P}\boldsymbol{\Lambda}^n\boldsymbol{P}^{-1}=\begin{pmatrix}-1&-3\\1&2\end{pmatrix}\begin{pmatrix}1&0\\0&2^n\end{pmatrix}\begin{pmatrix}2&3\\-1&-1\end{pmatrix}$$

$$=\begin{pmatrix}-1&-3\times2^n\\1&2^{n+1}\end{pmatrix}\begin{pmatrix}2&3\\-1&-1\end{pmatrix}=\begin{pmatrix}3\times2^n-2&3\times2^n-3\\2-2^{n+1}&3-2^{n+1}\end{pmatrix}.$$

习题 4—1

1. 求下列矩阵的特征值和特征向量.

(1) $\begin{pmatrix}5&6&-3\\-1&0&1\\1&2&1\end{pmatrix}$; (2) $\begin{pmatrix}1&2&3\\2&1&3\\3&3&6\end{pmatrix}$.

2. 已知 3 阶矩阵 $\boldsymbol{A}$ 的特征值为 1,2,3,求$|\boldsymbol{A}^3-5\boldsymbol{A}^2+7\boldsymbol{A}|$.

3. 已知向量 $\boldsymbol{a}=\begin{pmatrix}1\\k\\1\end{pmatrix}$ 是矩阵 $\boldsymbol{A}=\begin{pmatrix}2&1&1\\1&2&1\\1&1&2\end{pmatrix}$ 的逆矩阵$\boldsymbol{A}^{-1}$的特征向量. 试求常数 k.

4. 设矩阵 $\boldsymbol{A}=\begin{pmatrix}2&0&1\\3&1&x\\4&0&5\end{pmatrix}$ 可相似对角化,求 x.

5. 已知矩阵 $\boldsymbol{A}=\begin{pmatrix}2&0&0\\0&0&1\\0&1&x\end{pmatrix}$ 与 $\boldsymbol{B}=\begin{pmatrix}2&0&0\\0&y&0\\0&0&-1\end{pmatrix}$ 相似.

(1) 求 x 和 y;

(2) 求一个满足 $\boldsymbol{P}^{-1}\boldsymbol{A}\boldsymbol{P}=\boldsymbol{B}$ 的可逆矩阵 $\boldsymbol{P}$.

6. 设二阶方阵 $\boldsymbol{A}$ 的特征值为 $\lambda_1=1,\lambda_2=2$,对应的特征向量依次为

$$\boldsymbol{p}_1=\begin{pmatrix}1\\1\end{pmatrix},\boldsymbol{p}_2=\begin{pmatrix}2\\1\end{pmatrix},$$

求 $\boldsymbol{A}^n$.

7. 设 $\boldsymbol{A},\boldsymbol{B}$ 都是 n 阶方阵,且 $|\boldsymbol{A}|\neq0$,证明:$\boldsymbol{AB}$ 与 $\boldsymbol{BA}$ 相似.

8. 设 λ 为 n 阶可逆矩阵 $\boldsymbol{A}$ 的一个特征值,证明:

(1) λ^{-1} 为 $\boldsymbol{A}^{-1}$ 的特征值;

(2) $|\boldsymbol{A}|\lambda^{-1}$ 为 $\boldsymbol{A}^*$ 的特征值.

第二节 对称矩阵的相似对角化

一般而言,并不是任何方阵都可以相似对角化,而对称矩阵一定可以相似对角化,且相似变换矩阵可取为正交矩阵(定理 4.10).

定理 4.8 对称矩阵的特征值为实数.

证明 设 $\alpha+\beta\mathrm{i}$ 为对称矩阵 $\boldsymbol{A}$ 的任意一个特征值,令 $\boldsymbol{A}_1=\alpha\boldsymbol{I}-\boldsymbol{A}$,则 $\boldsymbol{A}_1$ 仍为对称矩阵,且有

$$0=|(\alpha+\beta\mathrm{i})\boldsymbol{I}-\boldsymbol{A}|=|\boldsymbol{A}_1+\beta\mathrm{i}\boldsymbol{I}|.$$

两边乘以 $|\boldsymbol{A}_1-\beta\mathrm{i}\boldsymbol{I}|$ 得

$$0=|\boldsymbol{A}_1+\beta\mathrm{i}\boldsymbol{I}||\boldsymbol{A}_1-\beta\mathrm{i}\boldsymbol{I}|=|\boldsymbol{A}_1^2+\beta^2\boldsymbol{I}|,$$

因此,存在非零向量 $\boldsymbol{p}$,使得

$$(\boldsymbol{A}_1^2+\beta^2\boldsymbol{I})\boldsymbol{p}=\boldsymbol{0},$$

于是

$$0=\boldsymbol{p}^{\mathrm{T}}(\boldsymbol{A}_1^2+\beta^2\boldsymbol{I})\boldsymbol{p}=\|\boldsymbol{A}_1\boldsymbol{p}\|^2+\beta^2\|\boldsymbol{p}\|^2,$$

由此可知 $\beta=0$.

定理 4.9 设 λ_1,λ_2 是对称矩阵 $\boldsymbol{A}$ 的两个不同特征值,$\boldsymbol{p}_1,\boldsymbol{p}_2$ 是对应的特征向量,则 $\boldsymbol{p}_1$ 与 $\boldsymbol{p}_2$ 正交.

证明 由 $\boldsymbol{A}\boldsymbol{p}_1=\lambda_1\boldsymbol{p}_1$,得 $\lambda_1\boldsymbol{p}_1^{\mathrm{T}}=\boldsymbol{p}_1^{\mathrm{T}}\boldsymbol{A}$,再由 $\boldsymbol{A}\boldsymbol{p}_2=\lambda_2\boldsymbol{p}_2$,得

$$\lambda_1\boldsymbol{p}_1^{\mathrm{T}}\boldsymbol{p}_2=\boldsymbol{p}_1^{\mathrm{T}}\boldsymbol{A}\boldsymbol{p}_2=\boldsymbol{p}_1^{\mathrm{T}}(\lambda_2\boldsymbol{p}_2)=\lambda_2\boldsymbol{p}_1^{\mathrm{T}}\boldsymbol{p}_2,$$

于是

$$(\lambda_1-\lambda_2)\boldsymbol{p}_1^{\mathrm{T}}\boldsymbol{p}_2=0,$$

因此$\boldsymbol{p}_1^{\mathrm{T}}\boldsymbol{p}_2=0$,即$\boldsymbol{p}_1$与$\boldsymbol{p}_2$正交.

定理 4.10 设 $\boldsymbol{A}$ 为对称矩阵,则必存在正交矩阵 $\boldsymbol{P}$,使

$$\boldsymbol{P}^{-1}\boldsymbol{A}\boldsymbol{P}=\boldsymbol{P}^{\mathrm{T}}\boldsymbol{A}\boldsymbol{P}=\boldsymbol{\Lambda},$$

其中 $\boldsymbol{\Lambda}$ 为对角矩阵,以 $\boldsymbol{A}$ 的特征值为对角元素.

证明 对于一阶对称矩阵,定理显然成立.

假设对于 $n-1$ 阶对称矩阵,定理成立. 设$\boldsymbol{A}$为 n 阶对称矩阵,λ_1 是对称矩阵 $\boldsymbol{A}$ 的特征值,$\boldsymbol{e}_1$ 是对应的单位特征向量. 取方程$\boldsymbol{e}_1^{\mathrm{T}}\boldsymbol{x}=0$ 的解空间的一个规范正交基$\boldsymbol{e}_2,\boldsymbol{e}_3,\cdots,\boldsymbol{e}_n$,令 $\boldsymbol{H}=(\boldsymbol{e}_1,\boldsymbol{e}_2,\cdots,\boldsymbol{e}_n)$,则 $\boldsymbol{H}$ 为正交矩阵,且有

$$\boldsymbol{e}_1^{\mathrm{T}}\boldsymbol{A}\boldsymbol{e}_1=\boldsymbol{e}_1^{\mathrm{T}}(\lambda_1\boldsymbol{e}_1)=\lambda_1,$$

$$\boldsymbol{e}_1^{\mathrm{T}}\boldsymbol{A}\boldsymbol{e}_i=\boldsymbol{e}_i^{\mathrm{T}}\boldsymbol{A}\boldsymbol{e}_1=\boldsymbol{e}_i^{\mathrm{T}}(\lambda\boldsymbol{e}_1)=0,(i=2,3,\cdots,n).$$

按矩阵的分块运算知$\boldsymbol{H}^{\mathrm{T}}\boldsymbol{A}\boldsymbol{H}$ 的(i,j)元为$\boldsymbol{e}_i^{\mathrm{T}}\boldsymbol{A}\boldsymbol{e}_j$. 因此$\boldsymbol{H}^{\mathrm{T}}\boldsymbol{A}\boldsymbol{H}$ 可表示为分块对角矩阵

$$\boldsymbol{H}^{\mathrm{T}}\boldsymbol{A}\boldsymbol{H}=\begin{pmatrix}\lambda_1 & \\ & \boldsymbol{A}_1\end{pmatrix},$$

其中$\boldsymbol{A}_1$ 为 $n-1$ 阶对称矩阵. 由归纳假设,存在正交矩阵$\boldsymbol{P}_1$,使

$$\boldsymbol{P}_1^{-1}\boldsymbol{A}_1\boldsymbol{P}_1=\boldsymbol{P}_1^{\mathrm{T}}\boldsymbol{A}_1\boldsymbol{P}_1=\boldsymbol{\Lambda}_1,$$

其中 $\boldsymbol{\Lambda}_1$ 为对角矩阵. 取

$$\boldsymbol{P}=\boldsymbol{H}\begin{pmatrix}1 & \\ & \boldsymbol{P}_1\end{pmatrix},$$

则 $\boldsymbol{P}$ 为正交矩阵,且有

$$\boldsymbol{P}^{-1}\boldsymbol{A}\boldsymbol{P}=\boldsymbol{P}^{\mathrm{T}}\boldsymbol{A}\boldsymbol{P}=\begin{pmatrix}1 & \\ & \boldsymbol{P}_1\end{pmatrix}^{\mathrm{T}}\boldsymbol{H}^{\mathrm{T}}\boldsymbol{A}\boldsymbol{H}\begin{pmatrix}1 & \\ & \boldsymbol{P}_1\end{pmatrix}$$

$$=\begin{pmatrix}1 & \\ & \boldsymbol{P}_1^{\mathrm{T}}\end{pmatrix}\begin{pmatrix}\lambda_1 & \\ & \boldsymbol{A}_1\end{pmatrix}\begin{pmatrix}1 & \\ & \boldsymbol{P}_1\end{pmatrix}=\begin{pmatrix}\lambda_1 & \\ & \boldsymbol{\Lambda}_1\end{pmatrix}.$$

由本章第一节定理 4.2 的推论知,对角矩阵 $\boldsymbol{\Lambda}=\mathrm{diag}(\lambda_1,\boldsymbol{\Lambda}_1)$以 $\boldsymbol{A}$ 的特征值为对角元素.

在方阵相似对角化算法的基础上,只要将每一特征值对应的最大无关特征向量组规范正交化,那么,根据定理 4.9,我们得到的相似变换矩阵一定是一个正交矩阵. 因此,我们有

用正交矩阵(作为相似变换矩阵)化对称矩阵为对角矩阵的算法:

(1) 求出对称矩阵 $\boldsymbol{A}$ 的所有特征值;

(2) 对每一特征值,求出属于它的最大无关特征向量组,再用 Schmidt 正交化方法,将这组特征向量规范正交化;

(3) 将求出的所有经过规范正交化的特征向量排成一个正交矩阵 $\boldsymbol{P}$,则$\boldsymbol{P}^{-1}\boldsymbol{A}\boldsymbol{P}$ 为对角矩阵.

不妨设 $\boldsymbol{P}=(\boldsymbol{p}_1,\boldsymbol{p}_2,\cdots,\boldsymbol{p}_n)$,$\boldsymbol{A}\boldsymbol{p}_i=\lambda_i\boldsymbol{p}_i$,$(i=1,2,\cdots,n)$,则

$$\boldsymbol{P}^{-1}\boldsymbol{A}\boldsymbol{P}=\boldsymbol{P}^{\mathrm{T}}\boldsymbol{A}\boldsymbol{P}=\mathrm{diag}(\lambda_1,\lambda_2,\cdots,\lambda_n).$$

注意,$\boldsymbol{\lambda_i}$ 与 $\boldsymbol{p_i}$ 的位置次序一定要相应.

例 4.2.1 设对称矩阵

$$\boldsymbol{A}=\begin{pmatrix}0&1&1\\1&0&1\\1&1&0\end{pmatrix},$$

求一个正交矩阵 $\boldsymbol{P}$,使$\boldsymbol{P}^{-1}\boldsymbol{AP}$ 为对角矩阵.

解 方阵 $\boldsymbol{A}$ 的特征多项式为

$$|\lambda\boldsymbol{I}-\boldsymbol{A}|=\begin{vmatrix}\lambda&-1&-1\\-1&\lambda&-1\\-1&-1&\lambda\end{vmatrix}=(\lambda-2)(\lambda+1)^2,$$

所以方阵 $\boldsymbol{A}$ 的特征值为$\lambda_1=2,\lambda_2=\lambda_3=-1$.

当 $\lambda_1=2$ 时,解方程组$(2\boldsymbol{I}-\boldsymbol{A})\boldsymbol{x}=\boldsymbol{0}$,得特征向量

$$\xi_1=\begin{pmatrix}1\\1\\1\end{pmatrix},$$

单位化得

$$\boldsymbol{p}_1=\frac{1}{\sqrt{3}}\begin{pmatrix}1\\1\\1\end{pmatrix}.$$

当 $\lambda_2=\lambda_3=-1$ 时,解方程组$(-\boldsymbol{I}-\boldsymbol{A})\boldsymbol{x}=\boldsymbol{0}$,得最大无关特征向量组

$$\xi_2=\begin{pmatrix}-1\\1\\0\end{pmatrix},\xi_3=\begin{pmatrix}-1\\0\\1\end{pmatrix},$$

规范正交化得

$$\boldsymbol{p}_2=\frac{1}{\sqrt{2}}\begin{pmatrix}-1\\1\\0\end{pmatrix},\boldsymbol{p}_3=\frac{1}{\sqrt{6}}\begin{pmatrix}-1\\-1\\2\end{pmatrix}.$$

所以取正交矩阵

$$\boldsymbol{P}=(\boldsymbol{p}_1,\boldsymbol{p}_2,\boldsymbol{p}_3)=\begin{pmatrix}\frac{1}{\sqrt{3}}&-\frac{1}{\sqrt{2}}&-\frac{1}{\sqrt{6}}\\\frac{1}{\sqrt{3}}&\frac{1}{\sqrt{2}}&-\frac{1}{\sqrt{6}}\\\frac{1}{\sqrt{3}}&0&\frac{2}{\sqrt{6}}\end{pmatrix},$$

就使$\boldsymbol{P}^{-1}\boldsymbol{AP}$ 为对角矩阵,具体地有

$$\boldsymbol{P}^{-1}\boldsymbol{AP}=\boldsymbol{P}^{\mathrm{T}}\boldsymbol{AP}=\begin{pmatrix}2&0&0\\0&-1&0\\0&0&-1\end{pmatrix}.$$

习题 4—2

1. 设三阶对称矩阵 $\boldsymbol{A}$ 的特征值为 6,3,3,与特征值 6 对应的特征向量为 $\boldsymbol{p}_1=(1,1,1)^{\mathrm{T}}$,求 $\boldsymbol{A}$.

2. 试求一个正交的相似变换矩阵,将下列对称矩阵化为对角矩阵:

(1) $\begin{pmatrix} 2 & -2 & 0 \\ -2 & 1 & -2 \\ 0 & -2 & 0 \end{pmatrix}$; (2) $\begin{pmatrix} 2 & 2 & -2 \\ 2 & 5 & -4 \\ -2 & -4 & 5 \end{pmatrix}$.

3. 设 $\boldsymbol{A}=\begin{pmatrix} 2 & 1 & 2 \\ 1 & 2 & 2 \\ 2 & 2 & 1 \end{pmatrix}$,求 $f(\boldsymbol{A})=\boldsymbol{A}^{10}-6\boldsymbol{A}^9+5\boldsymbol{A}^8$.

4. 设 $f(\lambda)$ 为对称矩阵 $\boldsymbol{A}$ 的特征多项式,证明 $f(\boldsymbol{A})=\boldsymbol{O}$.

注 更一般地有 Cayley-Hamilton 定理:

设 $f(\lambda)$ 为方阵 $\boldsymbol{A}$ 的特征多项式,则 $f(\boldsymbol{A})=\boldsymbol{O}$.

第三节 二次型及其标准形

一、用正交变换化二次型为标准形

在解析几何中,为了便于研究二次曲线

$$ax^2+bxy+cy^2=1, \tag{4.6}$$

的几何性质,可以选择适当的坐标旋转变换

$$\begin{cases} x=x'\cos\theta-y'\sin\theta, \\ y=x'\sin\theta+y'\cos\theta, \end{cases}$$

把方程化为标准形

$$m(x')^2+n(y')^2=1.$$

(4.6)式的左边是一个二次齐次多项式,上述标准化问题,实际上就是通过变元的正交线性变换化简一个二次齐次多项式,使它只含有平方项.这样一个问题,在许多理论问题或实际问题中经常会遇到.现在我们把这类问题一般化,讨论 n 个变元的二次齐次多项式的化简问题.

定义 4.3 含有 n 个变元 $x_1,x_2,\cdots,x_n$ 的二次齐次多项式

$$a_{11}x_1^2+a_{22}x_2^2+\cdots+a_{nn}x_n^2+2a_{12}x_1x_2+2a_{13}x_1x_3+\cdots+2a_{n-1,n}x_{n-1}x_n, \tag{4.7}$$

称为 n 元**二次型**(Quadratic Form),记作 $q(\boldsymbol{x})$,其中 $\boldsymbol{x}=(x_1,x_2,\cdots,x_n)^{\mathrm{T}}$.

记 n 阶对称矩阵 $\boldsymbol{A}=(a_{ij})$,$\boldsymbol{x}=(x_1,x_2,\cdots,x_n)^{\mathrm{T}}$,直接验算可知,(4.7)式可表示为

$$q(\boldsymbol{x})=\boldsymbol{x}^{\mathrm{T}}\boldsymbol{A}\boldsymbol{x}.$$

对称矩阵 $\boldsymbol{A}$ 与二次型 $q(\boldsymbol{x})$ 一一对应,称对称矩阵 $\boldsymbol{A}$ 为二次型 $q(\boldsymbol{x})$ 的矩阵.

只含有平方项的二次型称为**标准形**. 可以证明

通过变元的正交线性变换,一个二次型总能化为标准形.

事实上,对于 n 阶对称矩阵 $\boldsymbol{A}$,由本章第二节定理 4.10 知,存在正交矩阵 $\boldsymbol{P}$,使

$$\boldsymbol{P}^{\mathrm{T}}\boldsymbol{A}\boldsymbol{P}=\operatorname{diag}(\lambda_1,\lambda_2,\cdots,\lambda_n),$$

其中 $\lambda_1,\lambda_2,\cdots,\lambda_n$ 是 $\boldsymbol{A}$ 的 n 个特征值. 而对于 n 元二次型 $q(\boldsymbol{x})=\boldsymbol{x}^{\mathrm{T}}\boldsymbol{A}\boldsymbol{x}$,若选取正交变换 $\boldsymbol{x}=\boldsymbol{P}\boldsymbol{y}$,则

$$\begin{aligned}q(\boldsymbol{x})&=\boldsymbol{x}^{\mathrm{T}}\boldsymbol{A}\boldsymbol{x}=(\boldsymbol{P}\boldsymbol{y})^{\mathrm{T}}\boldsymbol{A}(\boldsymbol{P}\boldsymbol{y})\\&=\boldsymbol{y}^{\mathrm{T}}(\boldsymbol{P}^{\mathrm{T}}\boldsymbol{A}\boldsymbol{P})\boldsymbol{y}=\lambda_1y_1^2+\lambda_2y_2^2+\cdots+\lambda_ny_n^2.\end{aligned}$$

这样,通过正交变换 $\boldsymbol{x}=\boldsymbol{P}\boldsymbol{y}$,二次型 $q(\boldsymbol{x})$就化为变元 $\boldsymbol{y}$ 的标准形.

例 4.3.1 求一个正交变换 $\boldsymbol{x}=\boldsymbol{P}\boldsymbol{y}$,化二次型

$$q(\boldsymbol{x})=2x_1x_2+2x_1x_3+2x_2x_3$$

为 $\boldsymbol{y}$ 的标准形.

解 二次型 $q(\boldsymbol{x})$的矩阵为

$$\boldsymbol{A}=\begin{pmatrix}0&1&1\\1&0&1\\1&1&0\end{pmatrix}.$$

由本章第二节例 4.2.1,求得正交矩阵

$$\boldsymbol{P}=\begin{pmatrix}\frac{1}{\sqrt{3}}&-\frac{1}{\sqrt{2}}&-\frac{1}{\sqrt{6}}\\\frac{1}{\sqrt{3}}&\frac{1}{\sqrt{2}}&-\frac{1}{\sqrt{6}}\\\frac{1}{\sqrt{3}}&0&\frac{2}{\sqrt{6}}\end{pmatrix},$$

使

$$\boldsymbol{P}^{\mathrm{T}}\boldsymbol{A}\boldsymbol{P}=\boldsymbol{P}^{-1}\boldsymbol{A}\boldsymbol{P}=\begin{pmatrix}2&0&0\\0&-1&0\\0&0&-1\end{pmatrix}.$$

因此,取正交变换 $\boldsymbol{x}=\boldsymbol{P}\boldsymbol{y}$,就把 $q(\boldsymbol{x})$化为标准形

$$q(\boldsymbol{x})=2y_1^2-y_2^2-y_3^2.$$

例 4.3.2 二次曲面 $2xy+2xz+2yz=1$ 表示一个什么曲面?

解 由例 4.3.1 知方程 $2xy+2xz+2yz=1$ 通过正交变换

$$\begin{cases}x=\frac{1}{\sqrt{3}}x'-\frac{1}{\sqrt{2}}y'-\frac{1}{\sqrt{6}}z',\\y=\frac{1}{\sqrt{3}}x'+\frac{1}{\sqrt{2}}y'-\frac{1}{\sqrt{6}}z',\\z=\frac{1}{\sqrt{3}}x'+\frac{2}{\sqrt{6}}z',\end{cases}$$

化为标准方程 $2(x')^2-(y')^2-(z')^2=1$,此方程表示一个旋转双叶双曲面. 因为正交变换保持几何形状不变,所以二次曲面 $2xy+2xz+2yz=1$ 表示一个旋转双叶双曲面.

二、用配方法化二次形为标准形

用正交变换化二次型为标准形，具有保持几何形状不变的优点，但正交变换的算法较繁琐. 如果只考虑二次型的代数特点，我们可以更一般地讨论，用可逆线性变换化二次型为标准形. 具体地说，就是：

寻求一个**可逆线性变换** $\boldsymbol{x}=\boldsymbol{C}\boldsymbol{y}$，使 n 元二次型 $q(\boldsymbol{x})$ 化为变元 $\boldsymbol{y}$ 的标准形

$$q(\boldsymbol{x})=q(\boldsymbol{C}\boldsymbol{y})=k_1y_1^2+k_2y_2^2+\cdots+k_ny_n^2.$$

特别地，系数 $k_1,k_2,\cdots,k_n$ 只在 $1,-1,0$ 三个数中取值，且规范地表示为

$$q(\boldsymbol{x})=q(\boldsymbol{C}\boldsymbol{y})=y_1^2+\cdots+y_p^2-y_{p+1}^2-\cdots-y_r^2,(0\leqslant p\leqslant r\leqslant n)$$

的标准形称为**规范形**.

注 可以证明，任何一个给定的二次型，它的规范形是唯一的，这就是二次型的惯性定理(参见本章第四节).

下面举例说明 **Lagrange 配方法**.

例 4.3.3 求一个可逆线性变换 $\boldsymbol{x}=\boldsymbol{C}\boldsymbol{y}$，化二次型

$$q(\boldsymbol{x})=x_1^2+x_2^2+6x_3^2+4x_1x_2+6x_1x_3+6x_2x_3$$

为 $\boldsymbol{y}$ 的规范形.

解 对二次型进行配方：

$$\begin{aligned}q(\boldsymbol{x})&=(x_1+2x_2+3x_3)^2-3x_2^2-6x_2x_3-3x_3^2\\&=(x_1+2x_2+3x_3)^2-3(x_2+x_3)^2.\end{aligned}$$

令

$$\begin{cases}y_1=x_1+2x_2+3x_3,\\y_2=\sqrt{3}(x_2+x_3),\\y_3=x_3,\end{cases}$$

即

$$\begin{cases}x_1=y_1-\dfrac{2}{\sqrt{3}}y_2-y_3,\\x_2=\dfrac{1}{\sqrt{3}}y_2-y_3,\\x_3=y_3,\end{cases}$$

就把 $q(\boldsymbol{x})$ 化为规范形

$$q(\boldsymbol{x})=y_1^2-y_2^2.$$

所求可逆线性变换为 $\boldsymbol{x}=\boldsymbol{C}\boldsymbol{y}$，其中

$$\boldsymbol{C}=\begin{pmatrix}1&-\dfrac{2}{\sqrt{3}}&-1\\0&\dfrac{1}{\sqrt{3}}&-1\\0&0&1\end{pmatrix}.$$

例 4.3.4 化二次型

$$q(\boldsymbol{x})=2x_1x_2+2x_1x_3+2x_2x_3$$

为标准形.

解 令

$$\begin{cases}x_1=y_1,\\x_2=y_1+y_2,\\x_3=y_3,\end{cases}$$

代入得

$$\begin{aligned}q(\boldsymbol{x})&=2y_1^2+2y_1y_2+4y_1y_3+2y_2y_3\\&=2\left(y_1+\frac{1}{2}y_2+y_3\right)^2-\frac{1}{2}y_2^2-2y_3^2.\end{aligned}$$

令

$$\begin{cases}z_1=y_1+\dfrac{1}{2}y_2+y_3,\\z_2=y_2,\\z_3=y_3,\end{cases}$$

即

$$\begin{cases}y_1=z_1-\dfrac{1}{2}z_2-z_3,\\y_2=z_2,\\y_3=z_3,\end{cases}$$

就把 $q(\boldsymbol{x})$ 化为标准形

$$q(\boldsymbol{x})=2z_1^2-\frac{1}{2}z_2^2-2z_3^2.$$

所用可逆线性变换为 $\boldsymbol{x}=\boldsymbol{Cz}$,其中

$$\boldsymbol{C}=\begin{pmatrix}1&0&0\\1&1&0\\0&0&1\end{pmatrix}\begin{pmatrix}1&-\dfrac{1}{2}&-1\\0&1&0\\0&0&1\end{pmatrix}=\begin{pmatrix}1&-\dfrac{1}{2}&-1\\1&\dfrac{1}{2}&-1\\0&0&1\end{pmatrix}.$$

例 4.3.3 中含平方项 x_1^2,则把含 x_1 的所有项归并配方;例 4.3.4 中不含平方项,则把 x_1x_2 化为 $y_1^2+y_1y_2$,其中令

$$\begin{cases}x_1=y_1,\\x_2=y_1+y_2,\\x_3=y_3.\end{cases}$$

按这两例方法所得的变换矩阵,是对角元素全不为零的三角矩阵或其乘积,从而必可逆.

三、对称矩阵合同对角化的初等变换解法

设可逆线性变换 $\boldsymbol{x}=\boldsymbol{Cy}$,则二次型

$$q(\boldsymbol{x})=\boldsymbol{x}^{\mathrm{T}}\boldsymbol{A}\boldsymbol{x}=(\boldsymbol{C}\boldsymbol{y})^{\mathrm{T}}\boldsymbol{A}(\boldsymbol{C}\boldsymbol{y})=\boldsymbol{y}^{\mathrm{T}}(\boldsymbol{C}^{\mathrm{T}}\boldsymbol{A}\boldsymbol{C})\boldsymbol{y}.$$

当变元从 $\boldsymbol{x}$ 变换为 $\boldsymbol{y}$ 时，二次型的矩阵从 $\boldsymbol{A}$ 变换为 $\boldsymbol{B}=\boldsymbol{C}^{\mathrm{T}}\boldsymbol{A}\boldsymbol{C}$.

定义 4.4 设 $\boldsymbol{A},\boldsymbol{B}$ 为 n 阶矩阵，若有可逆矩阵 $\boldsymbol{C}$，使 $\boldsymbol{B}=\boldsymbol{C}^{\mathrm{T}}\boldsymbol{A}\boldsymbol{C}$，则称矩阵 $\boldsymbol{A}$ 与 $\boldsymbol{B}$ 是**合同矩阵**或**相合矩阵**(Congruent Matrics).

矩阵的合同具有反身性、对称性和传递性.

二次型的标准化问题，也即对称矩阵的合同对角化问题. 当矩阵 $\boldsymbol{A}$ 为对称矩阵时，合同矩阵 $\boldsymbol{B}=\boldsymbol{C}^{\mathrm{T}}\boldsymbol{A}\boldsymbol{C}$ 也为对称矩阵. 由初等变换保持矩阵的秩不变，可知 $R(\boldsymbol{B})=R(\boldsymbol{A})$. 因此，二次型 $q(\boldsymbol{x})=\boldsymbol{x}^{\mathrm{T}}\boldsymbol{A}\boldsymbol{x}$ 的标准形中含有的项数(非零系数的个数)，就是对称矩阵 $\boldsymbol{A}$ 的秩 $R(\boldsymbol{A})$，称它为**二次型 $q(\boldsymbol{x})$ 的秩.**

下面介绍**对称矩阵合同对角化的初等变换解法：**

设 $\boldsymbol{C}=\boldsymbol{P}_1\boldsymbol{P}_2\cdots\boldsymbol{P}_k$，其中 $\boldsymbol{P}_i(i=1,2,\cdots,k)$ 都是初等矩阵，则

$$\boldsymbol{C}^{\mathrm{T}}\boldsymbol{A}\boldsymbol{C}=\boldsymbol{P}_k^{\mathrm{T}}\cdots\boldsymbol{P}_2^{\mathrm{T}}\boldsymbol{P}_1^{\mathrm{T}}\boldsymbol{A}\boldsymbol{P}_1\boldsymbol{P}_2\cdots\boldsymbol{P}_k.$$

对矩阵 $(\boldsymbol{A},\boldsymbol{I})$ 依次施行相应于左乘 $\boldsymbol{P}_1^{\mathrm{T}},\boldsymbol{P}_2^{\mathrm{T}},\cdots,\boldsymbol{P}_k^{\mathrm{T}}$ 的初等行变换，得矩阵

$$(\boldsymbol{C}^{\mathrm{T}}\boldsymbol{A},\boldsymbol{C}^{\mathrm{T}}),$$

再对子矩阵 $\boldsymbol{C}^{\mathrm{T}}\boldsymbol{A}$ 依次施行相应于右乘 $\boldsymbol{P}_1,\boldsymbol{P}_2,\cdots,\boldsymbol{P}_k$ 的初等列变换，得矩阵

$$(\boldsymbol{C}^{\mathrm{T}}\boldsymbol{A}\boldsymbol{C},\boldsymbol{C}^{\mathrm{T}}).$$

因此，**同时成对地**对矩阵 $(\boldsymbol{A},\boldsymbol{I})$ 施行行与列的初等变换，将它化为矩阵

$$(\boldsymbol{C}^{\mathrm{T}}\boldsymbol{A}\boldsymbol{C},\boldsymbol{C}^{\mathrm{T}}),$$

当矩阵 $\boldsymbol{A}$ 化为对角矩阵(即 $\boldsymbol{C}^{\mathrm{T}}\boldsymbol{A}\boldsymbol{C}$ 为对角矩阵)的同时，单位矩阵 $\boldsymbol{I}$ 就化为矩阵 $\boldsymbol{C}$ 的转置矩阵 $\boldsymbol{C}^{\mathrm{T}}$.

例 4.3.5 求一个可逆线性变换 $\boldsymbol{x}=\boldsymbol{C}\boldsymbol{y}$，化二次型

$$q(\boldsymbol{x})=x_1^2-x_2^2+x_3^2+6x_1x_2-2x_2x_3$$

为 $\boldsymbol{y}$ 的标准形.

解 二次型 $q(\boldsymbol{x})$ 的矩阵为

$$\boldsymbol{A}=\begin{pmatrix}1&3&0\\3&-1&-1\\0&-1&1\end{pmatrix},$$

同时成对地对矩阵 $(\boldsymbol{A},\boldsymbol{I})$ 施行行与列的初等变换，将它化为矩阵 $(\boldsymbol{\Lambda},\boldsymbol{C}^{\mathrm{T}})$：

$$(\boldsymbol{A},\boldsymbol{I})=\left(\begin{array}{ccc:ccc}1&3&0&1&0&0\\3&-1&-1&0&1&0\\0&-1&1&0&0&1\end{array}\right)$$

$$\xrightarrow[c_2-3c_1]{r_2-3r_1}\left(\begin{array}{ccc:ccc}1&0&0&1&0&0\\0&-10&-1&-3&1&0\\0&-1&1&0&0&1\end{array}\right)$$

$$\xrightarrow[c_3-\frac{1}{10}c_2]{r_3-\frac{1}{10}r_2}\left(\begin{array}{ccc:ccc}1&0&0&1&0&0\\0&-10&0&-3&1&0\\0&0&\frac{11}{10}&\frac{3}{10}&-\frac{11}{10}&1\end{array}\right).$$

故知可逆线性变换 $\boldsymbol{x}=\boldsymbol{C}\boldsymbol{y}$，其中

$$\boldsymbol{C}=\begin{pmatrix} 1 & -3 & \frac{3}{10} \\ 0 & 1 & -\frac{11}{10} \\ 0 & 0 & 1 \end{pmatrix},$$

将所给二次型化成标准形

$$q(\boldsymbol{x})=y_1^2-10y_2^2+\frac{11}{10}y_3^2.$$

习题 4—3

1. 写出下列各二次型的矩阵：

(1) $x_1^2-2x_1x_2+3x_1x_3-2x_2^2+8x_2x_3+3x_3^2$；

(2) $x_1x_2-x_1x_3+2x_2x_3+x_4^2$.

2. 求一可逆线性变换化下列二次型为规范形：

(1) $x_1^2+5x_2^2-4x_3^2+2x_1x_2-4x_1x_3$；

(2) $x_1x_2-4x_1x_3+6x_2x_3$.

3. 求一可逆矩阵 $\boldsymbol{C}$，使 $\boldsymbol{C}^{\mathrm{T}}\boldsymbol{A}\boldsymbol{C}$ 为对角矩阵：

(1) $\boldsymbol{A}=\begin{pmatrix} 1 & 2 & 0 \\ 2 & 0 & 1 \\ 0 & 1 & 3 \end{pmatrix}$； (2) $\boldsymbol{A}=\begin{pmatrix} 0 & 1 & -2 \\ 1 & 0 & -1 \\ -2 & -1 & 0 \end{pmatrix}$.

4. 试求一个正交变换，化下列二次型为标准形：

(1) $q(\boldsymbol{x})=2x_1^2+3x_2^2+3x_3^2+4x_2x_3$；

(2) $q(\boldsymbol{x})=x_1^2+x_2^2+x_3^2+x_4^2+2x_1x_2-2x_1x_4-2x_2x_3+2x_3x_4$.

5. 二次曲面

$$3x^2+5y^2+5z^2+4xy-4xz-10yz=1$$

表示一个什么曲面？

6. 证明：二次型 $q(\boldsymbol{x})=\boldsymbol{x}^{\mathrm{T}}\boldsymbol{A}\boldsymbol{x}$ 在 $\|\boldsymbol{x}\|=1$ 时的最大值为对称矩阵 $\boldsymbol{A}$ 的最大特征值.

第四节　正定性

一、二次型的惯性定理

二次型化标准形的方法并不唯一，标准形有无数个. 即使如此，标准形还是有一些不变量，例如，秩就是一个不变量. 进一步，我们有如下结果：

定理 4.11(惯性定理)　给定一个二次型，那么它的任何一个标准形中正(负)系数的个数为定值.

证明 因为二次型的任何一个标准形中正、负系数的个数之和等于二次型的秩，所以，我们只需证明二次型的任何一个标准形中正系数的个数为定值.

设 $q(\boldsymbol{x})$ 为 n 元二次型，记 r 为 $q(\boldsymbol{x})$ 的秩. 不妨设可逆线性变换 $\boldsymbol{x}=\boldsymbol{Ay}$ 和 $\boldsymbol{x}=\boldsymbol{Bz}$，使

$$q(\boldsymbol{x})=q(\boldsymbol{Ay})=c_1y_1^2+\cdots+c_sy_s^2-c_{s+1}y_{s+1}^2-\cdots-c_ry_r^2,$$

$$q(\boldsymbol{x})=q(\boldsymbol{Bz})=k_1z_1^2+\cdots+k_tz_t^2-k_{t+1}z_{t+1}^2-\cdots-k_rz_r^2,$$

其中 $c_i, k_i(i=1,2,\cdots,r)$ 全为正数，我们要证明 $s=t$.

设 $\boldsymbol{e}_i(i=1,2,\cdots,n)$ 为 n 维单位坐标向量组，记

$$\boldsymbol{a}_i=\boldsymbol{Ae}_i, \boldsymbol{b}_i=\boldsymbol{Be}_i, (i=1,2,\cdots,n).$$

下面证明 $\boldsymbol{a}_1,\boldsymbol{a}_2,\cdots,\boldsymbol{a}_s,\boldsymbol{b}_{t+1},\boldsymbol{b}_{t+2},\cdots,\boldsymbol{b}_n$ 线性无关.

设存在数 $y_1,y_2,\cdots,y_s,z_{t+1},z_{t+2},\cdots,z_n$，使

$$y_1\boldsymbol{a}_1+y_2\boldsymbol{a}_2+\cdots+y_s\boldsymbol{a}_s+z_{t+1}\boldsymbol{b}_{t+1}+z_{t+2}\boldsymbol{b}_{t+2}+\cdots+z_n\boldsymbol{b}_n=\boldsymbol{0}.$$

记 $\boldsymbol{a}=y_1\boldsymbol{a}_1+y_2\boldsymbol{a}_2+\cdots+y_s\boldsymbol{a}_s$，$\boldsymbol{b}=z_{t+1}\boldsymbol{b}_{t+1}+z_{t+2}\boldsymbol{b}_{t+2}+\cdots+z_n\boldsymbol{b}_n$，则 $\boldsymbol{a}=-\boldsymbol{b}$. 容易看出

$$\boldsymbol{a}=\boldsymbol{A}(y_1\boldsymbol{e}_1+y_2\boldsymbol{e}_2+\cdots+y_s\boldsymbol{e}_s)=\boldsymbol{A}(y_1,y_2,\cdots,y_s,0,\cdots,0)^{\mathrm{T}}, \tag{4.8}$$

$$q(\boldsymbol{a})=c_1y_1^2+c_2y_2^2+\cdots+c_sy_s^2\geqslant 0, \tag{4.9}$$

$$\begin{aligned}\boldsymbol{b}&=\boldsymbol{B}(z_{t+1}\boldsymbol{e}_{t+1}+z_{t+2}\boldsymbol{e}_{t+2}+\cdots+z_n\boldsymbol{e}_n)\\&=\boldsymbol{B}(0,\cdots,0,z_{t+1},z_{t+2},\cdots,z_n)^{\mathrm{T}},\end{aligned} \tag{4.10}$$

$$q(\boldsymbol{b})=-(k_{t+1}z_{t+1}^2+k_{t+2}z_{t+2}^2+\cdots+k_rz_r^2)\leqslant 0. \tag{4.11}$$

注意 $q(\boldsymbol{a})=q(-\boldsymbol{b})=q(\boldsymbol{b})$，由(4.9)式和(4.11)式就推知 $q(\boldsymbol{a})=0$. 因此，由(4.9)式知

$$y_i=0(i=1,2,\cdots,s),$$

再由(4.8)式知 $\boldsymbol{a}=\boldsymbol{0}$，从而 $\boldsymbol{b}=-\boldsymbol{a}=\boldsymbol{0}$. 因此，由(4.10)知

$$z_i=0(i=t+1,t+2,\cdots,n).$$

这样我们就证明了 $\boldsymbol{a}_1,\boldsymbol{a}_2,\cdots,\boldsymbol{a}_s,\boldsymbol{b}_{t+1},\boldsymbol{b}_{t+2},\cdots,\boldsymbol{b}_n$ 线性无关.

因为一个向量空间中，任一线性无关组所含向量的个数不大于该空间的维数，所以，由 $\boldsymbol{a}_1,\boldsymbol{a}_2,\cdots,\boldsymbol{a}_s$，$\boldsymbol{b}_{t+1},\boldsymbol{b}_{t+2},\cdots,\boldsymbol{b}_n$ 线性无关，知 $s+n-t\leqslant n$，从而 $s\leqslant t$.

类似可证 $\boldsymbol{b}_1,\boldsymbol{b}_2,\cdots,\boldsymbol{b}_t,\boldsymbol{a}_{s+1},\boldsymbol{a}_{s+2},\cdots,\boldsymbol{a}_n$ 线性无关，从而知 $t\leqslant s$. 结合 $s\leqslant t$ 就得到 $s=t$.

这样我们就证明了二次型 $q(\boldsymbol{x})$ 的任何一个标准形中正系数的个数为定值.

二次型 $q(\boldsymbol{x})=\boldsymbol{x}^{\mathrm{T}}\boldsymbol{Ax}$ 的标准形中正(负)系数的个数称为二次型 $q(\boldsymbol{x})$ 的**正(负)惯性指数**. 我们可用正交变换将二次型 $q(\boldsymbol{x})$ 化为标准形，此时标准形中所有系数就是对称矩阵 $\boldsymbol{A}$ 的全部特征值. 由此可知，对称矩阵 $\boldsymbol{A}$ 的所有正(负)特征值的代数重数之和就是二次型 $q(\boldsymbol{x})$ 的正(负)惯性指数.

二、二次型与对称矩阵的正定性

设可逆线性变换 $\boldsymbol{x}=\boldsymbol{Cy}$，使 n 元二次型 $q(\boldsymbol{x})$ 化为标准形，有

$$q(\boldsymbol{x})=q(\boldsymbol{Cy})=k_1y_1^2+k_2y_2^2+\cdots+k_ny_n^2.$$

当 $q(\boldsymbol{x})$ 的正惯性指数等于 n 时，$k_i>0(i=1,2,\cdots,n)$，那么，对任何 $\boldsymbol{x}\neq\boldsymbol{0}$，易知 $\boldsymbol{y}\neq\boldsymbol{0}$，所以

$$q(\boldsymbol{x})=q(\boldsymbol{Cy})=k_1y_1^2+k_2y_2^2+\cdots+k_ny_n^2>0.$$

反之，如果对任何 $\boldsymbol{x}\neq\boldsymbol{0}$，都有 $q(\boldsymbol{x})>0$，则 $q(\boldsymbol{x})$ 的正惯性指数等于 n. 事实上，设 $\boldsymbol{e}_i(i=1,2,\cdots,n)$ 为 n 维单位坐标向量组，则 $\boldsymbol{Ce}_i\neq\boldsymbol{0}$，于是

$$q(\boldsymbol{Ce}_i)=k_i>0,(i=1,2,\cdots,n).$$

定义 4.5 设 $q(\boldsymbol{x})=\boldsymbol{x}^{\mathrm{T}}\boldsymbol{Ax}$ 为 n 元二次型，若对任何 n 维非零列向量 $\boldsymbol{x}$，都有 $q(\boldsymbol{x})>$

0,则称二次型 $q(\boldsymbol{x})$ 为**正定二次型**,称对称矩阵 $\boldsymbol{A}$ 为**正定矩阵**.

由定义 4.5 前的论证立即得到

定理 4.12 二次型 $q(\boldsymbol{x})$ 为正定的充分必要条件是二次型 $q(\boldsymbol{x})$ 的正惯性指数等于变元个数.

我们知道,二次型 $q(\boldsymbol{x})=\boldsymbol{x}^{\mathrm{T}}\boldsymbol{A}\boldsymbol{x}$ 的正惯性指数就是对称矩阵 $\boldsymbol{A}$ 的所有正特征值的代数重数之和. 因此,当且仅当对称矩阵 $\boldsymbol{A}$ 的所有特征值全为正数时,二次型 $q(\boldsymbol{x})$ 的正惯性指数等于变元个数. 这样,我们就得到定理 4.12 的等价命题

定理 4.13 对称矩阵 $\boldsymbol{A}$ 为正定矩阵的充分必要条件是对称矩阵 $\boldsymbol{A}$ 的特征值全为正数.

根据定理 4.13,由特征值的性质立即得到

推论 若对称矩阵 $\boldsymbol{A}$ 为正定矩阵,则 $|\boldsymbol{A}|>0$.

对任一 k,$(k=1,2,\cdots,n-1)$,在 n 元二次型

$$q=a_{11}x_1^2+a_{22}x_2^2+\cdots+a_{nn}x_n^2+2a_{12}x_1x_2+\cdots+2a_{n-1,n}x_{n-1}x_n$$

中,令 $x_i=0$,$(i=k+1,k+2,\cdots,n)$,得 k 元二次型

$$q_k=a_{11}x_1^2+a_{22}x_2^2+\cdots+a_{kk}x_k^2+2a_{12}x_1x_2+\cdots+2a_{k-1,k}x_{k-1}x_k.$$

容易看出,若 q 为正定二次型,则 q_k 也为正定二次型,于是 q_k 的矩阵

$$\boldsymbol{A}_k=\begin{pmatrix} a_{11} & a_{12} & \cdots & a_{1k} \\ a_{21} & a_{22} & \cdots & a_{2k} \\ \vdots & \vdots & & \vdots \\ a_{k1} & a_{k2} & \cdots & a_{kk} \end{pmatrix}$$

为正定矩阵. 由定理 4.13 的推论立即得知 $|\boldsymbol{A}_k|>0$. 我们称 $|\boldsymbol{A}_k|$ 为 n 阶对称矩阵 $\boldsymbol{A}=(a_{ij})$ 的 k 阶**顺序主子式**,其中 $k=1,2,\cdots,n$.

以上证明了,若对称矩阵 $\boldsymbol{A}$ 为正定矩阵,则 $\boldsymbol{A}$ 的所有顺序主子式大于 0. 反之,可以证明,若对称矩阵 $\boldsymbol{A}$ 的所有顺序主子式大于 0,则 $\boldsymbol{A}$ 为正定矩阵. 这两个结论合起来就是以下的定理.

定理 4.14(Hurwitz 定理) n 阶对称矩阵 $\boldsymbol{A}=(a_{ij})$ 为正定矩阵的充分必要条件是

$$|\boldsymbol{A}_k|>0,(k=1,2,\cdots,n),$$

其中

$$\boldsymbol{A}_k=\begin{pmatrix} a_{11} & a_{12} & \cdots & a_{1k} \\ a_{21} & a_{22} & \cdots & a_{2k} \\ \vdots & \vdots & & \vdots \\ a_{k1} & a_{k2} & \cdots & a_{kk} \end{pmatrix}.$$

证明 只需证明充分性.

一阶时显然成立. 假定 $n-1$ 阶时充分性成立,则 $\boldsymbol{A}_{n-1}$ 为正定矩阵. 记

$$\boldsymbol{A}=\begin{pmatrix} \boldsymbol{A}_{n-1} & \boldsymbol{b} \\ \boldsymbol{b}^{\mathrm{T}} & a_{nn} \end{pmatrix},$$

其中 $\boldsymbol{b}$ 为 $n-1$ 维向量. 取

$$\boldsymbol{C}=\begin{pmatrix} \boldsymbol{I}_{n-1} & -\boldsymbol{A}_{n-1}^{-1}\boldsymbol{b} \\ \boldsymbol{0}^{\mathrm{T}} & 1 \end{pmatrix},$$

直接计算得

$$C^{\mathrm{T}}AC=\begin{pmatrix}A_{n-1} & \\ & a\end{pmatrix},$$

其中 $a=a_{nn}-b^{\mathrm{T}}A_{n-1}^{-1}b$. 易知 $|C|=|C^{\mathrm{T}}|=1$ 且 $|C^{\mathrm{T}}AC|=a|A_{n-1}|$，所以 $|A|=a|A_{n-1}|$，从而 $a>0$.

对任一非零 n 维向量 x，记

$$C^{-1}x=\begin{pmatrix}y\\ y_n\end{pmatrix},$$

其中 y 为 $n-1$ 维向量. 易知

$$\begin{pmatrix}y\\ y_n\end{pmatrix}\neq 0,$$

所以 $y=0$ 与 $y_n=0$ 不同时成立. 于是

$$x^{\mathrm{T}}Ax=(y^{\mathrm{T}},y_n)(C^{\mathrm{T}}AC)\begin{pmatrix}y\\ y_n\end{pmatrix}=y^{\mathrm{T}}A_{n-1}y+ay_n^2>0,$$

因此 A 为正定矩阵.

例 4.4.1 当 a 取何值时，二次型

$$q(x)=x_1^2+2x_1x_2+4x_1x_3+2x_2^2+6x_2x_3+ax_3^2$$

为正定.

解一 二次型 $q(x)$ 的矩阵为

$$A=\begin{pmatrix}1&1&2\\1&2&3\\2&3&a\end{pmatrix}.$$

计算 A 的顺序主子式

$$|A_1|=1,|A_2|=\begin{vmatrix}1&1\\1&2\end{vmatrix}=1,|A_3|=|A|=\begin{vmatrix}1&1&2\\1&2&3\\2&3&a\end{vmatrix}=a-5.$$

所以当 $a>5$ 时，$q(x)$ 为正定.

解二 用配方法确定 $q(x)$ 的惯性指数.

$$\begin{aligned}q(x)&=(x_1+x_2+2x_3)^2+x_2^2+2x_2x_3+(a-4)x_3^2\\&=(x_1+x_2+2x_3)^2+(x_2+x_3)^2+(a-5)x_3^2.\end{aligned}$$

当且仅当 $a>5$ 时，$q(x)$ 的正惯性指数为 3，等于变元个数，$q(x)$ 为正定.

例 4.4.2 设 A 为 n 阶正定矩阵，C 为 $m\times n$ 矩阵，试证 $A+C^{\mathrm{T}}C$ 为正定矩阵.

证明 由 $(A+C^{\mathrm{T}}C)^{\mathrm{T}}=A+C^{\mathrm{T}}C$，知 $A+C^{\mathrm{T}}C$ 为对称矩阵.

对任一非零 n 维向量 x，我们有

$$x^{\mathrm{T}}(A+C^{\mathrm{T}}C)x=x^{\mathrm{T}}Ax+\|Cx\|^2\geqslant x^{\mathrm{T}}Ax>0,$$

所以 $A+C^{\mathrm{T}}C$ 为正定矩阵.

定义 4.5 中将条件 $q(x)>0$ 改为 $q(x)<0$，就称 $q(x)$，A 为**负定**.

定义 4.5 中将条件 $q(x)>0$ 改为 $q(x)\geqslant 0$，就称 $q(x)$，A 为**半正定**.

定义 4.5 中将条件 $q(x)>0$ 改为 $q(x)\leqslant 0$，就称 $q(x)$，A 为**半负定**.

$q(x)=x^{\mathrm{T}}Ax$ 为负定，也即 $-A$ 为正定，也即 $q(x)$ 的负惯性指数等于变元个数.

习题 4—4

1. 求 a 的值,使下列二次型为正定:

(1) $q(\boldsymbol{x})=5x_1^2+x_2^2+ax_3^2+4x_1x_2-2x_1x_3-2x_2x_3$;

(2) $q(\boldsymbol{x})=x_1^2+x_2^2+5x_3^2+2ax_1x_2-2x_1x_3+4x_2x_3$.

2. 判定下列二次型的正定性:

(1) $q(\boldsymbol{x})=-2x_1^2-6x_2^2-4x_3^2+2x_1x_2+2x_1x_3$;

(2) $q(\boldsymbol{x})=x_1^2+3x_2^2+9x_3^2-2x_1x_2+4x_1x_3$.

3. 证明合同变换保持矩阵的正定性.

4. 设 $\boldsymbol{A},\boldsymbol{B}$ 是正定矩阵,证明分块对角矩阵 $\boldsymbol{C}=\begin{pmatrix}\boldsymbol{A} & \\ & \boldsymbol{B}\end{pmatrix}$ 也是正定矩阵.

5. 证明:对称矩阵 $\boldsymbol{A}$ 为正定矩阵的充分必要条件是存在可逆矩阵 $\boldsymbol{U}$,使 $\boldsymbol{A}=\boldsymbol{U}^{\mathrm{T}}\boldsymbol{U}$.

附录 1 行列式的排列逆序定义

一、排列与逆序

对于 n 个不同的元素，我们可以给它们规定一个次序，并称这个规定的次序为标准次序. 例如 $1,2,\cdots,n$ 这 n 个自然数，一般规定由小到大的次序为标准次序.

定义 1.1 由 n 个自然数 $1,2,\cdots,n$ 组成的一个无重复的有序数组 $i_1 i_2 \cdots i_n$，称为一个 **n 级排列.**

例如，1234 和 2431 都是 4 级排列，而 45321 是一个 5 级排列.

显然，n 级排列共有 $n!$ 个.

n 级排列 $12\cdots n$ 排列元素之间的次序为标准次序，这个排列是标准排列（通常也称为自然排列）；其他排列的元素之间的次序不一定是标准次序.

定义 1.2 在 n 个不同元素的任一排列中，当某两个元素的次序与标准次序不同时，就称有一个逆序. 也就是说，在一个 n 级排列 $i_1 i_2 \cdots i_t \cdots i_s \cdots i_n$ 中，如果一个较大的数排在一个较小的数之前，即 $i_t > i_s$，则称这两个数 i_t, i_s 组成一个逆序. 一个排列中所有逆序的总数，称为这个**排列的逆序数**，记为 $\tau(i_1 i_2 \cdots i_n)$ 或 τ.

例如，排列 2431 中，21，43，41，31 是逆序，共有 4 个逆序. 故排列 2431 的逆序数 $\tau=4$.

根据定义 1.2，可按如下方法计算排列的逆序数：

设在一个 n 级排列 $i_1 i_2 \cdots i_n$ 中，如果比 $i_k(k=1,2,\cdots,n)$ 大的且排在 i_k 前面的数共有 t_k 个，就说 i_k 的逆序数为 t_k. 而该排列中所有数的逆序数之和就是这个排列的逆序数，即

$$\tau(i_1 i_2 \cdots i_n) = t_1 + t_2 + \cdots + t_n = \sum_{k=1}^{n} t_k.$$

例 1.1.1 计算排列 45321 的逆序数.

解 因为 4 排在首位，故其逆序数为 0；

比 5 大且排在 5 前面的数有 0 个，故其逆序数为 0；

比 3 大且排在 3 前面的数有 2 个，故其逆序数为 2；

比 2 大且排在 2 前面的数有 3 个，故其逆序数为 3；

比 1 大且排在 1 前面的数有 4 个，故其逆序数为 4.

可见所求排列的逆序数为

$$\tau(45321)=0+0+2+3+4=9.$$

定义 1.3 如果排列的逆序数为奇数，则称它为奇排列；如果排列的逆序数为偶数，则称它为偶排列.

例如，2431 是偶排列，45321 是奇排列；标准排列 $12\cdots n$ 的逆序数是 0，因此是偶

排列.

二、对换

定义 1.4 在排列 $i_1\cdots i_t\cdots i_s\cdots i_n$ 中,将任意两数 i_t 和 i_s 的位置互换,而其余的数不动,就得到另一个排列.这种作出新排列的手续称为一次对换.将相邻两数对换,称为**相邻对换**.

例如,对换排列 45321 中 5 和 1 的位置后,得到排列 41325.

经过对换,排列的奇偶性有何变化呢?我们有下面的基本事实.

定理 1.1 对换改变排列的奇偶性.

也就是说,经过一次对换,奇排列变成偶排列,而偶排列变成奇排列.

证明 先证相邻对换的情形.

设排列为

$$i_1\cdots i_{t-1}i_ti_{t+1}i_{t+2}\cdots i_n,$$

对换 i_t 与 i_{t+1},变为

$$i_1\cdots i_{t-1}i_{t+1}i_ti_{t+2}\cdots i_n.$$

显然,经过对换后,只有 i_t 与 i_{t+1} 两元素的逆序数发生改变.事实上,当 $i_t<i_{t+1}$ 时,对换后 i_t 的逆序数增加 1 而 i_{t+1} 的逆序数不变;当 $i_t>i_{t+1}$ 时,对换后 i_t 的逆序数不变而 i_{t+1} 的逆序数减少 1.所以排列

$$i_1\cdots i_{t-1}i_ti_{t+1}i_{t+2}\cdots i_n$$

与排列

$$i_1\cdots i_{t-1}i_{t+1}i_ti_{t+2}\cdots i_n$$

的奇偶性不同.

再证一般对换情形.

设排列为

$$i_1\cdots i_ti_{t+1}\cdots i_{t+m-1}i_{t+m}\cdots i_n,$$

经 m 次相邻对换变为

$$i_1\cdots i_{t+m}i_ti_{t+1}\cdots i_{t+m-1}\cdots i_n,$$

再经 $m-1$ 次相邻对换变为

$$i_1\cdots i_{t+m}i_{t+1}\cdots i_{t+m-1}i_t\cdots i_n.$$

即经过 $2m-1$ 次相邻对换,排列

$$i_1\cdots i_ti_{t+1}\cdots i_{t+m-1}i_{t+m}\cdots i_n$$

变成排列

$$i_1\cdots i_{t+m}i_{t+1}\cdots i_{t+m-1}i_t\cdots i_n,$$

这两个排列奇偶性相反.

推论 奇排列变成标准排列的对换次数为奇数,偶排列变成标准排列的对换次数为偶数.

三、行列式的定义

定义 1.5 设有 n^2 个数,排成 n 行 n 列的表:

$$\begin{matrix} a_{11} & a_{12} & \cdots & a_{1n} \\ a_{21} & a_{22} & \cdots & a_{2n} \\ \vdots & \vdots & & \vdots \\ a_{n1} & a_{n2} & \cdots & a_{nn} \end{matrix}$$

作出表中位于不同行列的 n 个数的乘积，并冠以符号 $(-1)^{\tau}$，得到 $n!$ 个形如

$$(-1)^{\tau(j_1j_2\cdots j_n)}a_{1j_1}a_{2j_2}\cdots a_{nj_n}$$

的项，其中 $j_1j_2\cdots j_n$ 为自然数 $1,2,\cdots,n$ 的一个排列. 所有这 $n!$ 项的代数和

$$\sum(-1)^{\tau(j_1j_2\cdots j_n)}a_{1j_1}a_{2j_2}\cdots a_{nj_n}$$

称为 **n 阶行列式**，记作

$$D=\begin{vmatrix} a_{11} & a_{12} & \cdots & a_{1n} \\ a_{21} & a_{22} & \cdots & a_{2n} \\ \vdots & \vdots & & \vdots \\ a_{n1} & a_{n2} & \cdots & a_{nn} \end{vmatrix},$$

简记作 $\det(a_{ij})$，其中数 a_{ij} 称为行列式 D 的 (i,j) 元. 而

$$(-1)^{\tau(j_1j_2\cdots j_n)}a_{1j_1}a_{2j_2}\cdots a_{nj_n}$$

称为行列式 D 的一般项.

定义 1.5 通常称为行列式的“排列逆序”定义，它具有三个特点：

(1) 由于 n 级排列的总数是 $n!$ 个，所以展开式共有 $n!$ 项；

(2) 每项必须取不同行不同列的 n 个元素的乘积；

(3) 每项前的符号取决于 n 个元素列下标所组成排列的奇偶性.

例 1.1.2 证明行列式(其中非副对角线上的元素全为 0).

$$D=\begin{vmatrix} & & & a_{1n} \\ & & a_{2,n-1} & \\ & \iddots & & \\ a_{n1} & & & \end{vmatrix}=(-1)^{\frac{n(n-1)}{2}}a_{1n}a_{2,n-1}\cdots a_{n1}.$$

证明 根据 n 阶行列式的定义易得

$$D=(-1)^{\tau\ (n(n-1)\cdots 21)}a_{1n}a_{2,n-1}\cdots a_{n1}=(-1)^{\frac{n(n-1)}{2}}a_{1n}a_{2,n-1}\cdots a_{n1}.$$

上例中的行列式，其非副对角线上元素全为 0，此类行列式可以直接求出结果，例如

$$\begin{vmatrix} 0 & 0 & 0 & 1 \\ 0 & 0 & 2 & 0 \\ 0 & 3 & 0 & 0 \\ 4 & 0 & 0 & 0 \end{vmatrix}=(-1)^{\frac{4(4-1)}{2}}1\times 2\times 3\times 4=24.$$

类似地，非主对角线上元素全为 0 的行列式称为**对角行列式**，显然对角行列式的值为主对角线上元素的乘积，即有

$$\begin{vmatrix} a_{11} & & & \\ & a_{22} & & \\ & & \ddots & \\ & & & a_{nn} \end{vmatrix}=a_{11}a_{22}\cdots a_{nn}.$$

主对角线以下(上)的元素全为0的行列式称为**上(下)三角行列式**,它的值与对角行列式的一样.

例 1.1.3 计算上三角行列式

$$\begin{vmatrix} a_{11} & a_{12} & \cdots & a_{1n} \\ 0 & a_{22} & \cdots & a_{2n} \\ \vdots & \vdots & & \vdots \\ 0 & 0 & \cdots & a_{nn} \end{vmatrix}.$$

解 一般项为$(-1)^{\tau(j_1j_2\cdots j_n)}a_{1j_1}a_{2j_2}\cdots a_{nj_n}$,现考虑不为零的项.

a_{nj_n}取自第n行,但只有$a_{nn}\neq 0$,故只能取$j_n=n$

$a_{n-1,j_{n-1}}$取自第$n-1$行,只有$a_{n-1,n-1}\neq 0$,$a_{n-1,n}\neq 0$,由于a_{nn}取自第n列,故$a_{n-1,j_{n-1}}$不能取自第n列,所以$j_{n-1}=n-1$;

同理可得,$j_{n-2}=n-2,\cdots,j_2=2,j_1=1$.

所以不为零的项只有

$$(-1)^{\tau(12\cdots n)}a_{11}a_{22}\cdots a_{nn}=a_{11}a_{22}\cdots a_{nn}.$$

所以

$$\begin{vmatrix} a_{11} & a_{12} & \cdots & a_{1n} \\ 0 & a_{22} & \cdots & a_{2n} \\ \vdots & \vdots & & \vdots \\ 0 & 0 & \cdots & a_{nn} \end{vmatrix}=a_{11}a_{22}\cdots a_{nn}.$$

在行列式的定义中,为了决定每一项的正负号,我们把n个元素按行指标排起来.事实上,数的乘法是交换的,因而这n个元素的次序是可以任意写的,n阶行列式的项可以写成

$$a_{i_1j_1}a_{i_2j_2}\cdots a_{i_nj_n},$$

其中$i_1i_2\cdots i_n$,$j_1j_2\cdots j_n$是两个n级排列.利用定理1.1,可以给出n阶行列式另一种表示法.

定理 1.2 n阶行列式也定义为

$$\begin{vmatrix} a_{11} & a_{12} & \cdots & a_{1n} \\ a_{21} & a_{22} & \cdots & a_{2n} \\ \vdots & \vdots & & \vdots \\ a_{n1} & a_{n2} & \cdots & a_{nn} \end{vmatrix}=\sum_{\substack{i_1i_2\cdots i_n\\ j_1j_2\cdots j_n}}(-1)^{\tau(i_1i_2\cdots i_n)+\tau(j_1j_2\cdots j_n)}a_{i_1j_1}a_{i_2j_2}\cdots a_{i_nj_n}.$$

推论 n阶行列式也定义为

$$\begin{vmatrix} a_{11} & a_{12} & \cdots & a_{1n} \\ a_{21} & a_{22} & \cdots & a_{2n} \\ \vdots & \vdots & & \vdots \\ a_{n1} & a_{n2} & \cdots & a_{nn} \end{vmatrix}=\sum_{i_1i_2\cdots i_n}(-1)^{\tau(i_1i_2\cdots i_n)}a_{i_11}a_{i_22}\cdots a_{i_nn}.$$

例 1.1.4 在四阶行列式中,$a_{21}a_{32}a_{14}a_{43}$应带什么符号?

解一 按定义1.5计算.

因为$a_{21}a_{32}a_{14}a_{43}=a_{14}a_{21}a_{32}a_{43}$,而4123的逆序数为

$$\tau(4123)=0+1+1+1=3,$$

所以 $a_{21}a_{32}a_{14}a_{43}$ 的前面应带负号.

解二 按定理 1.2 计算.

因为 $a_{21}a_{32}a_{14}a_{43}$ 行指标排列的逆序数为

$$\tau(2314)=0+0+2+0=2,$$

而列指标排列的逆序数为

$$\tau(1243)=0+0+0+1=1.$$

所以 $a_{21}a_{32}a_{14}a_{43}$ 的前面应带负号.

例 1.1.5 用行列式的排列逆序定义计算行列式

$$D_n=\begin{vmatrix} 0 & \cdots & 0 & 1 & 0 \\ 0 & \cdots & 2 & 0 & 0 \\ \vdots & & \vdots & \vdots & \vdots \\ n-1 & \cdots & 0 & 0 & 0 \\ 0 & \cdots & 0 & 0 & n \end{vmatrix}.$$

解 D_n 仅有位于不同行、不同列的 n 个非零元素,即

$$a_{1,n-1}=1,a_{2,n-2}=2,\cdots,a_{n-1,1}=n-1,a_{nn}=n.$$

因此 D_n 的 $n!$ 项中仅有一项非零,故

$$D_n=(-1)^{\tau((n-1)(n-2)\cdots 21n)}a_{1,n-1}a_{2,n-2}\cdots a_{n-1,1}a_{nn}.$$

因为

$$\begin{aligned}\tau((n-1)(n-2)\cdots 321n)&=(n-2)+(n-3)+\cdots+3+2+1+0\\&=\frac{(n-2)(n-1)}{2},\end{aligned}$$

所以

$$D_n=(-1)^{\frac{(n-2)(n-1)}{2}}n!.$$

习 题

一、选择题

1. 下列(　　)是 4 级奇排列.

(A) 4321; (B) 4123; (C) 3124; (D) 2314.

2. 在 5 阶行列式 $D_5=|a_{ij}|$ 的展开式中,$a_{1i}a_{23}a_{35}a_{5j}a_{44}$ 是其中带有正号的一项,则 i,j 之值为(　　).

(A) $i=1,j=2$; (B) $i=2,j=3$; (C) $i=1,j=3$; (D) $i=2,j=1$.

3. 设 n 阶行列式

$$D_n=\begin{vmatrix} 1 & 1 & \cdots & 1 & 1 \\ 1 & 1 & \cdots & 2 & 0 \\ \vdots & \vdots & & \vdots & \vdots \\ 1 & n-1 & \cdots & 0 & 0 \\ n & 0 & \cdots & 0 & 0 \end{vmatrix},$$

则 D_n 的值等于(　　).

(A) $(-1)^n n!$；　(B) $(-1)^{n^2} n!$；　(C) $(-1)^{\frac{n(n-1)}{2}} n!$；(D) $(-1)^{\frac{n(n+1)}{2}} n!$.

二、用行列式的排列逆序定义计算下列行列式：

1. $D_4=\begin{vmatrix} a_1 & 0 & 0 & b_1 \\ 0 & a_2 & b_2 & 0 \\ 0 & b_3 & a_3 & 0 \\ b_4 & 0 & 0 & a_4 \end{vmatrix}$；　2. $D_n=\begin{vmatrix} 1 & 0 & \cdots & 0 & 0 \\ 0 & 0 & \cdots & 0 & 2 \\ 0 & 0 & \cdots & 3 & 0 \\ \vdots & \vdots & & \vdots & \vdots \\ 0 & n & \cdots & 0 & 0 \end{vmatrix}$；

3. $D_{10}=\begin{vmatrix} x & -1 & 0 & \cdots & 0 & 0 \\ 0 & x & -1 & \cdots & 0 & 0 \\ \vdots & \vdots & \vdots & & \vdots & \vdots \\ 0 & 0 & 0 & \cdots & x & -1 \\ 10^{10} & 0 & 0 & \cdots & 0 & x \end{vmatrix}$.

三、设 $n(n\geqslant 2)$ 阶行列式 D_n 的元素为 1 或 −1. 用行列式定义证明 D_n 等于偶数.

习题答案：

一、1. B.　2. D.　3. C.

二、1. $(a_1a_4-b_1b_4)(a_2a_3-b_2b_3)$.　2. $(-1)^{\frac{(n-1)(n-2)}{2}} n!$.　3. $x^{10}+10^{10}$.

三、略.

附录 2　若干应用问题

一、投入产出分析

投入产出综合平衡模型是宏观的经济模型，是研究经济系统各个部门投入与产出相互依存关系的经济数量方法. 美国经济学家瓦西里·列昂节夫(Wassily W. Leontief，1906—1999，1973 年获得诺贝尔经济学奖)于 1931 年开始研究这种模型，并于 1936 年发表了第一篇相关的研究成果. 此后数十年间该模型已被越来越多的国家采用并取得了良好的效果.

下面用一个简化的数字例子说明相关概念和方法.

设将某城市煤矿、电厂、地方铁路三个企业作为一个经济系统来考察. 可以看出，这个系统具有可运用投入产出分析法的两个基本特点：

(1) 系统的每个部门都有单一的产品；

(2) 每个部门都要用系统内各部门的产品来加工生产一定数量的本部门的单一的产品.

例如，电厂生产电的时候要用到煤、电和铁路运输. 所以系统内各部门既是生产部门，也是消耗部门. 将消耗的系统内部产品称为“投入”，生产的本部门的产品称为“产出”. 假设下表给出数据：

消耗部门 / 生产部门	煤矿	电厂	铁路
煤矿	0.00	0.40	0.45
电厂	0.25	0.05	0.10
铁路	0.35	0.10	0.10

应该这样理解表中数据，如从第 3 列的数据可知，每生产 1 元钱价值的铁路运能要消耗 0.45 元价值的煤、0.10 元价值的电以及 0.10 元价值的铁路运能.

常称这种表为技术投入产出表，表中的元素称为直接消耗系数，由这张表写出的矩阵

$$\boldsymbol{T}=\begin{pmatrix}0 & 0.40 & 0.45\\ 0.25 & 0.05 & 0.10\\ 0.35 & 0.10 & 0.10\end{pmatrix}$$

称为直接消耗矩阵.

现设在某一周内，这三个企业收到的订单(系统外部需求)分别是：煤矿得到了 50 000

元的订单，电厂得到了 25 000 元价值的供电要求，而地方铁路得到了 30 000 元的运输要求. 当然这三个企业为能生产出满足外部需求的产值，首先需要满足系统内部相互间的需求以维持正常运行，这样就要问每个企业的一周总产出（产值）应为多少，才能完成订单任务.

由于每个企业的产出既要满足系统内部的需求，又要满足外来订单（外部需求），设 x_1, x_2, x_3 依次是这三个企业的总产出，则依据技术投入产出表，可写出

$$\begin{cases} x_1 = 50\,000 + 0.00x_1 + 0.40x_2 + 0.45x_3, \\ x_2 = 25\,000 + 0.25x_1 + 0.05x_2 + 0.10x_3, \\ x_3 = 30\,000 + 0.35x_1 + 0.10x_2 + 0.10x_3. \end{cases}$$

若引入总产出向量

$$\boldsymbol{x} = (x_1, x_2, x_3)^{\mathrm{T}}$$

与最终需求向量(Demand)

$$\boldsymbol{d} = (50\,000, 25\,000, 30\,000)^{\mathrm{T}},$$

则可将上述线性方程组表成矩阵形式

$$\boldsymbol{x} = \boldsymbol{d} + \boldsymbol{T}\boldsymbol{x}. \tag{2.1}$$

这个方程组常被称为分配平衡方程组. 可将(2.1)式写成

$$(\boldsymbol{E} - \boldsymbol{T})\boldsymbol{x} = \boldsymbol{d}. \tag{2.2}$$

常称 $\boldsymbol{E}-\boldsymbol{T}$ 为该系统的 Leontief 矩阵. 若对任意的 $\boldsymbol{d}$，方程组(2.2)总有非负解，就称这个经济系统是可行的. 现有

$$\boldsymbol{E} - \boldsymbol{T} = \begin{pmatrix} 1 & -0.40 & -0.45 \\ -0.25 & 0.95 & -0.10 \\ -0.35 & -0.10 & 0.90 \end{pmatrix},$$

进而求得

$$(\boldsymbol{E} - \boldsymbol{T})^{-1} = \begin{pmatrix} 1.456\,58 & 0.698\,13 & 0.805\,86 \\ 0.448\,18 & 1.279\,90 & 0.366\,30 \\ 0.616\,25 & 0.413\,70 & 1.465\,20 \end{pmatrix},$$

这就求得总产出向量为

$$\boldsymbol{x} = (\boldsymbol{E} - \boldsymbol{T})^{-1}\boldsymbol{d} = \begin{pmatrix} 114\,458 \\ 65\,395 \\ 85\,111 \end{pmatrix},$$

所有数据的单位均是元.

以上例子引自参考文献[1]. 对投入产出分析有兴趣的读者可参阅参考文献[2]，那里的介绍更加系统而详尽.

二、分析中的应用

应用 2.1 斐波那契(L. Fibonacci)数列 $\{a_n\}$ 的通项满足递推关系

$$a_0 = a_1 = 1, a_n = a_{n-1} + a_{n-2}, (n \geqslant 2, n \in N^*).$$

写成矩阵形式为

$$\begin{pmatrix} a_{n+1} \\ a_n \end{pmatrix}=\begin{pmatrix} 1 & 1 \\ 1 & 0 \end{pmatrix}\begin{pmatrix} a_n \\ a_{n-1} \end{pmatrix}=\cdots=\begin{pmatrix} 1 & 1 \\ 1 & 0 \end{pmatrix}^n\begin{pmatrix} 1 \\ 1 \end{pmatrix}. \tag{2.3}$$

由于矩阵 $\boldsymbol{A}=\begin{pmatrix} 1 & 1 \\ 1 & 0 \end{pmatrix}$ 的特征值为

$$\lambda_1=\frac{1}{2}(1+\sqrt{5}),\lambda_2=\frac{1}{2}(1-\sqrt{5}).$$

于是 $\boldsymbol{A}$ 一定相似于对角阵.

经计算,设 $\boldsymbol{T}=\begin{pmatrix} \lambda_1 & \lambda_2 \\ 1 & 1 \end{pmatrix}$,那么 $\boldsymbol{T}^{-1}\boldsymbol{A}\boldsymbol{T}=\begin{pmatrix} \lambda_1 & 0 \\ 0 & \lambda_2 \end{pmatrix}$,于是有

$$\boldsymbol{A}^n=\boldsymbol{T}\begin{pmatrix} \lambda_1 & 0 \\ 0 & \lambda_2 \end{pmatrix}^n\boldsymbol{T}^{-1}=\frac{1}{\sqrt{5}}\begin{pmatrix} \lambda_1^{n+1}-\lambda_2^{n+1} & \lambda_1\lambda_2^{n+1}-\lambda_2\lambda_1^{n+1} \\ \lambda_1^n-\lambda_2^n & \lambda_1\lambda_2^n-\lambda_2\lambda_1^n \end{pmatrix}.$$

进而结合(2.3)式求得斐波那契数列通项表达式为

$$a_n=\frac{1}{\sqrt{5}}(\lambda_1^{n+1}-\lambda_2^{n+1}).$$

斐波那契 1175 年生于意大利比萨,1250 年卒于意大利比萨. 他的数学研究成果对后世有深远影响,这个以他名字命名的数列源于他的《算盘书》中提出的“兔子问题”.

应用 2.2 设多元函数 $f(P)$ 在点 P_0 的某邻域内有二阶连续偏导数. 由泰勒(Taylor)公式

$$\Delta f(P_0)=\mathrm{d}f(P_0)+\frac{\mathrm{d}^2 f(P_0)}{2}+o(\rho^2)$$

分析可知,当 P_0 为 $f(P)$ 的驻点(即 $\mathrm{d}f(P_0)=0$)时,$\Delta f(P_0)$ 的符号由关于 $\mathrm{d}x_1,\mathrm{d}x_2,\cdots,\mathrm{d}x_n$ 的二次型 $\mathrm{d}^2 f(P_0)=:(\mathrm{d}\boldsymbol{x})\boldsymbol{H}(\mathrm{d}\boldsymbol{x})^{\mathrm{T}}$ 完全决定,其中

$$\boldsymbol{H}:=\left(\frac{\partial^2 f(P_0)}{\partial x_i \partial x_j}\right),\mathrm{d}\boldsymbol{x}:=(\mathrm{d}x_1,\mathrm{d}x_2,\cdots,\mathrm{d}x_n).$$

称该二次型的矩阵 $\boldsymbol{H}$ 为函数 $f(P)$ 的海塞(Hessian)矩阵. 于是由线性代数知识,有

定理 2.1(充分条件) 设函数 $f(P)$ 在点 P_0 的某邻域内有连续的二阶偏导数,P_0 是驻点. 则

(1) 当 $\boldsymbol{H}$ 正定时,P_0 为 $f(P)$ 的极小值点;

(2) 当 $\boldsymbol{H}$ 负定时,P_0 为 $f(P)$ 的极大值点;

(3) 当 $\boldsymbol{H}$ 不定时,P_0 不是 $f(P)$ 的极值点;

(4) 当 $\det\boldsymbol{H}=0$ 时,P_0 可能是 $f(P)$ 的极值点,也可能不是 $f(P)$ 的极值点.

三、Leslie 人口模型

人口增长的问题是关系到国计民生的重大问题之一. 为了预测和控制人口的增长,18 世纪以来各国人口学家提出许多人口模型. 20 世纪 40 年代提出的 Leslie 人口模型,就是一个预测人口按年龄组变化的简单的离散模型. 借用差分方程模型,仅考虑女性人口的发展变化. 如果仅把所有的女性分为未成年和成年两组,则人口的年龄结构就无法刻划,因此必须建立一个更精确的模型.

模型假设

(1) 将时间离散化,假设男女人口的性别比为 1∶1,因此本模型仅考虑女性人口的发展变化. 假设女性最大年龄为 S 岁,将其等间隔划分成 m 个年龄段,不妨假设 S 为 m 的整数倍,每隔 $\frac{S}{m}$ 年观察一次,不考虑同一时间间隔内人口数量的变化;

(2) 记 $X_i(t)$ 为第 i 个年龄组 t 次观察的女性总人数,记

$$\boldsymbol{X}(t)=(X_1(t),X_2(t),\cdots,X_m(t))^{\mathrm{T}}.$$

第 i 年龄组女性生育率为 b_i(注:所谓女性生育率指生女率),女性死亡率为 d_i,记 $s_i=1-d_i$,假设 b_i,d_i 不随时间变化;

(3) 不考虑生存空间等自然资源的制约,不考虑意外灾难等因素对人口变化的影响;

(4) 生育率仅与年龄段有关,存活率也仅与年龄段有关.

建立模型与求解

根据以上假设,可得到方程

$$X_1(t+1)=\sum_{i=1}^{m} b_i X_i(t),$$

$$X_{i+1}(t+1)=s_i X_i(t),(i=1,2,\cdots,m-1).$$

写成矩阵形式为

$$\boldsymbol{X}(t+1)=\boldsymbol{L}\boldsymbol{X}(t),$$

其中

$$\boldsymbol{L}=\begin{pmatrix} b_1 & b_2 & \cdots & b_{m-1} & b_m \\ s_1 & 0 & \cdots & 0 & 0 \\ 0 & s_2 & \cdots & 0 & 0 \\ \vdots & \vdots & & \vdots & \vdots \\ 0 & 0 & \cdots & s_{m-1} & 0 \end{pmatrix}.$$

记

$$\boldsymbol{X}(0)=(X_1(0),X_2(0),\cdots,X_m(0))^{\mathrm{T}}, \tag{2.4}$$

假设 $\boldsymbol{X}(0)$ 和矩阵 $\boldsymbol{L}$ 已经由统计资料给出,则

$$\boldsymbol{X}(t)=\boldsymbol{L}^t\boldsymbol{X}(0),(t=0,1,2,\cdots).$$

为了讨论女性人口年龄结构的长远变化趋势,我们先给出如下两个条件:

(1) $s_i>0,i=1,2,\cdots,m-1$;

(2) $b_i\geqslant 0,i=1,2,\cdots,m$,且 b_i 不全为零.

易见,对于人口模型,这两个条件是很容易满足的. 在条件(1)、(2)下,下面的结果是成立的:

定理 2.2 $\boldsymbol{L}$ 矩阵有唯一的单重的正的特征根 $\lambda=\lambda_0$,且对应的一个特征向量为

$$\boldsymbol{X}^*=\left(1,\frac{s_1}{\lambda_0},\frac{s_1 s_2}{\lambda_0^2},\cdots,\frac{s_1 s_2\cdots s_{m-1}}{\lambda_0^{m-1}}\right)^{\mathrm{T}}.$$

定理 2.3 若 λ_1 是矩阵 $\boldsymbol{L}$ 的任意一个特征根,则必有 $|\lambda_1|\leqslant\lambda_0$.

定理 2.4 若 $\boldsymbol{L}$ 第一行中至少有两个顺次的 $b_i,b_{i+1}>0$,则

(1) 若 λ_1 是矩阵 $\boldsymbol{L}$ 的任意一个特征根，则必有 $|\lambda_1|<\lambda_0$；

(2) $\lim\limits_{t\to+\infty}\dfrac{\boldsymbol{X}(t)}{\lambda_0^t}=c\boldsymbol{X}^*$. 其中 c 是与 $\boldsymbol{X}(0)$ 有关的常数.

由定理 2.4 的结论知道，当 t 充分大时，有

$$\boldsymbol{X}(t)\approx c\lambda_0^t\boldsymbol{X}^*. \tag{2.5}$$

定理 2.5 设 $\beta_i=b_is_1s_2\cdots s_{i-1}$，$q(\lambda)=\dfrac{\beta_1}{\lambda}+\dfrac{\beta_2}{\lambda^2}+\cdots+\dfrac{\beta_m}{\lambda^m}$，则 λ 是 $\boldsymbol{L}$ 的非零特征根的充分必要条件为 $q(\lambda)=1$.

所以当时间充分大时，女性人口的年龄结构向量趋于稳定状态，即年龄结构趋于稳定形态，而各个年龄组的人口数近似地按 $\lambda-1$ 的比例增长. 由(2.5)式可得到如下结论：

(1) 当 $\lambda>1$ 时，人口数最终是递增的；

(2) 当 $\lambda<1$ 时，人口数最终是递减的；

(3) 当 $\lambda=1$ 时，人口数是稳定的.

根据定理 2.5，如果 $\lambda=1$，则有

$$R:=b_1+b_2s_1+b_3s_1s_2+\cdots+b_ms_1s_2\cdots s_{m-1}=1.$$

R 称为净增长率，它的实际含义是每个妇女一生中所生女孩的平均数. 当 $R>1$ 时，人口递增；当 $R<1$ 时，人口递减.

定理 2.2 至定理 2.5 的证明可参见参考文献[3]. Leslie 模型有着广泛应用，有兴趣的读者可参阅参考文献[3]，也可以到网上搜索.

习　题

某饲养场的某种动物所能达到的最大年龄为 6 岁，2010 年观测的数据如下表所示.

年龄	[0,2)	[2,4)	[4,6]
头数	160	320	80
生育率	0	4	3
存活率	1/2	1/4	0

问：2008 年各年龄组的动物数量及分布比例为多少？总数的增长率为多少？

习题答案：

该动物总数为 3 310 头；

小于 2 岁的有 1 690 头，占 51.06%；

2～4 岁的有 1 550 头，占 46.83%；

4～6 岁的有 70 头，占 2.11%；

增长总数为 2 750 头，总数的增长率为 491.07%.

附录3　线性代数发展简史

要研究关联着多个因素的量所引起的问题，就需要考察多元函数. 如果所研究的关联性是线性的，那么称这个问题为线性问题. 历史上线性代数的第一个问题是关于解线性方程组，而线性方程组理论的发展又促成了作为工具的矩阵论和行列式理论的创立与发展，这些内容已成为我们线性代数教材的主要部分. 最初的线性方程组问题大都是来源于生活实践，正是实际问题刺激了线性代数这一学科的诞生与发展. 另外，近现代数学分析与几何学等数学分支的要求也促使了线性代数的进一步发展. 由于计算机的飞速发展和广泛应用，许多实际问题可以通过离散化的数值计算得到定量的解决. 于是作为处理离散问题的线性代数，已成为从事科学研究和工程设计的科技人员必备的数学基础.

一、矩阵和行列式简史

行列式出现于线性方程组的求解，它最早是一种速记的表达式，现在已经是数学中一种非常有用的工具. 行列式是由德国数学家，微积分学奠基人之一莱布尼茨(G. W. Leibniz，1646—1716)和日本数学家关孝和发明的. 在1678年以前，莱布尼茨就开始了对线性方程组、行列式的研究，对消元法从理论上进行了探讨. 1693年4月28日，莱布尼茨在写给洛必达(L'Hospital)的一封信中使用并给出了行列式，并给出方程组的系数行列式为零的条件. 1683年，日本数学家关孝和在其著作《解伏题之法》中对行列式的概念和初步理论作了清楚的叙述. 解伏题之法的意思是“解行列式问题的方法”.

沿着莱布尼茨的思路，18世纪人们作了发挥. 1729年左右，英国数学家麦克劳林(C. Maclaurin，1698—1746)提出了用行列式解含有两个、三个和四个未知量的联立线性方程组的解法.

1750年，瑞士数学家克莱姆(G. Cramer，1704—1752)在其著作《线性代数分析导引》中，对行列式的定义和展开法则给出了比较完整、明确的阐述，并给出了现在我们所称的解线性方程组的克莱姆法则. 稍后，法国数学家贝祖(E. Bézout，1730—1783)将确定行列式每一项符号的方法进行了系统化，利用系数行列式概念指出了如何判断一个齐次线性方程组有非零解.

总之，在很长一段时间内，行列式只是作为解线性方程组的一种工具使用，并没有人意识到它可以独立于线性方程组之外，单独形成一门理论加以研究.

在行列式的发展史上，第一个对行列式理论作出连贯的逻辑的阐述，即把行列式理论与线性方程组求解相分离的人，是法国数学家范德蒙德(A. T. Vandermonde，1735—1796). 范德蒙德自幼在父亲的指导下学习音乐，但对数学有浓厚的兴趣，后来成为法国科学院院士. 特别地,他给出了用二阶子式和它们的余子式来展开行列式的法则. 就对行列式本身这一点来说,他是这门理论的奠基人. 1772 年,法国数学家和天文学家拉普拉斯(P. S. Laplace,1749—1827)在一篇论文中证明了范德蒙德提出的一些规则,推广了他的展开行列式的方法,从而得到著名的拉普拉斯行列式展开定理. 拉普拉斯是天体力学的主要奠基人,是天体演化学的创立者之一,是分析概率论的创始人,还是应用数学的先驱. 1785 年他被选为法国科学院院士. 拉普拉斯生于法国诺曼底的博蒙,父亲是一个农场主,他从青年时期就显示出卓越的数学才能,18 岁时离家赴巴黎,决定从事数学工作. 于是带着一封推荐信去找当时法国著名数学家达朗贝尔(D'Alembert,1717—1783),但被后者拒绝接见. 拉普拉斯就寄去一篇力学方面的论文给达朗贝尔. 这篇论文出色至极,以至达朗贝尔忽然高兴得要当他的教父,并推荐拉普拉斯到军事学校教书.

继范德蒙德之后,在行列式的理论方面,又一位做出突出贡献的就是另一位法国大数学家柯西(A. L. Cauchy,1789—1857). 1815 年,柯西在一篇论文中给出了行列式的第一个系统的、几乎是近代的处理方法. 其中主要结果之一是行列式的乘法定理;他第一个把行列式的元素排成方阵,采用双足标记法;引进了行列式特征方程的术语;给出了相似行列式概念;改进了拉普拉斯的行列式展开定理并给出了一个证明,等等.

19 世纪的半个多世纪中,对行列式和矩阵理论研究始终不渝的作者之一是詹姆士·西尔维斯特(J. J. Sylvester,1814—1894). 他是一个活泼、敏感、兴奋、热情,甚至容易激动的人,然而由于是犹太人的缘故,他受到剑桥大学的不平等对待. 他在取得剑桥大学数学荣誉会考第二名的优异成绩时,仍被禁止在剑桥大学任教. 从 1841 年起他接受过一些较低的教授职位,也担任过书记官和律师. 经过多年的努力,他终于成为霍布金斯(Hopkins)大学的教授,并于 1884 年 70 岁时重返英格兰成为牛津大学的教授. 他开创了美国纯数学研究,并创办了《美国数学杂志》.

西尔维斯特用火一般的热情介绍他的学术思想,他的重要成就之一是改进了从一个 n 次和一个 m 次的多项式中消去 x 的方法,他称之为配析法,并给出形成的行列式为零时这两个多项式方程有公共根的充分必要条件这一结果,但没有给出证明.

继柯西之后,在行列式理论方面最多产的人就是德国数学家雅可比(J. Jacobi,1804—1851),他引进了函数行列式,即"雅可比行列式",指出函数行列式在多重积分的变量替换中的作用,给出了函数行列式的导数公式. 雅可比的著名论文《论行列式的形成和性质》标志着行列式系统理论的建成. 由于行列式在数学分析、几何学、线性方程组理论、二次型理论等多方面的应用,促使行列式理论自身在 19 世纪也得到了很大发展. 整个 19 世纪都有行列式的新结果. 除了一般行列式的大量定理之外,还有许多有关特殊行列式的其他定理都相继得到.

矩阵是数学中的一个重要的基本概念,是代数学的一个主要研究对象,也是数学研究和应用的一个重要工具. "矩阵"这个词是由西尔维斯特首先使用的,他是为了将数字的矩形阵列区别于行列式而发明了这个述语. 而实际上,矩阵这个课题在诞生之前就已经发展得很好了. 从行列式的大量工作中明显的表现出来,为了很多目的,不管行列式的值是否与问题有关,方阵本身都可以研究和使用,矩阵的许多基本性质也是在行列式的发展中建立起来的. 在逻辑上,矩阵的概念应先于行列式的概念,然而在历史上次序正好相反.

英国数学家凯莱(A. Cayley,1821—1895)一般被公认为是矩阵论的创立者,因为他首先把矩阵作为一个独立的数学概念提出来,并首先发表了关于这个题目的一系列文章.凯莱同研究线性变换下的不变量相结合,首先引进矩阵以简化记号.1858年,他发表了关于这一课题的第一篇论文《矩阵论的研究报告》,系统地阐述了关于矩阵的理论.文中他定义了矩阵的相等、矩阵的运算法则、矩阵的转置以及矩阵的逆等一系列基本概念,指出了矩阵加法的可交换性与可结合性.另外,凯莱还给出了方阵的特征方程和特征根(特征值)以及有关矩阵的一些基本结果.凯莱出生于一个古老而有才能的英国家庭,中学时就显示出非凡的数学才能,老师说服他父亲送他去剑桥读书.在剑桥,他是数学荣誉会考一等的第一名,获得了史密斯(H. Smith)奖.剑桥大学三一学院大学毕业后留校讲授数学,三年后他转从律师职业,工作卓有成效,并利用业余时间研究数学,发表了大量的数学论文.

1855年,埃米特(C. Hermite,1822—1901)证明了别的数学家发现的一些矩阵类的特征根的特殊性质,如现在称为埃米特矩阵的特征根性质等.后来,克莱伯施(A. Clebsch,1831—1872)、布克海姆(A. Buchheim)等证明了对称矩阵的特征根性质.泰伯(H. Taber)引入矩阵的迹的概念并给出了一些有关的结论.

在矩阵论的发展史上,弗罗伯纽斯(G. Frobenius,1849—1917)的贡献是不可磨灭的.他讨论了最小多项式问题,引进了矩阵的秩、不变因子和初等因子、正交矩阵、矩阵的相似变换、合同矩阵等概念,以合乎逻辑的形式整理了不变因子和初等因子的理论,并讨论了正交矩阵与合同矩阵的一些重要性质.1854年,法国数学家约当(C. Jordan,1838—1921)研究了矩阵化为标准型的问题.1892年,梅茨勒(H. Metzler)引进了矩阵的超越函数概念并将其写成矩阵的幂级数的形式.傅立叶、西尔和庞加莱的著作中还讨论了无限阶矩阵问题,这主要是适应方程发展的需要而开始的.

矩阵的发展是与线性变换密切相连的.到19世纪它还仅占线性变换理论中有限的空间.现代向量空间的定义是由法国数学家皮亚诺(Peano)于1888年提出的.第二次世界大战后随着现代数字计算机的发展,矩阵又有了新的含义,特别是在矩阵的数值分析等方面.矩阵本身所具有的性质依赖于元素的性质,矩阵由最初作为一种工具经过两个多世纪的发展,现在已成为独立的一门数学分支——矩阵论.而矩阵论又可分为矩阵方程论、矩阵分解论和广义逆矩阵论等矩阵的现代理论.矩阵及其理论现已广泛地应用于现代科技的各个领域.

二、线性方程组简史

线性方程组的解法,早在中国古代的数学著作《九章算术》方程章中已作了比较完整的论述.其中所述方法实质上相当于现代的对方程组的增广矩阵施行初等行变换从而消去未知量的方法,即大约于公元1800年出现的高斯(C. F. Gauss,1777—1855)消元法.在西方,线性方程组的研究是在17世纪后期由莱布尼茨开创的.他曾研究含两个未知量的三个线性方程组成的方程组.麦克劳林在18世纪上半叶研究了具有二、三、四个未知量的线性方程组,得到了现在称为克莱姆法则的结果.克莱姆之后不久发表了这个法则.18世纪下半叶,贝祖对线性方程组理论进行了一系列研究,证明了多元齐次线性方程组有非零解的条件是系数行列式等于零.

19 世纪，英国数学家史密斯和道奇森(C-L. Dodgson)继续研究线性方程组理论，前者引进了方程组的增广矩阵和非增广矩阵的概念，后者证明了 n 个未知数 n 个方程的方程组相容的充要条件是系数矩阵和增广矩阵的秩相同. 这正是现代方程组理论中的重要结果之一.

大量的科学技术问题，最终往往归结为解线性方程组. 因此在线性方程组的数值解法得到发展的同时，线性方程组解的结构等理论性工作也取得了令人满意的进展. 现在，线性方程组的数值解法在计算数学中占有重要地位.

三、线性代数的进一步深入发展——二次型简史

二次型也称为“二次形式”，数域 F 上的 n 元二次齐次多项式称为数域 F 上的 n 元二次型. 二次型是我们线性代数教材的重要内容，为了我们的学习，这里对于二次型的发展历史作简单介绍.

二次型的系统研究是从 18 世纪开始的，它起源于对二次曲线和二次曲面的分类问题的讨论. 将二次曲线和二次曲面的方程变形，选有主轴方向的轴作为坐标轴以简化方程的形状，这个问题是在 18 世纪引进的. 柯西在其著作中给出结论：当方程是标准型时，二次曲面用二次项的符号来进行分类. 然而，那时并不太清楚，在化简成标准型时，为何总是得到同样数目的正项和负项. 西尔维斯特回答了这个问题，他给出了 n 个变数的二次型的惯性定律，但没有证明. 这个定律后来被雅可比重新发现和证明. 1801 年，高斯在《算术研究》中引进了二次型的正定、负定、半正定和半负定等术语.

二次型化简的进一步研究涉及二次型或行列式的特征方程的概念. 特征方程的概念隐含地出现在瑞士数学家欧拉(L. Euler, 1707—1783)的著作中，拉格朗日在其关于线性微分方程组的著作中首先明确地给出了这个概念. 而三个变数的二次型的特征值的实性则是由阿歇特(J—N. P. Hachette)、蒙日和泊松(S. D. Poisson, 1781—1840)建立的.

柯西在别人著作的基础上，着手研究化简变数的二次型问题，并证明了特征方程在直角坐标系的任何变换下的不变性. 后来，他又证明了 n 个变数的两个二次型能用同一个线性变换同时化成平方和.

1851 年，西尔维斯特在研究二次曲线和二次曲面的切触和相交时需要考虑这种二次曲线和二次曲面束的分类. 在他的分类方法中他引进了初等因子和不变因子的概念，但他没有证明“不变因子组成两个二次型的不变量的完全集”这一结论.

1858 年，德国大数学家魏尔斯特拉斯(Weierstrass)对同时化两个二次型成平方和给出了一个一般的方法，并证明，如果二次型之一是正定的，那么即使某些特征根相等，这个化简也是可能的. 魏尔斯特拉斯比较系统地完成了二次型的理论并将其推广到双线性型.

四、线性代数的扩展——从解方程到群论的产生简史

求根问题是方程理论的一个中心课题. 16 世纪，数学家们解决了三、四次方程的求根公式，对于更高次方程的求根公式是否存在，成为当时的数学家们探讨的又一个问题. 这个问题花费了不少数学家们大量的时间和精力. 经历了屡次失败，但总是摆脱不了困境.

到了 18 世纪下半叶，拉格朗日(J. L. Lagrange, 1736—1813)认真总结分析了前人失

败的经验，深入研究了高次方程的根与置换之间的关系，提出了预解式概念，并预见到预解式和各根在排列置换下的形式不变性有关. 但他最终没能解决高次方程问题. 拉格朗日的弟子鲁菲尼(Ruffini，1765—1862)也做了许多努力，但都以失败告终. 高次方程的根式解的讨论，在挪威杰出数学家阿贝尔那里取得了很大进展. 阿贝尔(N. K. Abel，1802—1829)只活了 27 岁，他一生贫病交加，但却留下了许多创造性工作. 1824 年，阿贝尔证明了次数大于四次的一般代数方程不可能有根式解. 但问题仍没有彻底解决，因为有些特殊方程可以用根式求解. 因此，高于四次的代数方程何时没有根式解，是需要进一步解决的问题. 这一问题由法国数学家伽罗瓦全面透彻地给予解决.

伽罗瓦(E. Galois，1811—1832)仔细研究了拉格朗日和阿贝尔的著作，建立了方程的根的"允许"置换，提出了置换群的概念，得到了代数方程有根式解的充分必要条件是置换群的自同构群可解. 从这种意义上，我们说伽罗瓦是群论的创立者. 伽罗瓦出身于巴黎附近一个富裕的家庭，幼时受到良好的家庭教育，只可惜，这位天才的数学家英年早逝，1832 年 5 月，由于政治和爱情的纠葛，在一次决斗中被打死，年仅 21 岁.

置换群的概念和结论是最终产生抽象群的第一个主要来源. 抽象群产生的第二个主要来源则是戴德金(R. Dedekind，1831—1916)和克罗内克 (L. Kronecker，1823—1891)的有限群及有限交换群的抽象定义以及凯莱关于有限抽象群的研究工作. 另外，克莱因(F. Clein，1849—1925)和庞加莱 (J—H. Poincare，1854—1912)给出了无限变换群和其他类型的无限群，19 世纪 70 年代，李(M. S. Lie，1842—1899)开始研究连续变换群，并建立了连续群的一般理论，这些工作构成抽象群论的第三个主要来源.

1882—1883 年，迪克(W. Vondyck，1856—1934)的论文把上述三个主要来源的工作纳入抽象群的概念之中，建立了(抽象)群的定义. 到 19 世纪 80 年代，数学家们终于成功地概括出抽象群论的公理体系.

20 世纪 80 年代，群的概念已经普遍地被认为是数学及其许多应用中最基本的概念之一. 它不但渗透到诸如几何学、代数拓扑学、函数论、泛函分析及其他许多数学分支中，还形成了一些新学科如拓扑群、李群、代数群等，它们还具有与群结构相联系的其他结构，如拓扑、解析流形、代数簇等，并在结晶学、理论物理、量子化学以及编码学、自动机理论等方面都有重要作用.

附录 4　硕士研究生入学考试线性代数试题

2005 年硕士研究生入学考试线性代数试题

一、填空题

1. 设 $\boldsymbol{\alpha}_1,\boldsymbol{\alpha}_2,\boldsymbol{\alpha}_3$ 均为 3 维列向量，记矩阵

$$\boldsymbol{A}=(\boldsymbol{\alpha}_1,\boldsymbol{\alpha}_2,\boldsymbol{\alpha}_3),\boldsymbol{B}=(\boldsymbol{\alpha}_1+\boldsymbol{\alpha}_2+\boldsymbol{\alpha}_3,\boldsymbol{\alpha}_1+2\boldsymbol{\alpha}_2+4\boldsymbol{\alpha}_3,\boldsymbol{\alpha}_1+3\boldsymbol{\alpha}_2+9\boldsymbol{\alpha}_3),$$

如果 $|\boldsymbol{A}|=1$，那么 $|\boldsymbol{B}|=$________.

2. 设行向量组 $(2,1,1,1),(2,1,a,a),(3,2,1,a),(4,3,2,1)$ 线性相关，且 $a\neq1$. 则 $a=$________.

二、选择题

1. 设 $\boldsymbol{A}$ 为 $n(n\geqslant2)$ 阶可逆矩阵，交换 $\boldsymbol{A}$ 的第 1 行与第 2 行得矩阵 $\boldsymbol{B}$，则(　　).

(A) 交换 $\boldsymbol{A}^*$ 的第 1 列与第 2 列得 $\boldsymbol{B}^*$；　(B) 交换 $\boldsymbol{A}^*$ 的第 1 行与第 2 行得 $\boldsymbol{B}^*$；

(C) 交换 $\boldsymbol{A}^*$ 的第 1 列与第 2 列得 $-\boldsymbol{B}^*$；　(D) 交换 $\boldsymbol{A}^*$ 的第 1 行与第 2 行得 $-\boldsymbol{B}^*$.

2. 设 n 阶矩阵 $\boldsymbol{A},\boldsymbol{B},\boldsymbol{C}$ 满足关系 $\boldsymbol{B}=\boldsymbol{E}+\boldsymbol{AB},\boldsymbol{C}=\boldsymbol{A}+\boldsymbol{CA}$，则 $\boldsymbol{B}-\boldsymbol{C}$ 为(　　).

(A) $\boldsymbol{E}$；　(B) $-\boldsymbol{E}$；　(C) $\boldsymbol{A}$；　(D) $-\boldsymbol{A}$.

3. 设矩阵 $\boldsymbol{A}=(a_{ij})_{3\times3}$ 满足 $\boldsymbol{A}^*=\boldsymbol{A}^{\mathrm{T}}$，若 a_{11},a_{12},a_{13} 为三个相等的正数，则 a_{11} 为(　　).

(A) $\frac{\sqrt{3}}{3}$；　(B) 3；　(C) $\frac{1}{3}$；　(D) $\sqrt{3}$.

4. 设 λ_1,λ_2 是矩阵 $\boldsymbol{A}$ 的两个不同的特征值，对应的特征向量分别为 $\boldsymbol{\alpha}_1,\boldsymbol{\alpha}_2$，则 $\boldsymbol{\alpha}_1$，$\boldsymbol{A}(\boldsymbol{\alpha}_1+\boldsymbol{\alpha}_2)$ 线性无关的充分必要条件是(　　).

(A) $\lambda_1\neq0$；　(B) $\lambda_2\neq0$；　(C) $\lambda_1=0$；　(D) $\lambda_2=0$.

三、解答题

1. 已知 3 阶矩阵 $\boldsymbol{A}$ 的第 1 行是 (a,b,c)，a,b,c 不全为零，矩阵

$$\boldsymbol{B}=\begin{pmatrix}1&2&3\\2&4&6\\3&6&k\end{pmatrix}\ (k\text{ 为常数}),$$

且 $\boldsymbol{AB}=\boldsymbol{O}$，求线性方程组 $\boldsymbol{Ax}=\boldsymbol{0}$ 的通解.

2. 已知齐次线性方程组$\begin{cases}x_1+2x_2+3x_3=0,\\2x_1+3x_2+5x_3=0,\\x_1+x_2+ax_3=0\end{cases}$和$\begin{cases}x_1+bx_2+cx_3=0,\\2x_1+b^2x_2+(c+1)x_3=0\end{cases}$同解，求$a,b,c$的值.

3. 确定常数a，使向量组$\boldsymbol{\alpha}_1=(1,1,a)^{\mathrm{T}}$，$\boldsymbol{\alpha}_2=(1,a,1)^{\mathrm{T}}$，$\boldsymbol{\alpha}_3=(a,1,1)^{\mathrm{T}}$可由向量组$\boldsymbol{\beta}_1=(1,1,a)^{\mathrm{T}}$，$\boldsymbol{\beta}_2=(-2,a,4)^{\mathrm{T}}$，$\boldsymbol{\beta}_3=(-2,a,a)^{\mathrm{T}}$线性表示，但向量组$\boldsymbol{\beta}_1,\boldsymbol{\beta}_2,\boldsymbol{\beta}_3$不能由向量组$\boldsymbol{\alpha}_1,\boldsymbol{\alpha}_2,\boldsymbol{\alpha}_3$线性表示.

4. 设$\boldsymbol{A}$为3阶矩阵，$\boldsymbol{\alpha}_1,\boldsymbol{\alpha}_2,\boldsymbol{\alpha}_3$是线性无关的3维列向量，且满足

$$\boldsymbol{A\alpha}_1=\boldsymbol{\alpha}_1+\boldsymbol{\alpha}_2+\boldsymbol{\alpha}_3,\boldsymbol{A\alpha}_2=2\boldsymbol{\alpha}_2+\boldsymbol{\alpha}_3,\boldsymbol{A\alpha}_3=2\boldsymbol{\alpha}_2+3\boldsymbol{\alpha}_3.$$

(1) 求矩阵$\boldsymbol{B}$，使得$\boldsymbol{A}(\boldsymbol{\alpha}_1,\boldsymbol{\alpha}_2,\boldsymbol{\alpha}_3)=(\boldsymbol{\alpha}_1,\boldsymbol{\alpha}_2,\boldsymbol{\alpha}_3)\boldsymbol{B}$；

(2) 求矩阵$\boldsymbol{A}$的特征值；

(3) 求可逆矩阵$\boldsymbol{P}$，使得$\boldsymbol{P}^{-1}\boldsymbol{AP}$为对角矩阵.

5. 已知二次型$f(x_1,x_2,x_3)=(1-a)x_1^2+(1-a)x_2^2+2x_3^2+2(1+a)x_1x_2$的秩为2.

(1) 求a的值；

(2) 求正交变换$\boldsymbol{x}=\boldsymbol{Qy}$，把$f(x_1,x_2,x_3)$化成标准形；

(3) 求方程$f(x_1,x_2,x_3)=0$的解.

6. 设$\boldsymbol{D}=\begin{pmatrix}\boldsymbol{A}&\boldsymbol{C}\\\boldsymbol{C}^{\mathrm{T}}&\boldsymbol{B}\end{pmatrix}$为正定矩阵，其中$\boldsymbol{A},\boldsymbol{B}$分别为$m,n$阶对称矩阵，$\boldsymbol{C}$为$m\times n$矩阵.

(1) 计算$\boldsymbol{P}^{\mathrm{T}}\boldsymbol{DP}$，其中$\boldsymbol{P}=\begin{bmatrix}\boldsymbol{E}_m&-\boldsymbol{A}^{-1}\boldsymbol{C}\\\boldsymbol{O}&\boldsymbol{E}_n\end{bmatrix}$；

(2) 利用(1)的结果判断矩阵$\boldsymbol{B}-\boldsymbol{C}^{\mathrm{T}}\boldsymbol{A}^{-1}\boldsymbol{C}$是否为正定矩阵，并证明你的结论.

2006年硕士研究生入学考试线性代数试题

一、填空题

1. 设矩阵$\boldsymbol{A}=\begin{pmatrix}2&1\\-1&2\end{pmatrix}$，矩阵$\boldsymbol{B}$满足$\boldsymbol{BA}=\boldsymbol{B}+2\boldsymbol{E}$，则$|\boldsymbol{B}|=$________.

2. 已知$\boldsymbol{\alpha}_1,\boldsymbol{\alpha}_2$为2维列向量，矩阵$\boldsymbol{A}=(2\boldsymbol{\alpha}_1+\boldsymbol{\alpha}_2,\boldsymbol{\alpha}_1-\boldsymbol{\alpha}_2)$，$\boldsymbol{B}=(\boldsymbol{\alpha}_1,\boldsymbol{\alpha}_2)$. 若行列式$|\boldsymbol{A}|=6$，则$|\boldsymbol{B}|=$________.

二、选择题

1. 设$\boldsymbol{A}$为3阶矩阵，将$\boldsymbol{A}$的第2行加到第1行得$\boldsymbol{B}$，再将$\boldsymbol{B}$的第1列的-1倍加到第2列得$\boldsymbol{C}$，记$\boldsymbol{P}=\begin{bmatrix}1&1&0\\0&1&0\\0&0&1\end{bmatrix}$，则(　　).

(A) $\boldsymbol{C}=\boldsymbol{P}^{-1}\boldsymbol{AP}$；　(B) $\boldsymbol{C}=\boldsymbol{PAP}^{-1}$；　(C) $\boldsymbol{C}=\boldsymbol{P}^{\mathrm{T}}\boldsymbol{AP}$；　(D) $\boldsymbol{C}=\boldsymbol{PAP}^{\mathrm{T}}$.

2. 设$\boldsymbol{\alpha}_1,\cdots,\boldsymbol{\alpha}_s$均为$n$维列向量，$\boldsymbol{A}$是$m\times n$矩阵，下列选项正确的是(　　).

(A) 若$\boldsymbol{\alpha}_1,\cdots,\boldsymbol{\alpha}_s$线性相关，则$\boldsymbol{A\alpha}_1,\cdots,\boldsymbol{A\alpha}_s$线性相关；

(B) 若 $\boldsymbol{\alpha}_1,\cdots,\boldsymbol{\alpha}_s$ 线性相关,则 $\boldsymbol{A\alpha}_1,\cdots,\boldsymbol{A\alpha}_s$ 线性无关;

(C) 若 $\boldsymbol{\alpha}_1,\cdots,\boldsymbol{\alpha}_s$ 线性无关,则 $\boldsymbol{A\alpha}_1,\cdots,\boldsymbol{A\alpha}_s$ 线性相关;

(D) 若 $\boldsymbol{\alpha}_1,\cdots,\boldsymbol{\alpha}_s$ 线性无关,则 $\boldsymbol{A\alpha}_1,\cdots,\boldsymbol{A\alpha}_s$ 线性无关.

三、解答题

1. 已知线性方程组 $\begin{cases} x_1+x_2+x_3+x_4=-1, \\ 4x_1+3x_2+5x_3-x_4=-1, \\ ax_1+x_2+3x_3+bx_4=1 \end{cases}$ 有 3 个线性无关的解.

(1) 证明方程组系数矩阵 $\boldsymbol{A}$ 的秩 $R(\boldsymbol{A})=2$;

(2) 求 a,b 的值及方程组的通解.

2. 设 4 维向量组

$$\boldsymbol{\alpha}_1=\begin{pmatrix}1+a\\1\\1\\1\end{pmatrix},\boldsymbol{\alpha}_2=\begin{pmatrix}2\\2+a\\2\\2\end{pmatrix},\boldsymbol{\alpha}_3=\begin{pmatrix}3\\3\\3+a\\3\end{pmatrix},\boldsymbol{\alpha}_4=\begin{pmatrix}4\\4\\4\\4+a\end{pmatrix},$$

问 a 为何值时 $\boldsymbol{\alpha}_1,\boldsymbol{\alpha}_2,\boldsymbol{\alpha}_3,\boldsymbol{\alpha}_4$ 线性相关? 当 $\boldsymbol{\alpha}_1,\boldsymbol{\alpha}_2,\boldsymbol{\alpha}_3,\boldsymbol{\alpha}_4$ 线性相关时,求其一个极大线性无关组,并将其余向量用该极大线性无关组线性表出.

3. 设 3 阶实对称矩阵 $\boldsymbol{A}$ 的各行元素之和均为 3,向量

$$\boldsymbol{\alpha}_1=(-1,2,-1)^{\mathrm{T}},\boldsymbol{\alpha}_2=(0,-1,1)^{\mathrm{T}}$$

是线性方程组 $\boldsymbol{Ax}=\boldsymbol{0}$ 的两个解,

(1) 求 $\boldsymbol{A}$ 的特征值与特征向量;

(2) 求正交矩阵 $\boldsymbol{Q}$ 和对角矩阵 $\boldsymbol{\Lambda}$,使得 $\boldsymbol{Q}^{\mathrm{T}}\boldsymbol{AQ}=\boldsymbol{\Lambda}$.

4. 设 3 阶实对称矩阵 $\boldsymbol{A}$ 的各行元素之和均为 3,向量

$$\boldsymbol{\alpha}_1=(-1,2,-1)^{\mathrm{T}},\boldsymbol{\alpha}_2=(0,-1,1)^{\mathrm{T}}$$

是线性方程组 $\boldsymbol{Ax}=\boldsymbol{0}$ 的两个解,

(1) 求 $\boldsymbol{A}$ 的特征值与特征向量;

(2) 求正交矩阵 $\boldsymbol{Q}$ 和对角矩阵 $\boldsymbol{\Lambda}$,使得 $\boldsymbol{Q}^{\mathrm{T}}\boldsymbol{AQ}=\boldsymbol{\Lambda}$;

(3) 求 $\boldsymbol{A}$ 及 $\left(\boldsymbol{A}-\dfrac{3}{2}\boldsymbol{E}\right)^6$.

2007 年硕士研究生入学考试线性代数试题

一、填空题

设矩阵 $\boldsymbol{A}=\begin{pmatrix}0&1&0&0\\0&0&1&0\\0&0&0&1\\0&0&0&0\end{pmatrix}$,则 $\boldsymbol{A}^3$ 的秩为________.

二、选择题

1. 设向量组 $\boldsymbol{\alpha}_1,\boldsymbol{\alpha}_2,\boldsymbol{\alpha}_3$ 线性无关，则下列向量组线性相关的是(　　).

(A) $\boldsymbol{\alpha}_1-\boldsymbol{\alpha}_2,\boldsymbol{\alpha}_2-\boldsymbol{\alpha}_3,\boldsymbol{\alpha}_3-\boldsymbol{\alpha}_1$；　　(B) $\boldsymbol{\alpha}_1+\boldsymbol{\alpha}_2,\boldsymbol{\alpha}_2+\boldsymbol{\alpha}_3,\boldsymbol{\alpha}_3+\boldsymbol{\alpha}_1$；

(C) $\boldsymbol{\alpha}_1-2\boldsymbol{\alpha}_2,\boldsymbol{\alpha}_2-2\boldsymbol{\alpha}_3,\boldsymbol{\alpha}_3-2\boldsymbol{\alpha}_1$；　　(D) $\boldsymbol{\alpha}_1+2\boldsymbol{\alpha}_2,\boldsymbol{\alpha}_2+2\boldsymbol{\alpha}_3,\boldsymbol{\alpha}_3+2\boldsymbol{\alpha}_1$.

2. 设矩阵 $\boldsymbol{A}=\begin{pmatrix}2&-1&-1\\-1&2&-1\\-1&-1&2\end{pmatrix}$，$\boldsymbol{B}=\begin{pmatrix}1&0&0\\0&1&0\\0&0&0\end{pmatrix}$，则 $\boldsymbol{A}$ 与 $\boldsymbol{B}$(　　).

(A) 合同，且相似；　　(B) 合同，但不相似；

(C) 不合同，但相似；　　(D) 既不合同，也不相似.

三、解答题

1. 设线性方程组 $\begin{cases}x_1+x_2+x_3=0\\x_1+2x_2+ax_3=0\\x_1+4x_2+a^2x_3=0\end{cases}$ 与方程 $x_1+2x_2+x_3=a-1$ 有公共解，求 a 的值及所有公共解.

2. 设 3 阶实对称矩阵 $\boldsymbol{A}$ 的特征值 $\lambda_1=1,\lambda_2=2,\lambda_3=-2$，$\boldsymbol{\alpha}_1=(1,-1,1)^{\mathrm{T}}$ 是 $\boldsymbol{A}$ 的属于 λ_1 的一个特征向量，记 $\boldsymbol{B}=\boldsymbol{A}^5-4\boldsymbol{A}^3+\boldsymbol{E}$.

(1) 验证 $\boldsymbol{\alpha}_1$ 是矩阵 $\boldsymbol{B}$ 的特征向量，并求 $\boldsymbol{B}$ 的全部特征值的特征向量；

(2) 求矩阵 $\boldsymbol{B}$.

2008 年硕士研究生入学考试线性代数试题

一、填空题

1. 设 $\boldsymbol{A}$ 为 2 阶矩阵，$\boldsymbol{\alpha}_1,\boldsymbol{\alpha}_2$ 为线性无关的 2 维列向量，$\boldsymbol{A}\boldsymbol{\alpha}_1=\boldsymbol{0}$，$\boldsymbol{A}\boldsymbol{\alpha}_2=2\boldsymbol{\alpha}_1+\boldsymbol{\alpha}_2$，则 $\boldsymbol{A}$ 的非零特征值为________.

2. 设 3 阶矩阵 $\boldsymbol{A}$ 的特征值为 1,2,2，则行列式 $|4\boldsymbol{A}^{-1}-\boldsymbol{E}|=$________.

3. 设 3 阶矩阵 $\boldsymbol{A}$ 的特征值为 $2,3,\lambda$，若行列式 $|2\boldsymbol{A}|=-48$，则 $\lambda=$________.

4. 设 3 阶矩阵 $\boldsymbol{A}$ 的特征值互不相同，若行列式 $|\boldsymbol{A}|=0$，则 $\boldsymbol{A}$ 的秩为________.

二、选择题

1. 设 $\boldsymbol{A}$ 为 n 阶非零矩阵，若 $\boldsymbol{A}^3=\boldsymbol{O}$，则(　　).

(A) $\boldsymbol{E}-\boldsymbol{A}$ 不可逆，$\boldsymbol{E}+\boldsymbol{A}$ 不可逆；　　(B) $\boldsymbol{E}-\boldsymbol{A}$ 不可逆，$\boldsymbol{E}+\boldsymbol{A}$ 可逆；

(C) $\boldsymbol{E}-\boldsymbol{A}$ 可逆，$\boldsymbol{E}+\boldsymbol{A}$ 可逆；　　(D) $\boldsymbol{E}-\boldsymbol{A}$ 可逆，$\boldsymbol{E}+\boldsymbol{A}$ 不可逆.

2. 设 $\boldsymbol{A}$ 为 3 阶实对称矩阵，如果二次曲面方程

$$(x,y,z)\boldsymbol{A}\begin{pmatrix}x\\y\\z\end{pmatrix}=1$$

在正交变换下的标准方程的图形如图，则 $\boldsymbol{A}$ 的正特征值个数为(　　).

(A) 0；　　　　(B) 1；

(C) 2；　　　　(D) 3.

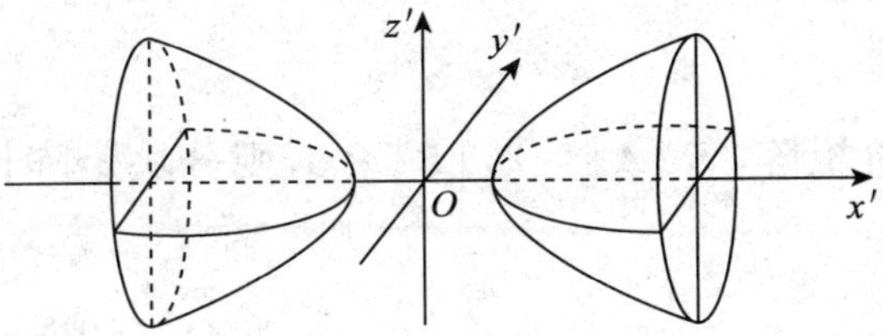

3. 设$\boldsymbol{A}=\begin{pmatrix}1&2\\2&1\end{pmatrix}$,则与$\boldsymbol{A}$合同的矩阵是(　　).

(A) $\begin{pmatrix}-2&1\\1&-2\end{pmatrix}$；　(B) $\begin{pmatrix}2&-1\\-1&2\end{pmatrix}$；　(C) $\begin{pmatrix}2&1\\1&2\end{pmatrix}$；　(D) $\begin{pmatrix}1&-2\\-2&1\end{pmatrix}$.

三、解答题

1. 设n元线性方程组$\boldsymbol{Ax}=\boldsymbol{b}$,其中

$$\boldsymbol{A}=\begin{pmatrix}2a&1&&\\a^2&2a&\ddots&\\&\ddots&\ddots&1\\&&a^2&2a\end{pmatrix},\boldsymbol{x}=\begin{pmatrix}x_1\\x_2\\\vdots\\x_n\end{pmatrix},\boldsymbol{b}=\begin{pmatrix}1\\0\\\vdots\\0\end{pmatrix}.$$

(1) 证明行列式$|\boldsymbol{A}|=(n+1)a^n$；

(2) 当a为何值时,该方程组有唯一解,并求x_1；

(3) 当a为何值时,该方程组有无穷多解,并求通解.

2. 设$\boldsymbol{A}=\boldsymbol{\alpha}\boldsymbol{\alpha}^{\mathrm{T}}+\boldsymbol{\beta}\boldsymbol{\beta}^{\mathrm{T}}$,其中$\boldsymbol{\alpha},\boldsymbol{\beta}$是3维列向量.证明

(1) 秩$R(\boldsymbol{A})\leqslant 2$；

(2) 若$\boldsymbol{\alpha},\boldsymbol{\beta}$线性相关,则秩$R(\boldsymbol{A})<2$.

3. 设$\boldsymbol{A}$为3阶矩阵,$\boldsymbol{\alpha}_1,\boldsymbol{\alpha}_2$为$\boldsymbol{A}$的分别属于特征值$-1,1$的特征向量,向量$\boldsymbol{\alpha}_3$满足$\boldsymbol{A}\boldsymbol{\alpha}_3=\boldsymbol{\alpha}_2+\boldsymbol{\alpha}_3$.

(1) 证明$\boldsymbol{\alpha}_1,\boldsymbol{\alpha}_2,\boldsymbol{\alpha}_3$线性无关；

(2) 令$\boldsymbol{P}=(\boldsymbol{\alpha}_1,\boldsymbol{\alpha}_2,\boldsymbol{\alpha}_3)$,求$\boldsymbol{P}^{-1}\boldsymbol{AP}$.

2009年硕士研究生入学考试线性代数试题

一、填空题

1. 若3维列向量$\boldsymbol{\alpha},\boldsymbol{\beta}$满足$\boldsymbol{\alpha}^{\mathrm{T}}\boldsymbol{\beta}=2$,则矩阵$\boldsymbol{\beta}\boldsymbol{\alpha}^{\mathrm{T}}$的非零特征值为________.

2. 设$\boldsymbol{\alpha},\boldsymbol{\beta}$为3维列向量,若矩阵$\boldsymbol{\alpha}\boldsymbol{\beta}^{\mathrm{T}}$相似于$\begin{pmatrix}2&0&0\\0&0&0\\0&0&0\end{pmatrix}$,则$\boldsymbol{\beta}^{\mathrm{T}}\boldsymbol{\alpha}=$________.

3. 设 $\boldsymbol{\alpha}=(1,1,1)^{\mathrm{T}}$，$\boldsymbol{\beta}=(1,0,k)^{\mathrm{T}}$，若矩阵 $\boldsymbol{\alpha}\boldsymbol{\beta}^{\mathrm{T}}$ 相似于 $\begin{pmatrix}3&0&0\\0&0&0\\0&0&0\end{pmatrix}$，则 $k=$________.

二、选择题

1. 设 $\boldsymbol{A},\boldsymbol{B}$ 为 2 阶矩阵，若 $|\boldsymbol{A}|=2$，$|\boldsymbol{B}|=3$，则分块矩阵 $\begin{pmatrix}\boldsymbol{O}&\boldsymbol{A}\\\boldsymbol{B}&\boldsymbol{O}\end{pmatrix}$ 的伴随矩阵为（　　）.

(A) $\begin{pmatrix}\boldsymbol{O}&3\boldsymbol{B}^*\\2\boldsymbol{A}^*&\boldsymbol{O}\end{pmatrix}$；　(B) $\begin{pmatrix}\boldsymbol{O}&2\boldsymbol{B}^*\\3\boldsymbol{A}^*&\boldsymbol{O}\end{pmatrix}$；

(C) $\begin{pmatrix}\boldsymbol{O}&3\boldsymbol{A}^*\\2\boldsymbol{B}^*&\boldsymbol{O}\end{pmatrix}$；　(D) $\begin{pmatrix}\boldsymbol{O}&2\boldsymbol{A}^*\\3\boldsymbol{B}^*&\boldsymbol{O}\end{pmatrix}$.

2. 设 $\boldsymbol{A},\boldsymbol{P}$ 为 3 阶矩阵，且

$$\boldsymbol{P}^{\mathrm{T}}\boldsymbol{A}\boldsymbol{P}=\begin{pmatrix}1&0&0\\0&1&0\\0&0&2\end{pmatrix},$$

若 $\boldsymbol{P}=(\boldsymbol{\alpha}_1,\boldsymbol{\alpha}_2,\boldsymbol{\alpha}_3)$，$\boldsymbol{Q}=(\boldsymbol{\alpha}_1+\boldsymbol{\alpha}_2,\boldsymbol{\alpha}_2,\boldsymbol{\alpha}_3)$，则 $\boldsymbol{Q}^{\mathrm{T}}\boldsymbol{A}\boldsymbol{Q}$ 为（　　）.

(A) $\begin{pmatrix}2&1&0\\1&1&0\\0&0&2\end{pmatrix}$；　(B) $\begin{pmatrix}1&1&0\\1&2&0\\0&0&2\end{pmatrix}$；

(C) $\begin{pmatrix}2&0&0\\0&1&0\\0&0&2\end{pmatrix}$；　(D) $\begin{pmatrix}1&0&0\\0&2&0\\0&0&2\end{pmatrix}$.

3. 设 $\boldsymbol{\alpha}_1,\boldsymbol{\alpha}_2,\boldsymbol{\alpha}_3$ 是 3 维向量空间 $\mathbf{R}^3$ 的一组基，则由基 $\boldsymbol{\alpha}_1,\frac{1}{2}\boldsymbol{\alpha}_2,\frac{1}{3}\boldsymbol{\alpha}_3$ 到基

$$\boldsymbol{\alpha}_1+\boldsymbol{\alpha}_2,\boldsymbol{\alpha}_2+\boldsymbol{\alpha}_3,\boldsymbol{\alpha}_3+\boldsymbol{\alpha}_1$$

的过渡矩阵为（　　）.

(A) $\begin{pmatrix}1&0&1\\2&2&0\\0&3&3\end{pmatrix}$；　(B) $\begin{pmatrix}1&2&0\\0&2&3\\1&0&3\end{pmatrix}$；

(C) $\begin{pmatrix}\frac{1}{2}&\frac{1}{4}&-\frac{1}{6}\\-\frac{1}{2}&\frac{1}{4}&\frac{1}{6}\\\frac{1}{2}&-\frac{1}{4}&\frac{1}{6}\end{pmatrix}$；　(D) $\begin{pmatrix}\frac{1}{2}&-\frac{1}{2}&\frac{1}{2}\\\frac{1}{4}&\frac{1}{4}&-\frac{1}{4}\\-\frac{1}{6}&\frac{1}{6}&\frac{1}{6}\end{pmatrix}$.

三、解答题

1. 设 $\boldsymbol{A}=\begin{pmatrix}1&-1&-1\\-1&1&1\\0&-4&-2\end{pmatrix}$，$\boldsymbol{\xi}_1=\begin{pmatrix}-1\\1\\-2\end{pmatrix}$.

(1) 求满足 $A\xi_2=\xi_1, A^2\xi_3=\xi_1$ 的所有向量 ξ_2, ξ_3；

(2) 对(1)中的的任意向量 ξ_2, ξ_3，证明 ξ_1, ξ_2, ξ_3 线性无关.

2. 设二次型 $f(x_1,x_2,x_3)=ax_1^2+ax_2^2+(a-1)x_3^2+2x_1x_3-2x_2x_3$.

(1) 求二次型 f 的矩阵的所有特征值；

(2) 若二次型 f 的规范型为 $y_1^2+y_2^2$，求 a 的值.

2010 年硕士研究生入学考试线性代数试题

一、填空题

1. 设 $\boldsymbol{A},\boldsymbol{B}$ 为 3 阶矩阵，若 $|\boldsymbol{A}|=3, |\boldsymbol{B}|=2, |\boldsymbol{A}^{-1}+\boldsymbol{B}|=2$，则 $|\boldsymbol{A}+\boldsymbol{B}^{-1}|=$________.

2. 设 $\boldsymbol{\alpha}_1=(1,2,-1,0)^{\mathrm{T}}, \boldsymbol{\alpha}_2=(1,1,0,2)^{\mathrm{T}}, \boldsymbol{\alpha}_3=(2,1,1,a)^{\mathrm{T}}$，若由 $\boldsymbol{\alpha}_1,\boldsymbol{\alpha}_2,\boldsymbol{\alpha}_3$ 生成的向量空间的维数为 2，则 $a=$________.

二、选择题

1. 设 $\boldsymbol{A}$ 为 $m\times n$ 型矩阵，$\boldsymbol{B}$ 为 $n\times m$ 型矩阵，若 $\boldsymbol{AB}=\boldsymbol{E}$，则(　　).

(A) 秩 $R(\boldsymbol{A})=m$，秩 $R(\boldsymbol{B})=m$；　　(B) 秩 $R(\boldsymbol{A})=m$，秩 $R(\boldsymbol{B})=n$；

(C) 秩 $R(\boldsymbol{A})=n$，秩 $R(\boldsymbol{B})=m$；　　(D) 秩 $R(\boldsymbol{A})=n$，秩 $R(\boldsymbol{B})=n$.

2. 设向量组Ⅰ：$\boldsymbol{\alpha}_1,\boldsymbol{\alpha}_2,\cdots,\boldsymbol{\alpha}_r$ 可由向量组Ⅱ：$\boldsymbol{\beta}_1,\boldsymbol{\beta}_2,\cdots,\boldsymbol{\beta}_s$ 线性表示，下列命题正确的是(　　).

(A) 若Ⅰ线性无关，则 $r\leqslant s$；　　(B) 若Ⅰ线性相关，则 $r>s$；

(C) 若Ⅱ线性无关，则 $r\leqslant s$；　　(D) 若Ⅱ线性相关，则 $r>s$.

3. 设 $\boldsymbol{A}$ 为 4 阶对称矩阵，且 $\boldsymbol{A}^2+\boldsymbol{A}=\boldsymbol{O}$，若 $\boldsymbol{A}$ 的秩为 3，则 $\boldsymbol{A}$ 相似于(　　).

(A) $\mathrm{diag}(1,1,1,0)$；　　(B) $\mathrm{diag}(1,1,-1,0)$；

(C) $\mathrm{diag}(1,-1,-1,0)$；　　(D) $\mathrm{diag}(-1,-1,-1,0)$.

三、解答题

1. 设 $\boldsymbol{A}=\begin{pmatrix}\lambda & 1 & 1\\ 0 & \lambda-1 & 0\\ 1 & 1 & \lambda\end{pmatrix}, \boldsymbol{b}=\begin{pmatrix}a\\1\\1\end{pmatrix}$. 已知线性方程组 $\boldsymbol{Ax}=\boldsymbol{b}$ 存在 2 个不同的解.

(1) 求 λ 和 a；

(2) 求方程组 $\boldsymbol{Ax}=\boldsymbol{b}$ 的通解.

2. 设 $\boldsymbol{A}=\begin{pmatrix}0 & -1 & 4\\ -1 & 3 & a\\ 4 & a & 0\end{pmatrix}$，正交矩阵 $\boldsymbol{Q}$ 使得 $\boldsymbol{Q}^{\mathrm{T}}\boldsymbol{AQ}$ 为对角矩阵. 若 $\boldsymbol{Q}$ 的第 1 列为 $\frac{1}{\sqrt{6}}(1,2,1)^{\mathrm{T}}$，求 a 和 $\boldsymbol{Q}$.

3. 已知二次型 $f(x_1,x_2,x_3)=\boldsymbol{x}^{\mathrm{T}}\boldsymbol{Ax}$ 在正交变换 $\boldsymbol{x}=\boldsymbol{Qy}$ 下的标准型为 $y_1^2+y_2^2$，且 $\boldsymbol{Q}$ 的第 3 列为 $\left(\frac{\sqrt{2}}{2},0,\frac{\sqrt{2}}{2}\right)^{\mathrm{T}}$.

(1) 求矩阵 $\boldsymbol{A}$；

(2) 证明 $\boldsymbol{A}+\boldsymbol{E}$ 为正定矩阵.

2011 年硕士研究生入学考试线性代数试题

一、填空题

1. 若二次曲面的方程

$$x^2+3y^2+z^2+2axy+2xz+2yz=4$$

经正交变换化为 $y_1^2+4z_1^2=4$，则 $a=$________.

2. 二次型 $f(x_1,x_2,x_3)=x_1^2+3x_2^2+x_3^2+2x_1x_2+2x_1x_3+2x_2x_3$，则 f 的正惯性指数为________.

3. 设二次型 $f(x_1,x_2,x_3)=\boldsymbol{x}^{\mathrm{T}}\boldsymbol{A}\boldsymbol{x}$ 的秩为 1，$\boldsymbol{A}$ 的各行元素之和为 3，则 f 在正交变换 $\boldsymbol{x}=\boldsymbol{Q}\boldsymbol{y}$ 下的标准形为________.

二、选择题

1. 设 $\boldsymbol{A}$ 为 3 阶矩阵，将 $\boldsymbol{A}$ 的第 2 列加到第 1 列得矩阵 $\boldsymbol{B}$，再交换 $\boldsymbol{B}$ 的第 2 行与第 3 行得单位矩阵，记 $\boldsymbol{P}_1=\begin{pmatrix}1&0&0\\1&1&0\\0&0&1\end{pmatrix}$，$\boldsymbol{P}_2=\begin{pmatrix}1&0&0\\0&0&1\\0&1&0\end{pmatrix}$，则 $\boldsymbol{A}=$(　　).

(A) $\boldsymbol{P}_1\boldsymbol{P}_2$；　(B) $\boldsymbol{P}_1^{-1}\boldsymbol{P}_2$；　(C) $\boldsymbol{P}_2\boldsymbol{P}_1$；　(D) $\boldsymbol{P}_2\boldsymbol{P}_1^{-1}$.

2. 设 $\boldsymbol{A}=(\boldsymbol{\alpha}_1,\boldsymbol{\alpha}_2,\boldsymbol{\alpha}_3,\boldsymbol{\alpha}_4)$ 是 4 阶矩阵，若 $(1,0,1,0)^{\mathrm{T}}$ 是方程组 $\boldsymbol{A}\boldsymbol{x}=\boldsymbol{0}$ 的一个基础解系，则 $\boldsymbol{A}^*\boldsymbol{x}=\boldsymbol{0}$ 的基础解系可为(　　).

(A) $\boldsymbol{\alpha}_1,\boldsymbol{\alpha}_3$；　(B) $\boldsymbol{\alpha}_1,\boldsymbol{\alpha}_2$；　(C) $\boldsymbol{\alpha}_1,\boldsymbol{\alpha}_2,\boldsymbol{\alpha}_3$；　(D) $\boldsymbol{\alpha}_2,\boldsymbol{\alpha}_3,\boldsymbol{\alpha}_4$.

3. 设 $\boldsymbol{A}$ 为 4×3 矩阵，$\boldsymbol{\eta}_1,\boldsymbol{\eta}_2,\boldsymbol{\eta}_3$ 是非齐次线性方程组 $\boldsymbol{A}\boldsymbol{x}=\boldsymbol{\beta}$ 的 3 个线性无关的解，k_1,k_2 为任意常数，则 $\boldsymbol{A}\boldsymbol{x}=\boldsymbol{\beta}$ 的通解为(　　).

(A) $\dfrac{\boldsymbol{\eta}_2+\boldsymbol{\eta}_3}{2}+k_1(\boldsymbol{\eta}_2-\boldsymbol{\eta}_1)$；

(B) $\dfrac{\boldsymbol{\eta}_2-\boldsymbol{\eta}_3}{2}+k_1(\boldsymbol{\eta}_2-\boldsymbol{\eta}_1)$；

(C) $\dfrac{\boldsymbol{\eta}_2+\boldsymbol{\eta}_3}{2}+k_1(\boldsymbol{\eta}_2-\boldsymbol{\eta}_1)+k_2(\boldsymbol{\eta}_3-\boldsymbol{\eta}_1)$；

(D) $\dfrac{\boldsymbol{\eta}_2-\boldsymbol{\eta}_3}{2}+k_1(\boldsymbol{\eta}_2-\boldsymbol{\eta}_1)+k_2(\boldsymbol{\eta}_3-\boldsymbol{\eta}_1)$.

三、解答题

1. 设向量组 $\boldsymbol{\alpha}_1=(1,0,1)^{\mathrm{T}}$，$\boldsymbol{\alpha}_2=(0,1,1)^{\mathrm{T}}$，$\boldsymbol{\alpha}_3=(1,3,5)^{\mathrm{T}}$ 不能由向量组 $\boldsymbol{\beta}_1=(1,1,1)^{\mathrm{T}}$，$\boldsymbol{\beta}_2=(1,2,3)^{\mathrm{T}}$，$\boldsymbol{\beta}_3=(3,4,a)^{\mathrm{T}}$ 线性表示.

(1) 求 a 的值；

(2) 将 $\boldsymbol{\beta}_1,\boldsymbol{\beta}_2,\boldsymbol{\beta}_3$ 用 $\boldsymbol{\alpha}_1,\boldsymbol{\alpha}_2,\boldsymbol{\alpha}_3$ 线性表示.

2. 设 $\boldsymbol{A}$ 为 3 阶实对称矩阵，$\boldsymbol{A}$ 的秩为 2，且

$$A\begin{pmatrix}1&1\\0&0\\-1&1\end{pmatrix}=\begin{pmatrix}-1&1\\0&0\\1&1\end{pmatrix}.$$

(1) 求 $\boldsymbol{A}$ 的所有特征值与特征向量；

(2) 求矩阵 $\boldsymbol{A}$.

2012 年硕士研究生入学考试线性代数试题

一、填空题

1. 设 $\boldsymbol{A}$ 为 3 阶矩阵，$|\boldsymbol{A}|=3$. 若交换 $\boldsymbol{A}$ 的第 1 行与第 2 行得矩阵 $\boldsymbol{B}$，则 $|\boldsymbol{BA}^*|=$________.

2. 设 $\boldsymbol{\alpha}$ 为 3 维单位列向量，$\boldsymbol{E}$ 为 3 阶单位矩阵，则矩阵 $\boldsymbol{E}-\boldsymbol{\alpha\alpha}^{\mathrm{T}}$ 的秩为________.

二、选择题

1. 设 $\boldsymbol{\alpha}_1=\begin{pmatrix}0\\0\\c_1\end{pmatrix}$，$\boldsymbol{\alpha}_2=\begin{pmatrix}0\\1\\c_2\end{pmatrix}$，$\boldsymbol{\alpha}_3=\begin{pmatrix}1\\-1\\c_3\end{pmatrix}$，$\boldsymbol{\alpha}_4=\begin{pmatrix}-1\\1\\c_4\end{pmatrix}$，其中 c_1,c_2,c_3,c_4 为任意常数，则下列向量组线性相关的为(　　).

(A) $\boldsymbol{\alpha}_1,\boldsymbol{\alpha}_2,\boldsymbol{\alpha}_3$；　(B) $\boldsymbol{\alpha}_1,\boldsymbol{\alpha}_2,\boldsymbol{\alpha}_4$；　(C) $\boldsymbol{\alpha}_1,\boldsymbol{\alpha}_3,\boldsymbol{\alpha}_4$；　(D) $\boldsymbol{\alpha}_2,\boldsymbol{\alpha}_3,\boldsymbol{\alpha}_4$.

2. 设 $\boldsymbol{A}$ 为 3 阶矩阵，$\boldsymbol{P}$ 为 3 阶可逆矩阵，且 $\boldsymbol{P}^{-1}\boldsymbol{AP}=\begin{pmatrix}1&0&0\\0&1&0\\0&0&2\end{pmatrix}$，若 $\boldsymbol{P}=(\boldsymbol{\alpha}_1,\boldsymbol{\alpha}_2,\boldsymbol{\alpha}_3)$，$\boldsymbol{Q}=(\boldsymbol{\alpha}_1+\boldsymbol{\alpha}_2,\boldsymbol{\alpha}_2,\boldsymbol{\alpha}_3)$，则 $\boldsymbol{Q}^{-1}\boldsymbol{AQ}=$(　　).

(A) $\begin{pmatrix}1&0&0\\0&2&0\\0&0&1\end{pmatrix}$；　(B) $\begin{pmatrix}1&0&0\\0&1&0\\0&0&2\end{pmatrix}$；　(C) $\begin{pmatrix}2&0&0\\0&1&0\\0&0&2\end{pmatrix}$；　(D) $\begin{pmatrix}2&0&0\\0&2&0\\0&0&1\end{pmatrix}$.

三、解答题

1. 设 $\boldsymbol{A}=\begin{pmatrix}1&a&0&0\\0&1&a&0\\0&0&1&a\\a&0&0&1\end{pmatrix}$，$\boldsymbol{\beta}=\begin{pmatrix}1\\-1\\0\\0\end{pmatrix}$.

(1) 计算行列式 $|\boldsymbol{A}|$；

(2) 当实数 a 为何值时，方程组 $\boldsymbol{Ax}=\boldsymbol{\beta}$ 有无穷多解，并求其通解.

2. 已知 $\boldsymbol{A}=\begin{pmatrix}1&0&1\\0&1&1\\-1&0&a\\0&a&-1\end{pmatrix}$，二次型 $f(x_1,x_2,x_3)=\boldsymbol{x}^{\mathrm{T}}(\boldsymbol{A}^{\mathrm{T}}\boldsymbol{A})\boldsymbol{x}$ 的秩为 2.

(1) 求实数 a 的值；

(2) 求正交变换 $\boldsymbol{x}=\boldsymbol{Q}\boldsymbol{y}$ 将二次型 f 化为标准形.

2013 年硕士研究生入学考试线性代数试题

一、填空题

设 $\boldsymbol{A}=(a_{ij})$ 是 3 阶非零矩阵，A_{ij} 为 a_{ij} 的代数余子式，若 $a_{ij}+A_{ij}=0(i,j=1,2,3)$，则 $|\boldsymbol{A}|=$________.

二、选择题

1. 设 $\boldsymbol{A},\boldsymbol{B},\boldsymbol{C}$ 均为 n 阶矩阵，若 $\boldsymbol{AB}=\boldsymbol{C}$，且 $\boldsymbol{B}$ 可逆，则(　　).

(A) 矩阵 $\boldsymbol{C}$ 的行向量组与矩阵 $\boldsymbol{A}$ 的行向量组等价；

(B) 矩阵 $\boldsymbol{C}$ 的列向量组与矩阵 $\boldsymbol{A}$ 的列向量组等价；

(C) 矩阵 $\boldsymbol{C}$ 的行向量组与矩阵 $\boldsymbol{B}$ 的行向量组等价；

(D) 矩阵 $\boldsymbol{C}$ 的列向量组与矩阵 $\boldsymbol{B}$ 的列向量组等价.

2. 矩阵 $\begin{pmatrix}1&a&1\\a&b&a\\1&a&1\end{pmatrix}$ 与 $\begin{pmatrix}2&0&0\\0&b&0\\0&0&0\end{pmatrix}$ 相似的充分必要条件为(　　).

(A) $a=0,b=2$；　　(B) $a=0,b$ 为任意常数；

(C) $a=2,b=0$；　　(D) $a=2,b$ 为任意常数.

三、解答题

1. 设 $\boldsymbol{A}=\begin{pmatrix}1&a\\1&0\end{pmatrix},\boldsymbol{B}=\begin{pmatrix}0&1\\1&b\end{pmatrix}$，当 a,b 为何值时，存在矩阵 $\boldsymbol{C}$ 使得 $\boldsymbol{AC}-\boldsymbol{CA}=\boldsymbol{B}$，并求所有矩阵 $\boldsymbol{C}$.

2. 设二次型 $f(x_1,x_2,x_3)=2(a_1x_1+a_2x_2+a_3x_3)^2+(b_1x_1+b_2x_2+b_3x_3)^2$，记

$$\boldsymbol{\alpha}=\begin{pmatrix}a_1\\a_2\\a_3\end{pmatrix},\boldsymbol{\beta}=\begin{pmatrix}b_1\\b_2\\b_3\end{pmatrix}.$$

(1) 证明二次型 f 对应的矩阵为 $2\boldsymbol{\alpha}\boldsymbol{\alpha}^{\mathrm{T}}+\boldsymbol{\beta}\boldsymbol{\beta}^{\mathrm{T}}$；

(2) 若 $\boldsymbol{\alpha},\boldsymbol{\beta}$ 正交且均为单位向量，证明 f 在正交变换下的标准形为 $2y_1^2+y_2^2$.

2014 年硕士研究生入学考试线性代数试题

一、填空题

设二次型 $f(x_1,x_2,x_3)=x_1^2-x_2^2+2ax_1x_3+4x_2x_3$ 的负惯性指数为 1，则 a 的取值范围为________.

二、选择题

1. 行列式$\begin{vmatrix} 0 & a & b & 0 \\ a & 0 & 0 & b \\ 0 & c & d & 0 \\ c & 0 & 0 & d \end{vmatrix}$=(　　).

(A) $(ad-bc)^2$；　(B) $-(ad-bc)^2$；　(C) $a^2d^2-b^2c^2$；　(D) $b^2c^2-a^2d^2$.

2. 设$\boldsymbol{\alpha}_1,\boldsymbol{\alpha}_2,\boldsymbol{\alpha}_3$均为3维向量，则对任意常数$k,l$，向量组$\boldsymbol{\alpha}_1+k\boldsymbol{\alpha}_3,\boldsymbol{\alpha}_2+l\boldsymbol{\alpha}_3$线性无关是向量组$\boldsymbol{\alpha}_1,\boldsymbol{\alpha}_2,\boldsymbol{\alpha}_3$线性无关的(　　).

(A) 必要非充分条件；　　(B) 充分非必要条件；

(C) 充分必要条件；　　(D) 既非充分又非必要条件.

三、解答题

1. 设$\boldsymbol{A}=\begin{pmatrix} 1 & -2 & 3 & -4 \\ 0 & 1 & -1 & 1 \\ 1 & 2 & 0 & -3 \end{pmatrix}$，$\boldsymbol{E}$为3阶单位矩阵.

(1) 求方程组$\boldsymbol{Ax}=\boldsymbol{0}$的一个基础解系；

(2) 求满足$\boldsymbol{AB}=\boldsymbol{E}$的所有矩阵$\boldsymbol{B}$.

2. 证明n阶矩阵$\begin{pmatrix} 1 & 1 & \cdots & 1 \\ 1 & 1 & \cdots & 1 \\ \vdots & \vdots & & \vdots \\ 1 & 1 & \cdots & 1 \end{pmatrix}$与$\begin{pmatrix} 0 & \cdots & 0 & 1 \\ 0 & \cdots & 0 & 2 \\ \vdots & & \vdots & \vdots \\ 0 & \cdots & 0 & n \end{pmatrix}$相似.

习题答案

第一章

习题 1—1

1. $\begin{cases} x_1=-4z_1+2z_2+z_3, \\ x_2=12z_1-4z_2+9z_3, \\ x_3=-10z_1-z_2+16z_3. \end{cases}$

2. $10^n\begin{pmatrix} -3 & 1 \\ 1 & 3 \end{pmatrix}$.

3. $14^{n-1}\begin{pmatrix} 1 & 2 & 3 \\ 2 & 4 & 6 \\ 3 & 6 & 9 \end{pmatrix}$.

4. $\begin{pmatrix} a^n & na^{n-1} & \frac{1}{2}n(n-1)a^{n-2} & \frac{1}{6}n(n-1)(n-2)a^{n-3} \\ 0 & a^n & na^{n-1} & \frac{1}{2}n(n-1)a^{n-2} \\ 0 & 0 & a^n & na^{n-1} \\ 0 & 0 & 0 & a^n \end{pmatrix}$.

5. $\boldsymbol{B}=\begin{pmatrix} a & b \\ 0 & a \end{pmatrix}$，其中 a,b 为任意数.

6. $f(\boldsymbol{A})=\boldsymbol{O}$; $g(\boldsymbol{A})=3^8\begin{pmatrix} 1 & 1 \\ 1 & 1 \end{pmatrix}$.

7. 略.

8. (1) $\boldsymbol{A}=\begin{pmatrix} 0 & 1 \\ 0 & 0 \end{pmatrix}$;

(2) $\boldsymbol{A}=\begin{pmatrix} 1 & 0 \\ 0 & 0 \end{pmatrix}$;

(3) $\boldsymbol{A}=\begin{pmatrix} 0 & 1 \\ 0 & 0 \end{pmatrix}$, $\boldsymbol{X}=\begin{pmatrix} 0 & 1 \\ 0 & 0 \end{pmatrix}$, $\boldsymbol{Y}=\boldsymbol{O}$.

习题 1—2

1. (1) $4abcdef$； (2) $-2x^3-2y^3$.
2. 40.
3. (1) 70； (2) -270.
4. $x_1=-3, x_2=x_3=x_4=1$.
5. 36.
6. 24.
7. (1) $(-1)^n(n+1)a_1\cdots a_n$；
   (2) $x^n+a_1x^{n-1}+a_2x^{n-2}+\cdots+a_{n-1}x+a_n$.
8. 略.

习题 1—3

1. $\frac{27}{2}, 4, -\frac{4}{27}$.
2. $\begin{cases} y_1=-7x_1-4x_2+9x_3, \\ y_2=6x_1+3x_2-7x_3, \\ y_3=3x_1+2x_2-4x_3. \end{cases}$
3. $\begin{pmatrix} -2 & 2 & 1 \\ -\frac{8}{3} & 5 & -\frac{2}{3} \end{pmatrix}$.
4. $\begin{pmatrix} 5 & -2 & -2 \\ 4 & -3 & -2 \\ -2 & 2 & 3 \end{pmatrix}$.
5. $\begin{pmatrix} 5 & -2 & -1 \\ -2 & 2 & 0 \\ -1 & 0 & 1 \end{pmatrix}$.
6. $\begin{pmatrix} 1 & 0 & 0 & 0 \\ -1 & 2 & 0 & 0 \\ 0 & -2 & 3 & 0 \\ 0 & 0 & -3 & 4 \end{pmatrix}$.
7. 略.
8. $(\boldsymbol{A}-3\boldsymbol{I})^{-1}=\boldsymbol{A}+\boldsymbol{I}$.

习题 1—4

1. $20^8, \begin{pmatrix} 5^4 & 0 & 0 & 0 \\ 0 & 5^4 & 0 & 0 \\ 0 & 0 & 2^8 & 0 \\ 0 & 0 & 2^{11} & 2^8 \end{pmatrix}$.

2. $\begin{pmatrix} 1 & -2 & 0 & 0 \\ -2 & 5 & 0 & 0 \\ 0 & 0 & 2 & -3 \\ 0 & 0 & -5 & 8 \end{pmatrix}$.

3. $\frac{1}{3}\begin{pmatrix} 1+2^{13} & 4+2^{13} \\ -1-2^{11} & -4-2^{11} \end{pmatrix}=\begin{pmatrix} 2731 & 2732 \\ -683 & -684 \end{pmatrix}$.

4. $\begin{pmatrix} \boldsymbol{A} & \boldsymbol{B} \\ \boldsymbol{O} & \boldsymbol{D}-\boldsymbol{C}\boldsymbol{A}^{-1}\boldsymbol{B} \end{pmatrix}$. 证明略.

5. 略.

第二章

习题 2—1

1. (1) $\begin{pmatrix} 0 & 1 & 0 & 5 \\ 0 & 0 & 1 & 3 \\ 0 & 0 & 0 & 0 \end{pmatrix}$； (2) $\begin{pmatrix} 1 & 0 & 2 & 0 & -2 \\ 0 & 1 & -1 & 0 & 3 \\ 0 & 0 & 0 & 1 & 4 \\ 0 & 0 & 0 & 0 & 0 \end{pmatrix}$.

2. (1) $\begin{pmatrix} x_1 \\ x_2 \\ x_3 \\ x_4 \end{pmatrix}=k_1\begin{pmatrix} 3 \\ 19 \\ 17 \\ 0 \end{pmatrix}+k_2\begin{pmatrix} -13 \\ -20 \\ 0 \\ 17 \end{pmatrix}$,($k_1,k_2$ 为任意数)；

(2) $\begin{pmatrix} x_1 \\ x_2 \\ x_3 \\ x_4 \end{pmatrix}=k_1\begin{pmatrix} -2 \\ 1 \\ 0 \\ 0 \end{pmatrix}+k_2\begin{pmatrix} 1 \\ 0 \\ 0 \\ 1 \end{pmatrix}$,($k_1,k_2$ 为任意数)；

(3) $x_1=1,x_2=2,x_3=1$；

(4) $\begin{pmatrix} x_1 \\ x_2 \\ x_3 \\ x_4 \end{pmatrix}=k\begin{pmatrix} -1 \\ -1 \\ 1 \\ 0 \end{pmatrix}+\begin{pmatrix} 2 \\ 2 \\ 0 \\ 1 \end{pmatrix}$,($k$ 为任意数).

3. (1) 当 $a\neq 0$ 或 $b\neq -4$ 时,方程组无解；

当 $a=0,b=-4$ 时,方程组有无穷个解,通解为

$$\begin{pmatrix} x_1 \\ x_2 \\ x_3 \\ x_4 \end{pmatrix}=k_1\begin{pmatrix} 0 \\ 1 \\ 1 \\ 0 \end{pmatrix}+k_2\begin{pmatrix} -4 \\ 1 \\ 0 \\ 1 \end{pmatrix}+\begin{pmatrix} -2 \\ 2 \\ 0 \\ 0 \end{pmatrix},(k_1,k_2 \text{ 为任意数})；$$

(2) 当 $b=3$ 时，方程组无解；

当 $a\neq -2, b\neq 3, b\neq 1$ 时，方程组有唯一解

$$\begin{pmatrix} x_1 \\ x_2 \\ x_3 \\ x_4 \end{pmatrix} = \frac{1}{b-3}\begin{pmatrix} 8-2b \\ 8-3b \\ 0 \\ 1 \end{pmatrix}.$$

当 $a\neq -2, b=1$ 时，方程组有无穷个解，通解为

$$\begin{pmatrix} x_1 \\ x_2 \\ x_3 \\ x_4 \end{pmatrix} = k\begin{pmatrix} 2 \\ -1 \\ 0 \\ 1 \end{pmatrix} + \begin{pmatrix} -2 \\ -3 \\ 0 \\ 0 \end{pmatrix}, (k\text{ 为任意数}).$$

当 $a=-2, b\neq 3, b\neq 1$ 时，方程组有无穷个解，通解为

$$\begin{pmatrix} x_1 \\ x_2 \\ x_3 \\ x_4 \end{pmatrix} = k\begin{pmatrix} -1 \\ 1 \\ 1 \\ 0 \end{pmatrix} + \frac{1}{b-3}\begin{pmatrix} 8-2b \\ 8-3b \\ 0 \\ 1 \end{pmatrix}, (k\text{ 为任意数}).$$

当 $a=-2, b=1$ 时，方程组有无穷个解，通解为

$$\begin{pmatrix} x_1 \\ x_2 \\ x_3 \\ x_4 \end{pmatrix} = k_1\begin{pmatrix} -1 \\ 1 \\ 1 \\ 0 \end{pmatrix} + k_2\begin{pmatrix} 2 \\ -1 \\ 0 \\ 1 \end{pmatrix} + \begin{pmatrix} -2 \\ -3 \\ 0 \\ 0 \end{pmatrix}, (k_1, k_2\text{ 为任意数}).$$

习题 2—2

1. (1) $\begin{pmatrix} 1 & 0 & 0 & 0 \\ 1 & 1 & 0 & 0 \\ 2 & 1 & 1 & 0 \\ 4 & 2 & 1 & 1 \end{pmatrix}$； (2) $\begin{pmatrix} 22 & -6 & -26 & 17 \\ -17 & 5 & 20 & -13 \\ -1 & 0 & 2 & -1 \\ 4 & -1 & -5 & 3 \end{pmatrix}$.

2. $\begin{pmatrix} -5 & -4 & -9 \\ 4 & 5 & 7 \\ -2 & -2 & -4 \end{pmatrix}$.

3. $\begin{pmatrix} 2 & -1 & -1 \\ -4 & 7 & 4 \end{pmatrix}$.

4. $\begin{pmatrix} \boldsymbol{A}^{-1} & \boldsymbol{O} \\ -\boldsymbol{D}^{-1}\boldsymbol{C}\boldsymbol{A}^{-1} & \boldsymbol{D}^{-1} \end{pmatrix}$.

5. 略.

6. 略.

习题 2—3

1. (1) $\begin{pmatrix} 1 & 0 & 0 & -\frac{31}{16} \\ 0 & 1 & 0 & \frac{9}{16} \\ 0 & 0 & 1 & -\frac{5}{16} \\ 0 & 0 & 0 & 0 \end{pmatrix}$,3;

(2) $\begin{pmatrix} 1 & 0 & \frac{1}{3} & 0 & \frac{16}{9} \\ 0 & 1 & \frac{2}{3} & 0 & -\frac{1}{9} \\ 0 & 0 & 0 & 1 & -\frac{1}{3} \\ 0 & 0 & 0 & 0 & 0 \end{pmatrix}$,3.

2. (1) $k=1$; (2) $k=-2$; (3) $k\neq1,-2$.
3. 略.
4. 略.
5. 略.

习题 2—4

1. $a=1$ 或 $a=-2$.
2. (1) $a\neq1,-2$; (2) $a=-2$;(3) $a=1$,通解为

$$\begin{pmatrix} x_1 \\ x_2 \\ x_3 \end{pmatrix}=k_1\begin{pmatrix} -1 \\ 1 \\ 0 \end{pmatrix}+k_2\begin{pmatrix} -1 \\ 0 \\ 1 \end{pmatrix}+\begin{pmatrix} 1 \\ 0 \\ 0 \end{pmatrix},(k_1,k_2\text{ 为任意数}).$$

3. (1) $a\neq3$; (2) $a=3,b\neq1$; (3) $a=3,b=1$,通解为

$$\begin{pmatrix} x_1 \\ x_2 \\ x_3 \end{pmatrix}=k\begin{pmatrix} -4 \\ 1 \\ 1 \end{pmatrix}+\begin{pmatrix} 0 \\ 1 \\ 0 \end{pmatrix},(k\text{ 为任意数}).$$

4. $\xi_1=\begin{pmatrix} 3 \\ 19 \\ 17 \\ 0 \end{pmatrix},\xi_2=\begin{pmatrix} -13 \\ -20 \\ 0 \\ 17 \end{pmatrix}$.

5. $\begin{pmatrix} x_1 \\ x_2 \\ x_3 \\ x_4 \end{pmatrix} = k_1 \begin{pmatrix} -\frac{1}{2} \\ 1 \\ 0 \\ 0 \end{pmatrix} + k_2 \begin{pmatrix} \frac{1}{2} \\ 0 \\ 1 \\ 0 \end{pmatrix} + \begin{pmatrix} \frac{1}{2} \\ 0 \\ 0 \\ 0 \end{pmatrix}$，($k_1$，$k_2$ 为任意数)；$\xi_1 = \begin{pmatrix} -1 \\ 2 \\ 0 \\ 0 \end{pmatrix}$，$\xi_2 = \begin{pmatrix} 1 \\ 0 \\ 2 \\ 0 \end{pmatrix}$.

6. $x = k \begin{pmatrix} 3 \\ 4 \\ 5 \\ 6 \end{pmatrix} + \begin{pmatrix} 2 \\ 3 \\ 4 \\ 5 \end{pmatrix}$，($k$ 为任意数).

第三章

习题 3—1

1. (1) $\lambda \neq 0, -3$； (2) $\lambda = 0$； (3) $\lambda = -3$.
2. $t = 6$.
3. 略.
4. 略.
5. 略.

习题 3—2

1. (1) 秩为 2，$\boldsymbol{a}_1$，$\boldsymbol{a}_2$ 为一个最大无关组，

$$\boldsymbol{a}_3 = 3\boldsymbol{a}_1 - \frac{2}{3}\boldsymbol{a}_2, \boldsymbol{a}_4 = 2\boldsymbol{a}_1 + \frac{2}{3}\boldsymbol{a}_2;$$

(2) 秩为 3，$\boldsymbol{a}_1$，$\boldsymbol{a}_2$，$\boldsymbol{a}_4$ 为一个最大无关组，

$$\boldsymbol{a}_3 = \frac{1}{3}\boldsymbol{a}_1 + \frac{2}{3}\boldsymbol{a}_2, \boldsymbol{a}_5 = \frac{16}{9}\boldsymbol{a}_1 - \frac{1}{9}\boldsymbol{a}_2 - \frac{1}{3}\boldsymbol{a}_4.$$

2. $\boldsymbol{x} = k \begin{pmatrix} 1 \\ -2 \\ 1 \\ 0 \end{pmatrix} + \begin{pmatrix} 1 \\ 1 \\ 1 \\ 1 \end{pmatrix}$，($k$ 为任意数).

3. (1) $\boldsymbol{B} = \begin{bmatrix} 0 & 0 & 0 \\ 1 & 0 & 3 \\ 0 & 1 & -1 \end{bmatrix}$； (2) $|\boldsymbol{A}| = 0$.

4. (1) $\boldsymbol{b}_1$，$\boldsymbol{b}_2$ 可由$\boldsymbol{a}_1$，$\boldsymbol{a}_2$ 线性表示，

$$\boldsymbol{b}_1 = 3\boldsymbol{a}_1 - \frac{2}{3}\boldsymbol{a}_2, \boldsymbol{b}_2 = 2\boldsymbol{a}_1 + \frac{2}{3}\boldsymbol{a}_2;$$

(2) $\boldsymbol{b}_1$，$\boldsymbol{b}_2$ 与$\boldsymbol{a}_1$，$\boldsymbol{a}_2$ 等价.

5. 略.

6. 略.

7. 略.

8. 略.

习题 3—3

1. $\boldsymbol{b}_1=2\boldsymbol{a}_1+3\boldsymbol{a}_2-\boldsymbol{a}_3,\boldsymbol{b}_2=3\boldsymbol{a}_1-3\boldsymbol{a}_2-2\boldsymbol{a}_3$.

2. $\begin{pmatrix} 2 & 3 & 4 \\ 0 & -1 & 0 \\ -1 & 0 & -1 \end{pmatrix}$.

3. $\begin{pmatrix} 2 & -1 \\ -3 & 2 \end{pmatrix}$.

4. 略.

5. 略.

习题 3—4

1. (1) $\frac{\pi}{2}$； (2) $\frac{\pi}{4}$.

2. $\pm\frac{1}{\sqrt{26}}(4,0,1,-3)$.

3. $\boldsymbol{e}_1=\frac{1}{\sqrt{3}}\begin{pmatrix} 1 \\ 0 \\ -1 \\ 1 \end{pmatrix},\boldsymbol{e}_2=\frac{1}{\sqrt{15}}\begin{pmatrix} 1 \\ -3 \\ 2 \\ 1 \end{pmatrix},\boldsymbol{e}_3=\frac{1}{\sqrt{35}}\begin{pmatrix} -1 \\ 3 \\ 3 \\ 4 \end{pmatrix}$.

4. 略.

5. 略.

6. 略.

第四章

习题 4—1

1. (1) $\lambda_1=\lambda_2=\lambda_3=2,\boldsymbol{p}=k_1\begin{pmatrix} -2 \\ 1 \\ 0 \end{pmatrix}+k_2\begin{pmatrix} 1 \\ 0 \\ 1 \end{pmatrix}$（$k_1,k_2$ 不同时为零）；

   (2) $\lambda_1=-1,\lambda_2=0,\lambda_3=9,\boldsymbol{p}_1=\begin{pmatrix} -1 \\ 1 \\ 0 \end{pmatrix},\boldsymbol{p}_2=\begin{pmatrix} -1 \\ -1 \\ 1 \end{pmatrix},\boldsymbol{p}_3=\begin{pmatrix} 1 \\ 1 \\ 2 \end{pmatrix}$.

2. 18.

3. $k=1$ 或 $k=-2$.

4. $x=3$.

5. (1) $x=0, y=1$;　(2) $\boldsymbol{P}=\begin{pmatrix}1&0&0\\0&1&-1\\0&1&1\end{pmatrix}$.

6. $\begin{pmatrix}2^{n+1}-1 & 2-2^{n+1}\\ 2^n-1 & 2-2^n\end{pmatrix}$.

7. 略.

8. 略.

习题 4—2

1. $\begin{pmatrix}4&1&1\\1&4&1\\1&1&4\end{pmatrix}$.

2. (1) $\boldsymbol{P}=\frac{1}{3}\begin{pmatrix}1&-2&2\\2&-1&-2\\2&2&1\end{pmatrix}, \boldsymbol{P}^{-1}\boldsymbol{AP}=\boldsymbol{P}^{\mathrm{T}}\boldsymbol{AP}=\begin{pmatrix}-2&0&0\\0&1&0\\0&0&4\end{pmatrix}$;

(2) $\boldsymbol{P}=\begin{pmatrix}-\frac{1}{3}&-\frac{2}{\sqrt{5}}&\frac{2}{3\sqrt{5}}\\-\frac{2}{3}&\frac{1}{\sqrt{5}}&\frac{4}{3\sqrt{5}}\\\frac{2}{3}&0&\frac{5}{3\sqrt{5}}\end{pmatrix}, \boldsymbol{P}^{-1}\boldsymbol{AP}=\boldsymbol{P}^{\mathrm{T}}\boldsymbol{AP}=\begin{pmatrix}10&0&0\\0&1&0\\0&0&1\end{pmatrix}$.

3. $\begin{pmatrix}2&2&-4\\2&2&-4\\-4&-4&8\end{pmatrix}$.

4. 略.

习题 4—3

1. (1) $\begin{pmatrix}1&-1&\frac{3}{2}\\-1&-2&4\\\frac{3}{2}&4&3\end{pmatrix}$;

(2) $\begin{pmatrix}0&\frac{1}{2}&-\frac{1}{2}&0\\\frac{1}{2}&0&1&0\\-\frac{1}{2}&1&0&0\\0&0&0&1\end{pmatrix}$.

2. (1) $\begin{cases} x_1 = y_1 - \dfrac{1}{2}y_2 + \dfrac{5}{6}y_3, \\ x_2 = \dfrac{1}{2}y_2 - \dfrac{1}{6}y_3, \\ x_3 = \dfrac{1}{3}y_3, \end{cases}$ $\quad q(\boldsymbol{x}) = y_1^2 + y_2^2 - y_3^2$;

(2) $\begin{cases} x_1 = z_1 - \dfrac{3}{\sqrt{6}}z_2 - z_3, \\ x_2 = z_1 + \dfrac{2}{\sqrt{6}}z_2 + z_3, \\ x_3 = \dfrac{1}{2\sqrt{6}}z_2, \end{cases}$ $q(\boldsymbol{x}) = z_1^2 + z_2^2 - z_3^2$.

3. (1) $\boldsymbol{C} = \begin{pmatrix} 1 & -2 & -0.5 \\ 0 & 1 & 0.25 \\ 0 & 0 & 1 \end{pmatrix}$, $\boldsymbol{C}^{\mathrm{T}}\boldsymbol{AC} = \begin{pmatrix} 1 & 0 & 0 \\ 0 & -4 & 0 \\ 0 & 0 & 3 \end{pmatrix}$;

(2) $\boldsymbol{C} = \begin{pmatrix} 1 & -0.5 & 1 \\ 1 & 0.5 & 2 \\ 0 & 0 & 1 \end{pmatrix}$, $\boldsymbol{C}^{\mathrm{T}}\boldsymbol{AC} = \begin{pmatrix} 2 & 0 & 0 \\ 0 & -0.5 & 0 \\ 0 & 0 & -4 \end{pmatrix}$.

4. (1) $\begin{pmatrix} x_1 \\ x_2 \\ x_3 \end{pmatrix} = \dfrac{\sqrt{2}}{2}\begin{pmatrix} 0 & \sqrt{2} & 0 \\ -1 & 0 & 1 \\ 1 & 0 & 1 \end{pmatrix}\begin{pmatrix} y_1 \\ y_2 \\ y_3 \end{pmatrix}$, $q(\boldsymbol{x}) = y_1^2 + 2y_2^2 + 5y_3^2$;

(2) $\begin{pmatrix} x_1 \\ x_2 \\ x_3 \\ x_4 \end{pmatrix} = \begin{pmatrix} \frac{1}{2} & -\frac{1}{2} & \frac{1}{\sqrt{2}} & 0 \\ -\frac{1}{2} & -\frac{1}{2} & 0 & \frac{1}{\sqrt{2}} \\ -\frac{1}{2} & \frac{1}{2} & \frac{1}{\sqrt{2}} & 0 \\ \frac{1}{2} & \frac{1}{2} & 0 & \frac{1}{\sqrt{2}} \end{pmatrix}\begin{pmatrix} y_1 \\ y_2 \\ y_3 \\ y_4 \end{pmatrix}$, $q(\boldsymbol{x}) = -y_1^2 + 3y_2^2 + y_3^2 + y_4^2$.

5. 椭圆柱面.

6. 略.

习题 4—4

1. (1) $a>2$； (2) $-0.8<a<0$.

2. (1) 负定； (2) 正定.

3. 略.

4. 略.

5. 略.

参考文献

[1] 郝志峰等.线性代数.北京:高等教育出版社,2003.

[2] 赵树嫄.线性代数.北京:中国人民大学出版社,2008.

[3] 居余马等.线性代数.北京:清华大学出版社,2002.

教师信息反馈表

为了更好地为您服务，提高教学质量，中国人民大学出版社愿意为您提供全面的教学支持，期望与您建立更广泛的合作关系. 请您填好下表后以电子邮件或信件的形式反馈给我们.

您使用过或正在使用的我社教材名称		版次	
您希望获得哪些相关教学资料			
您对本书的建议（可附页）			
您的姓名			
您所在的学校、院系			
您所讲授的课程名称			
学生人数			
您的联系地址			
邮政编码		联系电话	
电子邮件（必填）			
您是否为人大社教研网会员	□ 是，会员卡号：__________ □ 不是，现在申请		
您在相关专业是否有主编或参编教材意向	□ 是　　　　□ 否 □ 不一定		
您所希望参编或主编的教材的基本情况（包括内容、框架结构、特色等，可附页）			

我们的联系方式：北京市西城区马连道南街 12 号

中国人民大学出版社应用技术分社

邮政编码：100055

电话：010-63311862

网址：http://www.crup.com.cn

E-mail：smooth.wind@163.com